DR. INGEBORG RAUCHBERGER

SCHREI KIKERIKI, WENN DU EIN EI LEGST

AF131337

DR. INGEBORG RAUCHBERGER

SCHREI KIKERIKI, WENN DU EIN EI LEGST

10 goldene Erkenntnisse, wie Frauen sich im Berufsleben besser verkaufen

BOOKS4SUCCESS

Copyright 2019:
© Börsenmedien AG, Kulmbach

3. Auflage 2025

Gestaltung Cover: Daniela Freitag
Bildquelle: Shutterstock
Gestaltung und Satz: Sabrina Slopek
Gesamtherstellung: Daniela Freitag
Lektorat: Sebastian Politz
Korrektorat: Elke Sabat
Druck: GGP Media GmbH, Pößneck

ISBN 978-3-86470-640-0

Bibliografische Information der Deutschen Nationalbibliothek:
Die Deutsche Nationalbibliothek verzeichnet diese Publikation in der
Deutschen Nationalbibliografie; detaillierte bibliografische Daten
sind im Internet über <http://dnb.d-nb.de> abrufbar.

Postfach 1449 • 95305 Kulmbach
Tel: +49 9221 9051-0 • Fax: +49 9221 9051-4444
E-Mail: buecher@boersenmedien.de
www.books4success.de
www.facebook.com/books4success

Dieses Buch widme ich meinen Eltern,
die viel dazu beigetragen haben,
dass ich bin, wer, wie und was ich bin.

Manches konnten aber auch sie
nicht verhindern. ☺

INHALT

MEINE DRITTE GOLDENE ERKENNTNIS:
**WENN DU DICH KLEINMACHST, BRAUCHST DU DICH
NICHT ZU WUNDERN, WENN DIR ANDERE AUF
DEN KOPF STEIGEN**

MEINE VIERTE GOLDENE ERKENNTNIS:
EVERYBODY'S DARLING IS EVERBODY'S DEPP

WER BIN ICH?

I n den 1960er-Jahren soll ich im Kindergarten auf die Frage, was ich einmal werden möchte, geantwortet haben: „Ich werde Mutter und Chef." Damals kannte man das Wort *gendern* noch nicht. In den 1970er-Jahren wollte ich eine Band gründen, die so berühmt werden sollte wie die Beatles, und es hieß, das ginge nicht, weil ich ein Mädchen bin. Das fand ich höchst ungerecht.

In den 1980er-Jahren habe ich mein Studium der Rechtswissenschaften abgeschlossen, geheiratet, bin zwei Mal Mutter geworden, begann die Karriereleiter hinaufzuklettern, war aber noch nicht Chefin. Damals kannte man das Wort *gendern* schon.

In den 1990er-Jahren habe ich meinen Mann beerdigt und betrauert, wurde Prokuristin eines internationalen Handelsunternehmens, flog durch die Welt und führte mit Menschen aus den verschiedensten Kulturen Verhandlungen und Gespräche, war mit Leidenschaft Mutter, hatte bis zu 40 Mitarbeiter und Mitarbeiterinnen, meine historischen Sophia-Farago-Romane begannen die

Bestsellerliste zu erklimmen und ich habe, alles in allem, auf hohem Energielevel einfach nur funktioniert.

In den 2000er-Jahren fand ich die zweite Liebe meines Lebens, habe wieder geheiratet, mehrere Trainer- und Coachingausbildungen abgeschlossen, mich als Unternehmensberaterin und Verhandlungstrainerin selbstständig gemacht, drei Kabarettprogramme geschrieben, auf Bühnen in Deutschland, Österreich und Südtirol gespielt und noch mehr Bücher verfasst. Ich habe begonnen, mich selbst wieder mehr wahrzunehmen.

In den 2010er-Jahren bin ich mit Verhandlungstrainings und Coachings durch die Lande gedüst und als Rednerin das Highlight auf so mancher Veranstaltung gewesen. Ich habe mich gefreut, dass mein Verhandlungsbuch „Schlagfertig war gestern" in die dritte Auflage ging und mein Roman „Die Braut des Herzogs" die Top 10 bei Kindle erreichte und damit „Shades of Grey" verdrängte. Zwar nur kurzfristig, aber immerhin. ☺ Meine derzeitigen beiden neuen Herzensprojekte sind: mein Wissen und meine Erfahrungen, gepaart mit meinem Humor, auch digital weiterzugeben und ganz besonders dieses Buch.

WARUM SCHREIBE ICH DIESES BUCH?

n all den Jahren habe ich viel ausprobiert, war erfolgreich, bin auf die Nase gefallen, war glücklich, überfordert, am Boden zerstört, habe mich gekränkt gefühlt, geärgert, mich wieder aufgerichtet und weitergemacht. Ich habe mir neue Ziele gesetzt, diese verworfen, weiterentwickelt, angesteuert und erreicht. Immer wieder hat man zu mir gesagt: „Wenn du als Frau etwas erreichen willst, musst du doppelt so gut sein wie ein Mann!" Das sah ich gar nicht ein. Ich wollte gleich gut sein und dasselbe erreichen. Wir Frauen haben doch ohnehin schon viel zu viel um die Ohren, wenn wir dann auch noch doppelt so gut sein müssten, dann wären wir doch von vornherein zum Scheitern verurteilt. Also entlarvte ich den Satz als Versuch, Frauen zu entmutigen, und machte mich auf die Suche nach etwas, was mich stattdessen ermutigen würde. Um wie vieles einfacher wäre es für mich gewesen, wenn ich ein weibliches Role Model gehabt hätte, das mir verraten hätte, wie der Hase läuft, ohne dass ich jeden Fehler selbst hätte machen müssen. Natürlich gab es in allen Generationen großartige Frauen, so auch in meiner Familie. Doch Großmutter, Mutter und Tanten in Ehren – was berufliche Top-Positionen betraf, so hatten wir in den 80er-Jahren gegenüber Männern noch größeren Aufholbedarf als heute. Als ich jung war, gab es in meiner Heimatstadt von immerhin mehr als 200.000 Einwohnern eine einzige niedergelassene Rechtsanwältin. Das ist heute zum Glück nicht mehr vorstellbar. Auf der ganzen Welt fand man kaum Politikerinnen und die, die es gab, hatten wenig zu entscheiden. In der Wirtschaft sah es ähnlich aus. Soweit ich mich erinnern kann, war Beate Uhse die einzige Frau in einem deutschen Vorstand. In Österreich fällt mir auch nur Maria Schaumayer als Präsidentin der Nationalbank ein. Kurz, es gab noch keine Frau, an deren Werdegang ich mich hätte orientieren und von deren Wissen ich hätte profitieren können. Du hast Glück, heute ist das anders. Inzwischen gibt es in allen beruflichen Bereichen erfolgreiche Frauen. Wenn auch noch immer viel zu wenige.

Dieses Buch soll der Mutmacher sein, den ich als junge Frau vergeblich gesucht habe. Es bringt dir meine geballten Erfahrungen aus vielen Jahren, mein Insiderwissen, meine Gedanken dazu und jede Menge bunter Beispiele, die tatsächlich stattgefunden haben, auch wenn ich Namen, Orte und manchmal auch Branchen verändert habe (Datenschutz, du weißt schon …), aus denen du deine eigenen Schlüsse ziehen kannst. **Ich verrate dir meine zehn goldenen Erkenntnisse mit dem Ziel, dir Fehler, Umwege und so manches Auf-die-Nase-Fallen zu ersparen.** Meine zehn Lieblingsweisheiten bekommst du als kleines Geschenk obendrauf.

Ich bin offen und ehrlich und habe mich von der Wirksamkeit all meiner Tipps tatsächlich überzeugt – alles nach bestem Wissen und Gewissen und bisweilen unkonventionell. Denn ich bin gern unkonventionell. ☺ Wer mich kennt, wundert sich nicht, dass meine Erkenntnisse in so manchem vom Mainstream abweichen.

Es ist ein sehr persönliches Buch geworden. Doch das war mir noch nicht genug. Ich habe zu bestimmten Wissensgebieten Expertinnen mit ins Boot geholt und Kolleginnen meiner Netzwerke um ihren wertvollsten Rat gebeten. Außerdem startete ich auf Facebook

die Umfrage „Welche Frauen bewundert ihr? Wer ist euer Vorbild?".
Daraus entstand eine lange Liste großartiger Frauen. Ich habe mich
sofort darangemacht, mit einigen von ihnen Kontakt aufzunehmen
– zumindest mit denen, die noch nicht verstorben sind, in den USA
wohnen oder ihre Tage als Bundeskanzlerin verbringen. Es ist mir
daher eine Ehre und Freude, in diesem Buch viele beruflich und
privat erfolgreiche Frauen als Gäste zu Wort kommen zu lassen. Ein
großes Dankeschön an alle! Erst euer Input macht dieses Buch zu
einer runden, besonders wertvollen Sache.

Also sei gespannt, was dich erwartet. Es liegt an dir, was du dir
aus diesem Buch mitnimmst und wie du das umsetzt, denn die
Verantwortung bleibt natürlich weiterhin bei dir.

Ach ja, noch eine kleine Erklärung vorweg. Ich stelle mir vor, dass du,
die das Buch oder den E-Reader in Händen hältst, eine Frau bist. Bist du
ein Mann, so freut es mich genauso. Ich bin der festen Überzeugung,
dass nicht ein Gegeneinander, sondern nur ein Miteinander von Frauen
und Männern zum Erfolg führt. Obwohl es manchmal lustvoll sein kann,
Männer mit ihren eigenen Waffen zu schlagen. ☺

> ✓ Mit 20 war ich das Aschenputtel, von Selbstzweifeln geplagt und unsicher. Mit 40 war ich dann schon die Macheten-Frau, mit Schwertern in jeder Hand. Ich kämpfte mit Vorliebe gegen Männer und meine Feinde fielen links und rechts zu Boden. Bis ich merkte, dass man sehr einsam wird mit zwei Macheten in der Hand. Da werden auch Freunde zurückhaltend. Und schließlich entdeckte ich die Macht des Charmes, also gelebter Wertschätzung. Seither ist mein Leben leichter. Und auch Männer lieben mich.
>
> *Sabine Asgodom, Keynote-Speaker,*
> *Coach, Bestsellerautorin*

MACH DOCH, WAS DU WILLST! (ABER TRAGE AUCH DIE VERANTWORTUNG DAFÜR.)

MACH DOCH, WAS DU WILLST! (ABER TRAGE AUCH DIE VERANTWORTUNG DAFÜR.)

LEBST DU DEIN LEBEN?

Starten wir doch gleich mit dieser wichtigen Frage. Die Betonung liegt einerseits auf dem Wort *Leben*. Lebst du es oder lässt du einen Tag nach dem anderen vorbeigehen? Andererseits liegt die Betonung auf dem Wort *dein*. Machst du, was du wirklich willst oder lebst du das Leben von jemand anderen? Zum Beispiel das der braven, folgsamen Tochter, die tut, was die Eltern sich wünschen oder gar verlangen? Obwohl du schon über 18 bist? Oder lebst du als graue Maus, die so gern bunt wäre? Oder bist du die hart arbeitende Mitarbeiterin, die nie Nein sagen kann? Und die bei Gehaltserhöhungen trotzdem stets übergangen wird? Lebst du das Leben einer Frau, die alles allein schaffen will, auch wenn der Tsunami der Überforderung schon dabei ist, sie in den Abgrund zu reißen? Lebst du das Leben der … – ich bin mir sicher, dir fällt ohne langes Nachdenken ganz spontan die passende Ergänzung für diesen Satz ein, die dein eigenes Leben perfekt beschreibt. Wenn du deine Antwort auf diese Frage gefunden hast, kommt schon die nächste Frage:

WARUM LEBST DU NICHT DAS LEBEN, DAS DU MÖCHTEST? WER ODER WAS HÄLT DICH DAVON AB?

Beginnen wir mit Maries Geschichte: Die Karrieremesse war in vollem Gange, ich war soeben auf dem Weg zum großen Saal, wo ich einen Impulsvortrag zum Thema „Gehaltsverhandlungen" halten sollte, da lief mir Marie, die Tochter einer alten Bekannten, über den Weg. Sie trug das mittelblaue Polyesterkostüm der Hostessen und wirkte alles andere als motiviert. Ich war ein wenig verwirrt. Meines Wissens hatte Marie Mathematik und Physik für Lehramt studiert, müsste jetzt, mit Ende 20, längst damit fertig sein und sollte vor einer Schulklasse stehen, anstatt hier Flyer zu verteilen. Wir verabredeten uns zum Mittagessen.

„Reden wir nicht über das blöde Studium", sagte sie mir bei Tisch. „Ich bin jetzt im 19. Semester und immer noch kein Ende in Sicht. Physik! Als ob mich das je interessiert hätte. Die Mama hat sich das eingebildet und jetzt sieht sie, was sie davon hat."

Wie lange wollen wir anderen die Schuld geben, wenn es in unserem Leben nicht so läuft, wie wir uns das vorstellen?

Etwa so lange wie meine frühere Nachbarin, die sich 1969 scheiden ließ und noch heute ihren untreuen Gatten namens „Affenkopf" (tatsächlicher Ausdruck von der Autorin erheblich entschärft ☺) für alles verantwortlich macht, was ihr in ihrem Leben nicht passt? Natürlich war es gemein von ihm, sie mit drei kleinen Kindern sitzen zu lassen, um mit der Sekretärin ein neues Leben zu beginnen.

Natürlich war das damals nicht ihre Entscheidung und sie hatte völlig recht, wütend, traurig, gekränkt und enttäuscht zu sein. Andererseits aber war es ihre Entscheidung, die Verantwortung für ihr Leben auch nach der Trauerphase nicht wieder zu übernehmen und ihrem Ex-Mann weiterhin die Macht über ihr Schicksal zu geben – in ihrem Fall sogar über seinen Tod hinaus.

Es wird immer eine Mama, einen Papa, eine Oma, einen Opa, eine Nachbarin, einen Affenkopf, gewisse Umstände oder die schlechte Marktlage geben, die dir die Richtung für dein Leben vorgeben wollen. Doch es ist dein Leben und nur du kannst es leben. Entscheide dich also, ob und welchen Rat du annehmen willst, übernimm aber die volle Verantwortung und geh deinen Weg.

In den Generationen vor uns hatten Kinder, meist waren es die Söhne, oft keine Wahl. Der Vater war Schuster, der Sohn hatte die Werkstatt zu übernehmen. Schluss der Diskussion. Der Papa war Chefarzt, der Sohn hatte Medizin zu studieren. Der Vater war Bauer, da hatte der Älteste, in manchen Regionen auch der Jüngste, den Bauernhof zu übernehmen. Egal, ob er wollte oder nicht. Und sagte etwa seine Schwester: „Ich würde gern den Hof weiterbetreiben", dann war das für die Familie keine ernsthafte Überlegung wert. Eine Frau hatte zu heiraten und sich um Mann, Kinder und alte Schwiegereltern zu kümmern. Fertig, aus.

Ich liebe die Geschichte von Brigitte aus der schönen Wachau. Ihr Vater hatte das kleine Weingut seines Vaters zu einem größeren ausgebaut und beklagte sein schweres Schicksal, nur mit drei Töchtern gesegnet zu sein. Brigitte, die älteste, hatte in Krems Weinbau studiert und bekundete – es war immerhin schon Mitte der 90er-Jahre und nicht das Mittelalter – reges Interesse an der Übernahme des Betriebs. Doch der Vater fand diese Idee lächerlich. Zu seinem Glück brachte dann die Jüngste einen passenden Schwiegersohn ins Haus. Dem wurde der Hof übergeben. Brigitte wurde ausbezahlt, kaufte ihren ersten Weinberg und ... zählt heute zu den Topwinzern der Region. Ihre Weine sind preisgekrönt, ihre Einnahmen übersteigen die ihres Schwagers um ein Vielfaches. Ist das nicht schön? Ich war so hellauf begeistert, als sie mir ihre Geschichte erzählte, dass ich Brigitte gleich die doppelte Anzahl Weinflaschen abkaufte, als ich eigentlich geplant hatte. Am liebsten wäre ich ihr zudem auch noch um den Hals gefallen, um ihr zu bestätigen, wie stolz sie auf sich und das, was sie erreicht hat, sein kann. Immerhin hätte sie auch sagen können: „Ich wäre so gern Weinbäuerin geworden, aber der Papa war so ungerecht …", und ihren Traum aufgeben können. Hat sie aber nicht. Sie hat ihn nie aus den Augen verloren und lebt ihr eigenes Leben.

Was die Berufswahl betrifft, so haben sich die Dinge in den letzten Jahren, zumindest in unserem Kulturkreis, zum Glück geändert. Ich kenne viele Familien, in denen die Töchter ganz selbstverständlich und mit Erfolg die Unternehmen ihrer Eltern weiterführen. Eine davon ist Dr. Verena Majer, die im elterlichen Maschinenbaubetrieb nachgefolgt ist. Ich habe sie gefragt, wie es denn so war, Firmenchefin in einer männerdominierten Branche zu werden.

„Familienintern war die Nachfolge gut strukturiert und verlief reibungslos", erzählte sie mir, „auch kundenseitig gab es keine Probleme. Allerdings hatte sich der damalige Betriebsleiter Hoffnungen auf den Chefsessel gemacht, im wahrsten Sinn des Wortes." Einen massiven Lederstuhl habe er gefordert, gepolstert mit Rückenlehne. Verena lacht: „Wie aus einem Film. Außerdem dachte er, dass ,die Frau', also ich, nur alle zwei bis drei Tage ein bisschen durch den Betrieb spazieren und die Post lesen würde. Als klar war, dass ich das Unternehmen zu führen gedachte, kam es zum Konflikt und letztendlich zur Trennung. Ich denke, jedes betriebliche Umfeld ist anders. Gute Unterstützer sind aber auf jeden Fall hilfreich. Ich bin einige Jahre nach der Übernahme EWMD-Mitglied[1] geworden. Im Gespräch mit den Kolleginnen habe ich dann gemerkt, dass es für alle anderen auch Herausforderungen der unterschiedlichsten Art gibt und ich nicht die einzige mit anstrengenden Themen bin. Das hilft enorm."

---

[1] Über EWMD, das Netzwerk für Frauen mit Fach- oder Führungsverantwortung, erzähle ich dir später noch Genaueres, wenn wir in einem gesonderten Kapitel die Vorteile des Netzwerkens besprechen.

Natürlich habe ich Verena auch nach ihrem wertvollsten Tipp für Betriebsnachfolgerinnen gefragt. Ihre Antwort spiegelt die Härte der Realität wider, macht aber auch Hoffnung:

✓ Mein wichtigster Tipp

Rechne als Betriebsübernehmerin mit Skepsis, Anfeindungen und Beleidigungen. All das hat nichts mit dir als Person oder als Frau zu tun. Männlichen Nachfolgern geht es genauso, sie geben es nur seltener zu. Die Gründe sind vielfältig. Das kann Verunsicherung sein, „Abtasten" auf Belastbarkeit, Suche nach Manipulationsmöglichkeiten oder auch die Diskussion um eine neue Rangordnung. Skepsis gegenüber einem oder einer neuen Vorgesetzten ist normal. Nimm das alles nicht persönlich. Berate dich mit Freunden in ähnlichen Situationen und gehe voll Selbstvertrauen deinen eigenen Weg.

Dr. Verena Majer, Geschäftsführerin ihres eigenen Maschinenbauunternehmens

Ich kenne auch viele Beispiele, in denen Firmen verkauft wurden, weil der eigene Nachwuchs sich ein anderes Leben vorstellt als das, das in früheren Jahrhunderten vorgezeichnet gewesen wäre. So weit, so erfreulich. Damit wir uns richtig verstehen: Ich sage nicht, dass das Leben nach den eigenen Vorstellungen zu leben immer einfach und lustig ist. Aber es ist bei Weitem einfacher, lustiger und auch erfüllender, als das Leben einer anderen zu leben. Bleibt die Frage, warum dann immer noch so viele Menschen das machen, was sie eigentlich gar nicht wollen.

Vor ein paar Jahren, ich war Leiterin einer Rechtsabteilung, wurde mir für die Dauer ihrer Semesterferien eine Praktikantin namens Saskia angekündigt. Ich bezweifelte zwar, dass mir eine Studentin im vierten Semester eine große Hilfe sein könnte, aber die Firmenleitung hatte ihr bereits zugesagt; also beschloss ich, das Beste daraus zu machen. Da ich es nicht mag, wenn Praktikanten ihre wertvolle Lebenszeit damit verbringen, sinnlos herumzusitzen und ab und zu den Kopierer zu bedienen, habe ich spannende Rechtsfälle herausgesucht, um Saskia einen guten Einblick in die Praxis zu geben.

„Was möchten Sie von mir lernen? Was interessiert Sie denn besonders?", fragte ich sie an ihrem ersten Arbeitstag.

„Jus", sagte sie und meinte damit ihr Studium, das in Deutschland Jura heißt, „interessiert mich gar nicht. Ich wollte eigentlich Konditorin werden, aber meine Eltern haben darauf bestanden, dass ich studiere. Also habe ich sechs Studienrichtungen auf einen Würfel geklebt und den Zufall entscheiden lassen. Jus hat gewonnen."

Bravo. Ich war mir sicher, die junge Frau stand vor einer bahnbrechenden Karriere. Nur zur Sicherheit: Das meine ich natürlich ironisch. ☺ Für mich war spannend, dass man nicht nur aus Zwang oder aus Liebe ein Leben führen kann, das man nicht will, sondern auch jemandem zum Trotz. Sollen die Eltern doch sehen, wie weit sie kommen, wenn ich jahrelang ohne Erfolg studiere! Oder gar für immer in einem Beruf lande, der mich nicht freut.

„Saskia", sagte ich, „es ist Ihr Leben, nicht das von Mama und Papa. Warum nehmen Sie es nicht in die Hand und suchen sich eine Lehrstelle als Konditorin? Wenn Sie sich richtig reinhängen, bin ich sicher, es wird Ihnen gelingen, Ihre Eltern zu überzeugen."

Die Antwort kam postwendend: „Ich bin doch nicht blöd. Wieso soll ich denn jeden Tag früh aufstehen, wenn ich es so viel chilliger habe? Außerdem würde ich als Konditorin bei Weitem weniger Geld verdienen, als mir meine Eltern jetzt bezahlen."

Da haben wir ihn wieder – den Grund, warum viele nicht das erfüllte Leben führen, das sie führen könnten: die eigene Faulheit und Bequemlichkeit. Dieses Verhalten rächt sich früher oder später.

Denn die Zeit und die Chancen, die sie dadurch vergeudet haben, bringt ihnen niemand zurück.

Nach einem Vortrag bin ich meist von Leuten umringt, die mich um Rat fragen oder mit mir diskutieren wollen. So erzählte mir Luisa stolz, dass sie vor Kurzem ihr Studium der Betriebswirtschaft abgeschlossen habe und auf Arbeitssuche sei. Nun ist Betriebswirtschaft ein Studium, das vielseitig einsetzbar ist, und so fragte ich: „In welchem Bereich möchten Sie denn am liebsten tätig werden?" Darauf ihre Antwort: „Ich habe ohnehin schon im Internet nachgesehen, welche Firmen jemanden suchen."

Ich stutzte, denn das hatte ich sie gar nicht gefragt. Wirklich gewundert hat mich die Antwort allerdings nicht. Viele Leute richten sich nach Ende ihrer Schule, Lehre oder ihres Studiums nach den offenen Stellenangeboten. Stehen mehrere zur Auswahl, bevorzugen sie meist den Job mit dem höheren Gehalt, den besseren Sozialleistungen oder den in räumlicher Nähe. Statt sich zuerst die wichtigen Fragen zu stellen: Was will ich wirklich? Warum habe ich diese Ausbildung absolviert? Die Antwort lautet dann hoffentlich: aus eigenem Interesse. Wie stelle ich mir meinen Arbeitsalltag vor? Bin ich eine Teamplayerin oder arbeite ich lieber allein? Liegt mir Kundenkontakt? Welche meiner Talente möchte ich vor allem einbringen können? Wie sieht mein optimales Arbeitsumfeld aus? Auch wenn du weißt, dass kein Job immer und in allen Facetten spannend oder angenehm ist: Was muss unbedingt vorliegen, damit du dich, zumindest in den nächsten Jahren, mit Freuden dort siehst?

Die jetzigen Berufsanfängerinnen sind zum Großteil in einer besseren Position, als wir Babyboomer es waren. Babyboomer, also die Generation eurer Großeltern und Eltern, die zwischen 1955 und 1964 geboren wurden, nennt man nicht umsonst so: Von uns gab es stets viele, und wie ihr sicher selbst festgestellt habt, gibt es die immer noch. ☺ Meist mussten wir um einen einzigen Arbeitsplatz kämpfen. Ihr, die man so schön Generation X, Y und Z nennt, steht, wenn ihr Glück und eine gute Ausbildung (wichtig!) habt, vor einer bei Weitem größeren Auswahl. Dennoch wird diese wichtige Entscheidung oft aus wenig durchdachten Gesichtspunkten getroffen. Natürlich steht es dir frei, den Arbeitsplatz wieder zu wechseln, und doch legst du dir mit jeder Stelle, die du annimmst oder nicht annimmst, das nächste Puzzleteil für deinen weiteren Lebensweg. Darum stell dir bitte folgende Frage:

ALS WAS WÜRDEST DU AM LIEBSTEN ARBEITEN, WENN DIR ALLE TÜREN OFFEN- STÜNDEN UND DU DIE FREIE AUSWAHL HÄT- TEST? WENN DU GANZ ALLEIN, NACH DEI- NEN WÜNSCHEN ENTSCHEIDEN KÖNNTEST?

„Träume sind die Mütter der Taten."

Sabine Asgodom in
„Deine Sehnsucht wird dich führen"[L2]

Glaubst du, dass die meisten, denen ich diese Frage stelle, vor Begeisterung loszusprudeln beginnen? Seltsamerweise nicht. Immer wieder höre ich Sätze wie: „Ich will mir keine falschen Hoffnungen machen. Es liegt eben nicht an mir allein." Oder: „Man muss sich nach den offenen Stellen am Markt richten."

Dann erzähle ich immer gern die Geschichte von Henriette. Die Tierärztin brachte ausgedruckte E-Mails ins Coaching mit. „Ich weiß beim besten Willen nicht, wie ich mich entscheiden soll. Bisher habe ich nach der Geburt meiner Zwillinge als Urlaubvertretung für mehrere Praxen gearbeitet, doch nun suche ich eine Festanstellung. Mein Mann wird in wenigen Monaten eine neue Ausbildung beginnen, wir brauchen mein geregeltes Einkommen." Sie legte die Papiere auf den Tisch: „Hier wird eine Pharmareferentin gesucht, die Medikamente für Tiere verkaufen soll. Und der Schlachthof braucht

---

[2] Hochgestellte L bedeuten, dass du dazu Näheres in der Literaturliste im Anhang findest.

jemanden zur Überwachung der Vorschriften bei der Schlachtung. Ich habe mich bei beiden Stellen beworben und bin zu Vorstellungsgesprächen eingeladen worden. Jetzt bin ich unsicher, welche ich annehmen soll." Sie seufzte tief.

„Welche der beiden Stellen spricht Sie denn ganz spontan mehr an?", fragte ich, obwohl ich die Antwort schon ahnte, die dann auch umgehend kam. „Gar keine! Ich habe doch nicht so lange Tiermedizin studiert, um dann auf dem Schlachthof zu landen. Vom Verkaufen habe ich keine Ahnung, ich bin mit Sicherheit auch nicht der richtige Typ dafür."

„Statt darüber nachzudenken, welche der beiden Alternativen Sie weniger furchtbar finden, könnten Sie sich doch auch überlegen, was Sie stattdessen wirklich machen wollen", schlug ich vor.

Zuerst war es gar nicht so einfach, Henriette dazu zu bringen, ihre Berufswünsche laut auszusprechen, obwohl ich sicher war, dass sie sie längst kannte: „Mein Traum wäre eine eigene Praxis. Es muss keine große sein. Auf eine teure Ausstattung für Operationen kann ich verzichten. Ich habe eine Zusatzausbildung in Physiotherapie und Osteopathie für Kleintiere, da reichen mir zwei Räume. Die dürfen allerdings nicht zu weit von meiner Wohnung entfernt sein, damit ich die Mittagspause mit meinen Kindern verbringen kann."

Ich vergewisserte mich, ob das alles sei, sie nickte und fragte: „Aber was nützt mir dieses Wissen? Ich habe mich im Kollegenkreis erkundigt, es wird keine kleine Praxis frei und irgendwo völlig neu anzufangen, ist zu riskant. Ich brauche spätestens in einem halben Jahr ausreichend Geld, um meine Familie zu ernähren. Was soll ich tun?"

„Hören Sie sich weiter um. Fragen Sie noch andere Kollegen und Kolleginnen, Bekannte, alle, die Sie bei Ihren Aushilfsstellen treffen. Bitten Sie sie, dass man Sie verständigt, wenn man etwas hört. Versuchen Sie, als Tierärztin sichtbar zu werden. Schreiben Sie kleine Artikel für regionale Zeitungen zu Ihrem Spezialthema. Halten Sie Augen und Ohren offen, packen Sie jede Gelegenheit beim Schopf."

Den Einwand, dass die beiden offenen Stellen sicher vergeben wären, wenn sie zu lange wartete, ließ ich nicht gelten: „Einen Job, den Sie nicht leiden können, finden Sie allemal wieder."

Nach einigen Wochen bekam ich einen freudestrahlenden Anruf, der überraschend begann: „Stellen Sie sich vor, meine Straße wurde aufgegraben!"

Es stellte sich umgehend heraus, warum das wichtig war: Henriette konnte mit dem Auto nicht auf den gewohnten Wegen in die Innenstadt fahren. Sie musste zuerst stadtauswärts fahren, verirrte sich und kam bei einer Tierarztpraxis vorbei, die sie nicht kannte. Sie dachte an meine Worte, hielt an und ging hinein. Wie sich herausstellte, gehörte die Praxis einem älteren Kollegen. „Ich wollte mich schon längst zur Ruhe setzen", sagte dieser, „doch ich finde keinen Nachfolger und will meine Tiere nicht unversorgt lassen. Es haben sich schon viele meine Praxis angesehen, aber sie war ihnen zu klein. Für einen Operationstisch ist hier kein Platz."

Henriette und er wurden sich rasch einig. Hätte sie zu diesem Zeitpunkt bereits am Schlachthof oder als Pharmareferentin gearbeitet, wäre sie nie in die fremde Praxis hineingegangen. Ja, sie hätte sie wohl nicht einmal gesehen.

MEINE LIEBLINGSWEISHEIT NUMMER 1:

Wer nicht weiß, was er will, der findet nicht, was er sucht.

✓ Mein wichtigster Tipp

Stell dir nie die Frage: „Ist es möglich?", sondern immer: „Wie ist es möglich?" Dieses kleine Wort kann dein ganzes Leben verändern.

Julia Sobainsky,
Deutschlands bekannteste Charisma-Expertin

Nach all den Erzählungen über andere interessieren dich wahrscheinlich:

DIE ERFAHRUNGEN, DIE ICH IM LAUFE MEINES LEBENS GEMACHT HABE

Beginnen wir bei meiner Berufswahl. Nach dem Abitur stand für mich ohne Wenn und Aber fest: Ich werde Schauspielerin. Ich hatte in der Jugendtheatergruppe des Landestheaters gespielt, selbst Auftritte dafür organisiert und war Gast im Schülertheater eines Gymnasiums für Jungen gewesen, die die Mädchenrollen nicht gut selbst spielen konnten. Ja, ich weiß, zu Zeiten Shakespeares gaben Männer auch die Frauenrollen, aber so alt bin ich nun auch wieder nicht. ☺ Meine Eltern nahmen diese Berufswahl überraschend gelassen zur Kenntnis, obwohl zahlreiche ihrer Bekannten die Hände über dem Kopf zusammenschlugen. Schauspielerin! Das war für sie, Ende der 70er-Jahre, fast so, als hätte ich verkündet, ins Rotlichtmilieu einsteigen zu wollen. Ich fuhr also nach Wien, um mich zur Aufnahmeprüfung bei der Schauspielakademie anzumelden, da kam ich mit der Straßenbahn an der Universität vorbei. Studenten beiderlei Geschlechts strömten aus dem Haupttor. Sie sahen alle so großartig aus, so erwachsen, so enorm wichtig. Da entschied ich: Dort will ich auch dazugehören. Während ich in der Warteschlange der Schauspielakademie stand, überlegte ich mir, was ich an der Uni studieren könnte. Was konnte ich gut? Was interessierte mich so stark, dass ich bereit war, mich einige Jahre intensiv damit zu befassen und für Prüfungen zu büffeln?

Entschuldige bitte, dass ich kurz abschweife, aber in diesem Zusammenhang fällt mir die Geschichte von Ida ein, die ich unbedingt erzählen muss. In Deutschland kommt für Gymnasiasten irgendwann der Zeitpunkt, an dem sie sich entscheiden müssen, welche Fächer sie als Schwerpunkte wählen. Ida war gut in Mathe und interessierte sich sehr für Naturwissenschaften. Ihr großes Ziel war es, nach dem Abitur Biologie zu studieren. Sie beriet sich mit Mutter, Tante und dem dominanten Großvater und dann standen die Hauptwissensgebiete für die Oberstufe fest: Deutsch und Fremdsprachen. Denn das andere konnte sie ja bereits. Daher sollte sie sich auf das konzentrieren, was sie nicht mochte oder nicht konnte. Klingt das für dich logisch? Für mich auch nicht. Es klingt eher nach: Schicken wir den Pinguin doch schnell mal zu den Kängurus zum Hüpftraining. Das kann er nicht. Das mag er nicht. Aber es erweitert seinen Horizont.

Idas Horizont hat es übrigens nicht erweitert. Sie mag Deutsch und Fremdsprachen bis heute nicht. Leider, leider konnte sie auch nicht Biologie studieren, da die Noten nicht gut genug waren, um den Numerus clausus zu schaffen. Sie ist dem Opa heute noch böse. In diesem Fall, finde ich, völlig zu Recht. Als die Entscheidung fiel, war sie 15 und konnte sich nicht durchsetzen. Sie hat es allerdings nicht beim Zürnen belassen, sondern sich später so weitergebildet, dass sie jetzt einen Beruf ausübt, der ihren Interessen und Talenten entspricht. Gut gemacht, Ida!

Der wertvollste Rat in meinem Berufsleben

kam von meiner Mutter.

Inmitten einer großen beruflichen Krise sagte sie zu mir: „Kind, mach doch das, was du am besten kannst."

Dieser Satz half mir sehr, mich auf das Wesentliche zu besinnen und diese Kernkompetenz herauszubilden. Mich haben immer wieder Frauen beeindruckt, die zu einem bestimmten Thema wahre Größe gezeigt haben, das kann eine Führungspersönlichkeit sein, aber auch Sängerinnen oder Sportlerinnen. Als ich eine Jugendliche war, war es eine sehr kritische und powervolle Diakonin, die mich prägte.

Barbara Messer, Speakerin, Trainerin, Autorin und Coach

Zurück zu mir. Meine Talente waren und sind: analysieren, zuhören, einigermaßen logisch denken (du siehst, egal wie alt man wird, die Tendenz, sich selbst kleinzumachen, bleibt erhalten. Wenn auch zum Glück in abgeschwächter Form. ☺ Darum werden wir uns das Thema „Sich kleinmachen" in Kürze noch genauer ansehen), reden, schreiben und mit der deutschen Sprache zu jonglieren. Die Auswahl an möglichen Studienrichtungen war damals deutlich geringer als heute. Also fand ich, dass nur zwei für mich infrage kamen: Rechtswissenschaften und Psychologie. Der erste Studienabschnitt in Psychologie sollte dem Vernehmen nach zu großen Teilen aus Mathematik und Statistik bestehen. Blieb das Recht übrig. Die Freude meiner Eltern war nun noch um einiges größer als bei der Schauspielerei, wie du dir vorstellen kannst. Sie unterstützten mich bei meinem Vorhaben, beide Ausbildungen parallel in Angriff zu nehmen. Tagsüber war ich in der Uni, abends in der Schauspielschule. Ein Jahr hielt ich die Doppelbelastung durch, dann hängte ich die Schauspielerei an den Nagel. Ich konnte nicht singen, ich konnte nicht fechten, auch im Darstellungsunterricht war alles anders, als ich es mir in meinen naiven Träumen ausgemalt hatte, und zu den exaltierten, bunten Vögeln rund um mich passte ich auch nicht. Allerdings bin ich heute noch glücklich, wenn ich einen von ihnen im Fernsehen sehe und laut rufen kann: „Den kenne ich! Mit dem war ich in der Schauspielakademie."

Keine Sekunde habe ich es bereut, beide Ausbildungen zumindest versucht zu haben. Allerdings bin ich auch stolz darauf, dass ich den Mut hatte, mit einer wieder aufzuhören, als ich merkte, dass sie nicht zu mir passte. Dafür habe ich dann all meine Energie in die zweite gelenkt und das Studium durchgezogen. Ich promovierte, bekam zwei Monate später meinen Sohn und hatte ein halbes Jahr Zeit, bevor mein einjähriges Gerichtspraktikum beginnen sollte. Die Endphasen des Studiums waren sehr stressig gewesen, ich hatte Tag und Nacht gelernt, um die Promotion vor der Geburt zu schaffen, und nun saß ich plötzlich zu Hause und war „nur" Mutter und Ehefrau. Ich weiß, ich weiß, es gibt Kinder und Ehemänner, die halten eine Frau rund um die Uhr in Trab und sie kommt kaum zum Atmen, geschweige denn zum Nachdenken. Meine beiden Männer waren jedoch „pflegeleicht". Internet, das mich hätte ablenken können, gab es noch nicht, also begann ich zu grübeln. Gibt es noch etwas anderes, das mich interessiert? Was kann ich noch? Was würde ich gern tun, während das Baby schläft? Die Antwort war nicht schwer: Ich male gern, ich sticke gern (damals tat ich das zumindest gern), ich bastle gern.

„Ich möchte etwas Kreatives machen", überraschte ich meinen Mann, als er am Abend nach Hause kam, und schilderte ihm meine Idee. „Ich will selbst gemachte Sachen verkaufen."

„Wie stellst du dir das vor?", lautete seine skeptische Frage, die ich aus heutiger Sicht betrachtet durchaus nachvollziehen kann. „Willst du irgendwann eine Rechtsanwaltskanzlei eröffnen und im Nachbarraum einen Laden für Kunstgewerbe betreiben? Wenn dort die Türglocke bimmelt, dann lässt du alle Verträge stehen und liegen und verkaufst ein selbst bemaltes Osterei?"

Damals lag das für mich durchaus im Bereich des Möglichen, also nickte ich. Schon kam die nächste Frage: „Glaubst du, dass du von deinen selbst gemachten Sachen leben kannst?"

Das allerdings wusste ich nicht, denn ich hatte es noch nicht versucht. Also beschloss ich, es auszuprobieren und im darauffolgenden Jahr einen Stand auf dem größten Weihnachtsmarkt der Stadt, am Linzer Hauptplatz, zu betreiben. Diese Entscheidung liegt doch auch für dich auf der Hand, oder? ☺

Falls nicht, kann ich das natürlich verstehen. Im Unterschied zu vielen Menschen, die etwas zu ihrem eigenen Vergnügen machen, kommt bei mir nämlich bei allem, was ich tue, automatisch die Frage auf: Wie nutze ich das? Wie bringe ich das unter die Leute? Das war übrigens auch von Anfang an bei meinen Büchern so. Viele Menschen schreiben Geschichten zu ihrem eigenen Vergnügen. Als ich jedoch meinen ersten Roman im Kopf hatte und zu schreiben begann, da wusste ich, dass ich ihn veröffentlichen will, und hatte die unverbrüchliche Zuversicht, das auch zu schaffen. Ich hätte nie etwas nur für mich und meine Schublade geschrieben, denn ich schreibe nicht allein um des Schreibens willen, sondern um anderen mit meiner Fantasie Freude zu machen. Folgerichtig bastelte ich auch nicht um des Bastelns willen. Und so viele Verwandte, um sie mit Kunstwerken aus eineinhalb Jahren Arbeit zu beglücken, habe ich auch wieder nicht.

Gemeinsam mit meiner kreativen Cousine startete ich das Vorhaben „Stand auf dem Christkindlmarkt" und, weil es nur Sachen aus Handarbeit geben sollte, nannten wir das Projekt „Handstand". Im Dezember des nächsten Jahres hatten wir schließlich mehr als tausend Dinge fabriziert. Unsere Männer bauten uns die passende Holzhütte. Das war nicht nur ausgesprochen lieb von ihnen, sondern auch äußerst hilfreich, und bestätigt eine weitere Erfolgsthese, die wir noch besprechen werden:

MEINE LIEBLINGSWEISHEIT NUMMER 2:
Augen auf bei der Partnerwahl! ☺

Fünf lange, kalte Winterwochen lang standen wir dann abwechselnd, mit Alufolie in den Stiefeln, um zumindest unsere Zehen warm zu halten, in unserer liebevoll dekorierten Hütte und sahen neiderfüllt auf die Punschstände, vor denen sich die Menschenmassen drängten. Wir verkauften nicht schlecht, erzielten jedoch kaum mehr als unseren Wareneinsatz. Und nach mehreren Hundert kleinen Kunstwerken war meine Lust zu basteln erheblich abgekühlt. Damit war die Idee „Kunstgewerbeladen" ein für alle Mal vom Tisch. Aber ich kann sagen: Ich habe es zumindest versucht und brauche mich nicht mein ganzes Leben lang mit dem Gedanken zu quälen: Was wäre, wenn.

MEINE **2.** GOLDENE
ERKENNTNIS

SEI KEIN
HÄTTIWARI!

SEI KEIN HÄTTIWARI!

n Österreich ist der Begriff „Hättiwari" beliebt, den der bekannte, leider schon verstorbene Journalist Herbert Hufnagel prägte. Wie oft hört man Leute sagen: „Hätte ich ... dann wäre ich ...", auf gut Wienerisch: „Hätt i ... war i ..." Unter Sportlern sind Hättiwaris häufig vertreten. „Hätt i diese Kurve enger genommen, dann wär i zwei Zehntel schneller gewesen!"

Ihr wisst, was ich meine. Das entspricht in etwa dem in Deutschland verbreiteten Sprichwort „Hätte, hätte, Fahrradkette!". Ich wollte und will nie ein Hättiwari sein und ich wünsche mir für dich, dass du auch keiner bist. Bevor ich dir erzähle, wie es in meinem Leben weiterging, hier ein paar wichtige Gedanken zum Hättiwari:

Als mein erster Mann starb, war ich 35. Es war schlimm, gar keine Frage. Aber es wäre sicher noch viel schlimmer gewesen, wenn ich mir Vorwürfe hätte machen müssen, dass wir etwas versäumt hätten. Doch wir haben alles gemacht, was wir noch machen konnten. Wir haben alles erlebt, was wir noch erleben konnten. Wir haben Reisen unternommen, obwohl er kaum noch gehen konnte und immer wieder an Krampfanfällen litt. Wir haben die Risiken in Kauf genommen, die damit verbunden waren, aber auch gemeinsame Erlebnisse geteilt, die Freude in unsere letzten gemeinsamen Jahre brachten. Glaubt mir, es ist schwer, jemanden gehen zu lassen. Aber es wäre sicher noch bedeutend schwerer gewesen, wenn vieles offengeblieben wäre. Wenn wir gemeinsam Hättiwari gespielt hätten, bis es zu spät gewesen wäre.

Da kommt mir der Gedanke an mein eigenes Lebensende in den Sinn. Ja, ich weiß, das ist für viele kein einfaches Thema und außerdem ist es ja noch ganz weit weg. Wahrscheinlich. Hoffentlich. Wir wissen es nicht. Was wir aber wissen, ist, dass es einmal kommt. Und dass wir nicht wissen, wann. **Sorgen wir doch heute schon dafür, dass wir am Schluss nicht bereuen müssen, etwas nicht getan zu haben.**

Kennst du Menschen, die immer wieder etwas aufschieben?

„Ich würde so gern mehr mit meinen Kindern unternehmen. Wir sollten wieder einmal zusammen spielen oder die Welt erkunden. Das mache ich ganz bestimmt, wenn ich beruflich nicht mehr ganz so eingespannt bin."

Kommt dir das bekannt vor? Das sind die Eltern, die eines Tages völlig erstaunt aufwachen und feststellen, dass ihr Nachwuchs plötzlich 18 und flügge geworden ist. Das sind die Männer über 50, die sich mit einer jüngeren Frau noch einmal Kinder zulegen und sagen: „Bei denen mache ich alles anders und hole nach, was ich bei den ersten versäumt habe."

Macht dich das auch so wütend? Wie bitte, so frage ich, kommen die erste Frau und die ersten Kinder dazu, als die dazustehen, für die sich dieses Mehr an Aufmerksamkeit noch nicht gelohnt hat? Wie leben die mit dieser Gewissheit?

Bei Podiumsdiskussionen fragte ich oft ältere Männer, was sie in ihrem Leben anders machen würden, wenn sie könnten. Fast immer haben sie geantwortet: „Ich würde mehr Zeit mit meiner Familie verbringen."

Es liegt an uns Frauen, ihnen das zu ermöglichen, und wir sollten es auch tun. Kinder haben Mutter und Vater, und sie brauchen beide. Wenn Sie zu Hause wieder stundenlang in den Computer schauen, denken Sie an das chinesische Sprichwort: „Die Arbeit läuft dir nicht davon, wenn du deinem Kind den Regenbogen zeigst. Aber der Regenbogen wartet nicht, bis du mit der Arbeit fertig bist."

Rosely Schweizer, ehemalige Beiratsvorsitzende der Oetker-Gruppe, über die Versuchung, Männer zu leicht aus ihrer Verantwortung für die Familie zu entlassen

„Meine 80-jährige Mama wünscht sich, dass ich sie zumindest einmal im Monat besuche. Wie soll denn das gehen, ich habe schließlich so viel um die Ohren", erzählte mir Alice. Wir trafen uns kurz darauf bei der Beerdigung ihrer Mutter wieder. Da machte sie sich unter Tränen schwere Vorwürfe. Gitti schwor sich immer wieder, dass sie sich nach einer anderen Stelle umsehen werde, die ihren Qualifikationen besser entsprechen und ihr mehr Geld einbringen würde. Aber immer dann, wenn sie sich wirklich ernsthaft daranmachen wollte, die entsprechenden Internetseiten zu durchforsten, rief eine Freundin an und man traf sich auf einen Prosecco. Was für ein Pech aber auch. Und je weniger Spaß ihr ihr Job machte und je frustrierter sie über die Bezahlung war, desto mehr Prosecco brauchte sie.

„Das mache ich, wenn ich einmal in Rente bin" sagte meine Kollegin Sigrid mindestens drei Mal die Woche. Als sie 65 war, musste sie feststellen, dass es zu spät war, um die Zugspitze zu erklimmen, sie nicht mehr die passende Begleitung hatte, um auf die Malediven zu jetten, und dass das neue Augenleiden das Lesen all der Bücher, die sie im Laufe der Jahre angesammelt hatte, doch sehr erschwerte.

DARUM LAUTET MEINE LIEBLINGSWEISHEIT NUMMER 3:

Jetzt spielt die Musik. Nicht irgendwann und anderswo. Das, was wir jetzt machen, tun und unterlassen, ist unser Leben. Nicht das, was wir uns für irgendwann mal vornehmen.

MEINE „HAPPY-BIRTHDAY-BRIEFE" ODER GRÜSSE AUS DER VERGANGENHEIT

Während ich all diese Beispiele aufgeschrieben habe, sind mir meine Geburtstagsbriefe eingefallen. Liebst du Überraschungen auch so sehr wie ich? Seit 30 Jahren bekomme ich zu jedem Geburtstag ein ganz besonderes Geschenk – nämlich einen Brief von mir selbst, geschrieben fünf Jahre zuvor. 2019 bekam ich daher einen von Ingeborg aus dem Jahr 2014 und ich schrieb auch wieder einen – diesmal an Ingeborg im Jahr 2024. Darin erzähle ich ihr, also mir, was ich derzeit so treibe, was mich gedanklich am meisten beschäftigt, wie es Mann und Kindern geht und ob der Hund noch lebt. Und dann überlege ich mir, wo ich in fünf Jahren beruflich und privat stehen werde, was ich bis dahin erreicht haben will und was mir wichtig sein wird. Glaub mir, ich habe schon viele überraschende und wertvolle Erkenntnisse aus diesen Briefen gewonnen. Manches habe ich geradezu visionär vorausgesehen, bei anderem meilenweit danebengelegen.

Natürlich habe ich mich auch in diesem Jahr wieder hingesetzt, ein neues Blatt Papier vor mir, und die erste Frage aufgeschrieben: „Wie geht es dir?" Man ist ja schließlich höflich zu einem Geburtstagskind. ☺ Da sah ich sie plötzlich vor mir, die Ingeborg aus dem

Jahr 2024, wie sie die Arme kämpferisch in die Hüften stemmt und mich anfährt: „Was fragst du denn so blöd?"

Ich war fassungslos, so einen Tonfall bin ich von mir nicht gewöhnt.

„Wer glaubst du denn", fragte Ingeborg aus 2024, „ist dafür verantwortlich, wie es mir heute geht? Das hängt doch allein davon ab, was du ab 2019 mit mir machst!" Ich muss gestehen, da war ich kurz sprachlos. Ingeborg aus 2024 hatte recht. Also schnappte ich meine Sporttasche und marschierte ins Fitnessstudio.

Vielleicht gefällt dir meine Idee mit den Briefen ja so gut, dass du sie nachmachen möchtest?

Happy-Birthday-Briefe von dir an dich

Dazu brauchst du:

- ein, zwei Bogen Papier
- eine leserliche Handschrift oder einen PC
- einen Briefumschlag und einen sicheren Ort, den du wiederfindest

Am besten schreibst du dir an deinem Geburtstag oder kurz danach, denn das ist ein Datum, das du nicht vergisst. Du kannst die Briefe natürlich auch zu Ostern verfassen, an deinem Hochzeitstag oder zu Mariä Himmelfahrt. ☺ Schreib, was dir und den Deinen derzeit wichtig ist, welche Gedanken dir durch den Kopf gehen, worauf du dich freust und was du eventuell fürchtest. Dann wage einen Blick in die Zukunft. Was denkst du, was dich und die Deinen in fünf Jahren erwarten und bewegen wird? Vielleicht magst du den Brief mit guten Wünschen schließen. Achtung: keinesfalls am PC abspeichern! Dann steckst du den Bogen in den Umschlag, klebst ihn zu und schreibst „Erst am Geburtstag 20.. (also in fünf Jahren) öffnen" außen drauf. Lege den Brief an einen sicheren Ort, merke dir diesen gut – vielleicht hast du einen Safe – und warte fünf Jahre. Ich gebe zu, in den ersten fünf Jahren ist es langweilig, jeden Geburtstag zu schreiben, aber keinen Brief zurückzubekommen. Doch ab dann wirst du jedes Jahr beschenkt. Ich mache das seit mehr als 20 Jahren und liebe meinen Stapel Briefe aus der Vergangenheit. Was für unwiederbringliche Zeitdokumente! Nach diesem Ausflug in mein persönliches Briefgeheimnis geht die Erzählung über mein Leben weiter und kommt zu der Erkenntnis:

„WER VIEL FRAGT, GEHT VIEL IRR!"

Nach einem Jahr Praktikum bei Gericht bewarb ich mich um eine von zwei freien Stellen bei einer großen Organisation. Ich wusste, dass es viele Bewerber für diesen Job gab, denn er war nicht schlecht bezahlt und bot eine relativ freie Zeiteinteilung, was damals eine Seltenheit war. Wie es der Zufall wollte, spielte der Personalleiter der Organisation mit meiner Schwester Tennis.

„Ich leg' ein gutes Wort für dich ein", bot sie an. Natürlich konnte sie mir nicht versprechen, dass ich die Stelle bekommen würde, aber sie war zuversichtlich, dass man mich zumindest zu einem Vorstellungsgespräch einladen würde. Ich war sofort Feuer und Flamme und erzählte es meinen Mann. Der fragte seine Freunde aus der Branche, die redeten mit ihren Kollegen und rieten mir schließlich dringend davon ab. In dieser Organisation, so sagten sie, sei es gar nicht gern gesehen, wenn man sich durch Beziehungen hineinschummeln wollte. Außerdem hätte ich so etwas doch gar nicht nötig. Ich würde die Zuständigen doch ohnehin locker von meiner Kompetenz überzeugen. Also pfiff ich meine Schwester zurück, die laut und vernehmlich mit den Zähnen knirschte, bewarb mich und … wurde erst gar nicht zum Vorstellungsgespräch eingeladen. Ich war am Boden zerstört. Ich hatte mir alles schon so schön vorgestellt: die spannende Tätigkeit, das Büro fußläufig zu erreichen, viel Zeit für meinen Sohn. Klatsch! – Der Traum war wie eine Seifenblase zerplatzt. Dazu kam, dass ich mir berechtigte Sprüche meiner Schwester anhören musste. Ich war stinksauer: auf Gott und die Welt und auf mich. Ich hatte gegen mein Gefühl gehandelt und ich hatte zugelassen, dass viel zu viele Leute gefragt wurden. Dabei hätte ich es doch besser wissen müssen: Wo auf der Welt geht denn nicht alles einfacher mit Vitamin B? B wie Beziehungen. In Österreich bestimmt nicht. Der Kontakt hätte mir die Tür geöffnet und ich hätte zumindest eine Chance gehabt, meine Fähigkeiten zu beweisen und hindurchzugehen.

WAS ES MIR (ZUMINDEST EIN WENIG) LEICHTER MACHT, SOLCHE NIEDERLAGEN ZU VERARBEITEN

MEINE LIEBLINGSWEISHEIT NUMMER 4:
„Wer weiß, wozu es gut ist!"

Das waren Worte, mit denen mich meine Großmutter beruhigte, wenn ich über einen Fehler oder eine verpasste Chance jammerte. Also überlege ich mir immer, was ich aus meinem Misserfolg lernen kann. Dann hat der Ärger zumindest etwas Positives. Was ich aus dieser Geschichte gelernt habe? **Hör auf, zahlreiche Leute zu fragen!** Triff deine Entscheidung nach den Kriterien, die für dich wichtig sind. Trage die nötigen Fakten zusammen, vertrau aber auch auf dein Bauchgefühl. Schlaf einmal darüber und dann entscheide. Wenn du dir nicht sicher bist, dann hol dir die Meinung einer Person ein, der du vertraust. Check es, wenn du noch unsicher bist, mit einer zweiten Person, der du vertraust, gegen und dann mach! Ist Fachwissen gefragt, frag jemanden, der dieses hat. Eventuell noch Gegencheck mit einer zweiten Fachperson und dann: Go!

„Wer viel fragt, geht viel irr!" lautet der weise Spruch, der mir dazu einfällt. Entschuldige bitte, wenn ich dir in diesem Buch immer wieder alte Sprüche um die Ohren knalle. Viele davon finde ich witzig, andere unglaublich treffsicher. Wieder andere einfach nur

falsch. Keine Sorge, ich schreibe dazu, welcher Spruch in welche Kategorie fällt. ☺

Apropos viel fragen: Linda wollte sich ein neues Auto kaufen und fragte ihre sämtlichen Verwandten, Freunde, Kollegen und Nachbarn um Rat. Am Schluss hatte sie 17 verschiedene Vorschläge und erst recht keine Ahnung, welches Modell sie erwerben sollte. Schlussendlich entschied sie sich für einen VW Golf. Einfach deshalb, weil die Werkstatt des Händlers auf dem Weg zu ihrer Arbeitsstelle lag und es so am einfachsten war, das Auto zu Reparaturen oder zur Überprüfung zu bringen. Das hätte sie einfacher haben können. Nun waren ihr 17 Menschen böse. Diese hatten sich völlig unnötig Gedanken gemacht und wertvolle Zeit im Internet vergoogelt, um ihr das Bestmögliche raten zu können.

MEINE SUCHE NACH DEM ERSTEN JOB

Da stand ich also frierend in meiner Weihnachtsmarkthütte, als eine ehemalige Schulkollegin vorbeispazierte. Sie arbeite neuerdings bei der Firma X, verkündete sie stolz, und sei dort sofort als Abteilungsleiterin eingestiegen. Ich gebe zu, ich war beeindruckt. Tags darauf kam eine Kollegin aus dem Gerichtspraktikum vorbei, die überraschenderweise das Gleiche behauptete. Sie sei jetzt Abteilungsleiterin bei der Firma X. Da stand für mich fest: Dort bewerbe ich mich auch! Ich wollte auch Abteilungsleiterin werden. ☺ Das Internet gab es noch nicht, so beruhte mein Wissen, was diese Firma betraf, auf den Erzählungen dieser beiden. X betrieb Handel mit verschiedenen Waren, die in alle Welt verkauft wurden. Ich hatte von dieser relativ neu gegründeten Firma noch nie etwas gehört und kannte auch niemanden, der sie kannte – außer den beiden Abteilungsleiterinnen. Also bewarb ich mich auf gut Glück und saß, weil zufällig jemand gesucht wurde, wenige Tage später mit 15 anderen Juristen und -innen vor der Tür der Geschäftsführung. Alle waren bestens gerüstet und zitterten vor Aufregung, weil ihnen bekannt war, dass der oberste Chef beim Vorstellungsgespräch gern von Deutsch zu Englisch und weiter zu Französisch wechselte und sich für Gott persönlich hielt. All das wusste ich nicht und sprach frei von der Leber weg. Auf die beliebte Frage: „Was ist Ihre größte Schwäche?", fiel mir nur etwas ein, was meine Mutter mir immer vorwarf, und so sagte ich: „Dass ich meinen Mitmenschen zu kritisch gegenüberstehe!"

Da blaffte mich Gott persönlich an: „Was soll denn das heißen?"

„Mir ist schnell jemand zu blöd", präzisierte ich und hatte damit anscheinend den Nagel auf den Kopf getroffen. In diesem kurzen Augenblick waren wir wohl so etwas wie Seelenverwandte. ☺

Das war mein Einstieg in den internationalen Handel und brachte mich zur sicheren Gewissheit: **Manchmal braucht man einfach nur Glück.**

Einschränkungen zur eben gemachten Aussage: Eine gute Ausbildung und ein sicheres, möglichst sympathisches Auftreten sind natürlich Voraussetzung, damit das Glück zuschlagen kann. Und in der Regel ist es auch bei Weitem gescheiter, gut vorbereitet zum Vorstellungstermin zu gehen.

Wie es das Schicksal wollte, kam ich übrigens in genau dieselbe Abteilung, in der meine beiden Weihnachtsmarktbesucherinnen arbeiteten. Abteilungsleiter war übrigens keiner von uns dreien. Der hieß nämlich Roland.

Das Tüpfelchen auf dem i war dann, dass ich in dieser Firma rasch aufstieg, gut verdiente und spannende Auslandsreisen absolvieren konnte. Die Kollegen, die den Job bei der großen Organisation bekommen hatten, gestanden mir ein paar Jahre später, wie sehr sie mich beneideten. Wenn ihr also auch einmal eine Niederlage einstecken müsst, denkt an den Spruch meiner Großmutter: *„Man weiß nie, wozu es gut ist!"*

WIE ICH ES MIR ERLAUBTE, MEINEN GUT BEZAHLTEN, „SICHEREN" ANGESTELLTEN-JOB AUFZUGEBEN, UM VERHANDLUNGS-TRAINERIN ZU WERDEN

Mit Ende 30, ich war inzwischen Bereichsleiterin einer Aktienge-sellschaft, Witwe und Mutter von zwei Kindern, bemerkte ich, dass mich mein Angestelltenjob, so vielfältig er auch war, nicht mehr vollkommen erfüllte. Ich beschloss, etwas für mich zu tun, und begann mit persönlichkeitsbildenden Seminaren. Dann kam eine Trainerausbildung dazu, eine Coachingausbildung folgte. All das tat mir gut und gab mir nach dem Tod meines Mannes den dringend ersehnten frischen Schwung. Es brachte mich allerdings auch auf neue Ideen. Habe ich bereits erwähnt, dass ich ungern für die Schub-lade arbeite? Also wuchs in mir der Wunsch, das Gelernte an ande-re weiterzugeben und selbst Seminare anzubieten. An Wochenenden. Vielleicht ein paar Mal im Jahr.

Wie sich schnell herausstellte, war dieses Vorhaben ein frommer Wunsch. Wenn einen niemand kennt, ist es schwierig, Teilnehmer auch nur für ein Seminar zu finden. Wenn einen endlich genug Leu-te kennen, bleibt es nicht bei ein paar Terminen im Jahr. Aber das wusste ich zu Beginn nicht. Mit 42 waren auch meine ehemannlosen Jahre vorüber, ich hatte wieder einen festen Partner. Dem zeigte ich mein Konzept für drei verschiedene Seminare und siehe da, zwei Tage später legte er mir seinen Entwurf für passende Prospekte auf den Tisch. Ich war begeistert von den Foldern. Und dem Mann. Aber ich schwöre, ich habe ihn nicht nur deshalb geheiratet. ☺

Ich startete einen Rundruf unter Freundinnen und Bekannten und legte bald darauf mit dem ersten „Einmal Super voll, bitte!"-Seminar los – ein Wochenende zum Auftanken und Pläneschmie-den. Das war spannend, intensiv und lustig, aber noch nicht so wirklich „meines". Trotzdem machte ich es einige Jahre, bis mich eine Kollegin von EWMD fragte, ob ich mir vorstellen könnte, Gesprächs- und Verhandlungstrainings anzubieten. Ich sagte sofort zu. Schließlich hatte ich fast 15 Jahre Verhandlungserfahrung hinter mir und wusste so einiges darüber zu erzählen. Was bitte, sollte also dabei schiefgehen? Mit vielen Ideen, einem Berg Manuskripte zum Verteilen und 38 Grad Fieber fuhr ich nach Wien, um mein erstes „Verhandlungstraining für Frauen" abzuhalten. Mein Selbstvertrauen hatte kurzfristig die Grenze zur Selbstüberschätzung überschritten und Hochmut kommt bekanntlich vor dem Fall. ☺ Schnell musste ich feststellen, dass der Stoff, den ich vorbereitet hatte, nie und nimmer für zwei Tage reichen würde. Außerdem war es etwas komplett anderes, in einem „Super voll"-Seminar eine fröhliche Runde zu trainieren, die sich über zwei entspannte Tage freute, als zwölf Businessfrauen, die sich extra wertvolle Zeit freigeschaufelt hatten. Die waren alles andere als entspannt. Im Gegenteil, sie warteten gespannt und ungeduldig darauf, entscheiden zu können, ob sich ihre Investition an Zeit und Geld auch wirklich lohnen würde. Ich selbst hatte vorher als Teilnehmerin, neben meinen Selbstfindungsseminaren, wo wir alle in bunten Socken am Boden im Kreis herumsaßen, nur Fachseminare besucht, in denen hochehrenwerte Damen und Herren Universitätsprofessoren die letzten Gesetzesänderungen vortrugen. Daher hatte ich keine Ahnung, wie ich die Businessdamen behandeln sollte. Sprach man die als Trainerin überhaupt direkt an? Durfte ich ihnen Fragen stellen oder würden sie dann fluchtartig den Raum verlassen? Wie integrierte man Übungen gekonnt in den Vortrag? Was soll ich sagen: Das Fieber rettete mich vor dem Untergang. Ich hatte eine ehrenvolle Rückzugsmöglichkeit, das Seminar wurde um einen Monat verschoben und ich buchte auf der Stelle einen Workshop bei einer namhaften Trainerin, die mir die Augen öffnete und den Mut gab, mit meiner Gruppe so frei zu agieren, wie ich es seither tue. Sie ermutigte mich, anschauliche Beispiele zu bringen, Geschichten zu erzählen, jederzeit Fragen zu beantworten und alle Übungen so spannend und außergewöhnlich zu gestalten, dass die Ergebnisse nachhaltig im Gedächtnis bleiben. Damit überstand ich den Ersatztermin mit Bravour und hocherfreulichem Feedback. Die Erfahrung hatte mich jedoch gelehrt, nicht wieder übermütig zu werden. So schrieb ich mich in einen systemischen Trainerlehrgang ein, der mir das restliche Rüstzeug an Didaktik und Gruppenführung vermittelte. Eines weiß ich jetzt: Fachwissen allein ist viel zu wenig, um andere für etwas begeistern zu können.

Während ich mir für die „Super voll!"-Seminare immer zwei Tage Urlaub oder ein Wochenende nahm, reichte das für die Verhandlungstrainings nicht mehr aus. Immer mehr Firmen wurden auf mich aufmerksam. Teilnehmende empfahlen mich ihrer Personalleitung, eine Personalleitung empfahl mich der nächsten. Ein noch viel größerer Seminaranbieter kam auf mich zu. Die Aufträge nahmen so überhand, dass ich beschloss, in Teilzeit zu arbeiten. Montags und dienstags leitete ich Seminare, die restlichen Tage der Woche meine beiden Abteilungen. Mein Terminplan wurde immer enger und enger. Die nötigen Dienstreisen und mein Seminarkalender waren immer schwieriger miteinander in Einklang zu bringen. Ich war 44, als ich beschloss, meine gut bezahlte Angestelltentätigkeit aufzugeben und mich selbstständig zu machen. Meine Bekannten und manche meiner Freundinnen hielten mich für komplett verrückt.

„Sei doch froh, dass du einen guten Job hast. Den wirft man doch nicht hin", bekam ich zu hören. „Noch dazu in deinem Alter!"

Gut, dass sie mir das sagten. Ich hatte damals noch gar nicht gemerkt, dass ich schon in meinem Alter war! ☺

„Denkst du denn gar nicht an deine Zukunft?", ging es mahnend weiter. „Du wirst schließlich auch nicht jünger!" Was hätte ich darauf sagen sollen? Sie hatten recht. Ich wusste selbst, dass ich nicht jünger wurde, es war aber trotzdem nett, dass sie es mir noch einmal ausdrücklich gesagt haben. Und ich dachte sehr wohl an die Zukunft. Mein Job war zur Routine geworden und so vielseitig er war, ich war unruhig, unglücklich und unrund – kurz: Ich brauchte dringend etwas Neues. Andererseits war ich nicht allein auf der Welt. Mein Sohn war ausgezogen und hatte zu studieren begonnen, meine Tochter stand knapp vor dem Abitur und wollte zum Studium in eine andere Stadt. Ich wusste, dass auf mich große finanzielle Belastungen zukamen, die ich mit meinem Job als Prokuristin gut hätte bewältigen können. Doch ich hatte keine Angst mehr, den Sprung in die Selbstständigkeit zu wagen, denn ich war nun bestens vorbereitet.

✔ Was hätten Sie gern früher gewusst?

„Ich hätte mit 16 gern gewusst, dass das Einzige, was zwischen uns und dem Leben steht, die eigene Angst ist, und dass man sie nicht füttern darf, indem man ihr nachgibt. Ich hätte gern gewusst, dass es keine Veränderung gibt, ohne dass man dafür mit Angst bezahlen muss, und wie wunderbar glücklich und frei es macht, Dinge zu tun, vor denen man sich fürchtet."

Cornelia Funke, deutsche Kinder- und Jugendbuchautorin, 20 Millionen verkaufte Bücher, in 37 Sprachen übersetzt. Quelle: ZEITmagazin

---

Mein Entschluss stand also fest. Ich hatte aus meinen Fehlern beim ersten Verhandlungstraining gelernt und mir neben meinem fachlichen Know-how aus jahrzehntelanger Praxis auch die notwendige Theorie zum Thema Kommunikation angeeignet und war nun auch mit der Didaktik vertraut. Inzwischen hatte ich zudem bereits vier Jahre Erfahrung als Seminarleiterin und, was mir besonders half: Mein Terminkalender für das folgende Jahr war mit bereits vereinbarten Seminaren gut gefüllt. Was den Schritt zudem erleichterte: Ich hatte in der Zwischenzeit wieder geheiratet und so die Gewissheit, dass ich, auch wenn alles schiefginge, nicht unter der Brücke landen würde. Andererseits bin ich emanzipiert genug, zu denken, dass ich für mich und meine Kinder immer noch selbst verantwortlich bin.

Wie es mir gelang, eine klare Entscheidung über meine berufliche Zukunft zu fällen

Ich nahm mir einen professionellen Coach. Damit du dir jetzt keinen Mann mit Bart vorstellst: Es war eine Frau, aber *Coachin* klingt irgendwie seltsam. Manchmal, besonders wenn es wichtig oder gar lebensentscheidend ist, kann der Blick eines geschulten Auges von außen unglaublich hilfreich sein und ist allemal die Kosten wert, die man investieren muss.

Mich quälte vor allem ein Gedanke, ich nenne ihn das „Winterstiefel-Desaster". Als mein erster Mann erkrankte, geriet seine kleine Baufirma dadurch in die Insolvenz. Ich war nach dem Mutterschaftsurlaub nach der Geburt meiner Tochter in die Firma eingestiegen und hatte vergeblich versucht, zu retten, was zu retten war. Nun standen wir da und hatten Schulden, aber kein Einkommen. Die finanzielle Lage war so angespannt, dass ich meinem Dreijährigen keine Winterstiefel kaufen konnte. Das steckte mir noch lange in den Knochen.

So erzählte ich meinem Coach also vom Winterstiefel-Desaster und meiner Sorge, dass ich, wenn mein Abenteuer der Selbstständigkeit den Bach hinunterginge, wieder in die Lage kommen könnte, meinem Sohn keine warme Bekleidung kaufen zu können. Da antwortete sie trocken: „Er ist erwachsen, er kann sich selbst helfen."

Ich weiß noch, wie ich stutzte, als mir aufging, wie recht sie hatte. Da ich die Sorge über viele Jahre mitgeschleppt hatte, quälte sie mich selbst dann noch, als sie längst jeder Grundlage entbehrte. Ich bedankte mich bei meinem Coach, stand auf und ging – nach nur 15 Minuten statt der vereinbarten Stunde, mit einem Felsbrocken im Herzen weniger. Wenn wir uns später zum Thema „Hilfe holen" unterhalten, dann denk bitte an diese Geschichte.

Als Nächstes informierte ich meinen Mann, dass ich die Entscheidung nun endgültig getroffen hatte. Er ging vorsichtiger an die Dinge heran, hätte es selbst wohl nicht gemacht, vertraute aber meinem Urteil und versprach, mich zu unterstützen. Natürlich informierte ich auch meine Kinder, denn die betraf es ja ganz unmittelbar. Sollte ich scheitern, hieße das für sie, wieder zu Hause zu wohnen, um Kosten zu sparen, und sich das Studium selbst zu finanzieren. Beide gaben mir, ohne zu zögern, grünes Licht. Einerseits, weil sie immer wollen, dass ich glücklich bin, andererseits, weil sie sicher darauf vertrauten, dass ich Erfolg haben würde.

Ich startete also durch, hatte tatsächlich Erfolg und was das besonders Lustige war: Die, die mir so dringend abgeraten hatten, sagten mir nun, wie sehr sie mich bewunderten. Sie hätten sich das nie getraut. Ich hingegen hätte mich nie getraut, in einem Job zu bleiben, der mich nicht mehr erfüllte. Das allerdings auch nur, weil ich bestens vorbereitet war, mir eine realistische Alternative aufgebaut hatte und meine Zuversicht und mein Selbstvertrauen damit auf berechtigten Beinen standen. Der letzte Satz ist besonders wichtig. Nicht, dass du jetzt aufstehst, deinen Vorgesetzten die Kündigung auf den Tisch knallst und dich ohne jede Vorbereitung selbstständig machst. ☺

Eine Frau, die sich bereits in viel jüngeren Jahren erfolgreich selbstständig gemacht hat, ist die Schneidermeisterin und Modedesignerin Margit Angerlehner. „Ich war immer eine Einzelkämpferin", erzählt sie mir. „Ich musste meine Arbeit neben zwei kleinen Kindern schaffen und ich habe einfach angefangen, ohne Businessplan und ohne Beratung. Undenkbar aus heutiger Sicht! Das würde ich nicht mehr so machen. Zum Glück konnte ich immer auf das Wissen meines Mannes zurückgreifen, der aus einer Unternehmerfamilie stammt."

ENTSCHEIDE DICH, WAS DU MACHEN WILLST, MACH ES UND SEI GUT DARIN

Zu diesem wichtigen Thema habe ich mich mit zwei ganz unterschiedlichen Frauen unterhalten, die beide auf ihrem Gebiet höchst erfolgreich sind. Die eine ist Eveline Pupeter, CEO und Eigentümerin von Emporia Telecom, die sich auf Handys für Senioren spezialisiert haben, und die andere, Dr. Bettina Hennig, ist Klatschjournalistin, Liebesromanautorin und Verfasserin des Bestsellers „Ich bin dann mal vegan". Gefragt nach dem wertvollsten Tipp ihrer Karriere, fallen Eveline sofort die Worte von Professor Dr. Manfred Winterheller ein: „High Performance entsteht durch tägliche kleine Schritte. Nimm dir etwas vor, nimm dich ernst und arbeite daran. Dranbleiben! Was im Spitzensport gilt, gilt auch in der Wirtschaft: Es ist hart, es braucht seine Zeit und es gibt kein Zurück."

„Ein Superstatement, das ich sofort unterschreibe", ist Bettina Hennig begeistert. „Das ist einer der Gründe, warum ich Spitzensportler bewundere. Ihre Disziplin, ihr Dranbleiben, diese tägliche

Hingabe an das große Ziel." Jetzt wollte ich natürlich auch ihre Leitsprüche wissen. „Erstens: Es gibt nichts Gutes, außer man tut es. Wenn du etwas willst, mach es, schaffe dir einen Rahmen, dir diesen Wunsch zu erfüllen, und tu die Dinge, die dafür getan werden müssen. Musst du ein dickes Buch lesen, meckere nicht, lies es. Brauchst du eine IT-Schulung, mache sie. Streng dich für dein Ziel an. Der Effekt: Können und Wissen stärkt das Selbstbewusstsein. Zweitens: Sei nicht perfekt, sondern leg los. Man kann alles korrigieren – und darin sind wir ja bekanntlich Meisterinnen, nicht wahr? Meine Erkenntnis: Frau ist viel besser, als sie gemeinhin glaubt. Erledige deine Aufgaben pünktlich. Das lässt dich nicht nur sehr gut schlafen, es verschafft dir auch den Ruf von Zuverlässigkeit und Professionalität. Und neue Aufträge. Mein dritter und wichtigster Rat: Spare! Du brauchst nicht das neuste Kleid, die neuen Schuhe, sondern ein dickes Bankkonto, und zwar so viel, dass du ohne Probleme für ein halbes Jahr die laufenden Kosten decken kannst. Das macht dich frei. Mit Rücklagen hast du die Wahl, ob du in einer Situation, die dich quält, bleibst oder sie verlässt. Du hast eine stärkere Verhandlungsposition und meist wenden sich die Dinge dadurch zum Guten. Denn, so meine Erfahrung, Geld kommt zu Geld. Ich habe mit meinem, wie ich es nenne, *Fuck you Money* schon so manche Kündigung in einen Karriereschub verwandeln können."

Vorwärts in die Vergangenheit!

Du bist wahrscheinlich am Anfang oder mittendrin in deinem Karriereweg. Wenn du ein paar Jahre vorausdenkst und dich am Ende deiner beruflichen Tage siehst: Worauf willst du dann stolz sein? Stell dir vor, es werden zum Eintritt in den Ruhestand Festreden gehalten. Was willst du dann über dich hören? Was willst du dann selbst sagen können? Hast du bereits die ersten Meilensteine dafür gesetzt, damit du deine Rede mit dem Inhalt füllen kannst, auf den du dann zu Recht stolz bist? Vielleicht hast du ja Lust, all die Gedanken aufzuschreiben, die dir dazu in den Sinn kommen, und sie zu deinen Geburtstagsbriefen an einen sicheren Ort zu legen. Wäre es nicht spannend, mit 60+ die eigenen Voraussagen lesen zu können und zu überprüfen, was davon eingetreten ist?

Zwei, die es bereits wissen, möchte ich dir jetzt vorstellen. Nachdem ich mir all die Gedanken zum Thema „Lebe dein eigenes Leben" gemacht hatte, packte mich nämlich die Neugier und ich unterhielt mich mit zwei erfolgreichen Frauen, die vor Kurzem in den Ruhestand getreten sind. So wollte ich von der Künstlerin, Sängerin und, nach eigenen Angaben, fanatischen Social Networkerin Irene Gunnesch wissen, was der wertvollste Tipp gewesen sei, den sie zu Beginn ihrer Karriere als Kulturredakteurin bekommen habe.

„Es gab niemanden, der mir am Anfang meiner beruflichen Laufbahn einen Rat gegeben hätte. Beim Fernsehen bin ich noch absolut naiv und unbedarft in die ‚Schlangengrube' gesprungen – damals prall gefüllt mit Wettstreit, Neid und Missgunst. Wenn dir dort jemand etwas geraten hat, musstest du diese Medaille mindestens fünfmal umdrehen und auf ihre Echtheit hin prüfen." Bei der Zeitung fand sie dann ein freundschaftlich-integres Miteinander und wurde schließlich die erste Frau, die in dieser Redaktion ein Ressort leitete. „Meine persönlichen Grundsätze für meine Zeit als Kunst-, Theater- und Musikkritikerin klingen zwar banal, haben mir aber geholfen, einen erfolgreichen Weg zu gehen: Keinesfalls Sex mit Kollegen, du holst damit bloß auch deren berufliche Probleme in dein Boot. Er- arbeite dir sowohl in den Inhalten als auch in deiner Erscheinung ein Alleinstellungsmerkmal. Stell dein Licht auf und keinesfalls unter den Scheffel. Lass die Hyänen bellen und zieh unbeeindruckt mit deiner Karawane weiter. Keine Freundschaften mit Leuten, deren Arbeit du in deinen Rezensionen besprechen musst (also: keine Premierenpartys, keine Vernissagen). Herablassung geht gar nicht! Sei in deinen Kritiken absolut ehrlich und objektiv. Wenn du das aus persönlichen Gründen nicht kannst, lass jemand anderen darüber schreiben."

Ich denke, aus diesen Worten können wir viel mitnehmen, was wir auch in anderen Berufen gut gebrauchen können. Einen wichtigen Wert spricht auch meine zweite Gesprächspartnerin an:

„Wenn ich jetzt in der Pension auf mein Berufsleben zurückblicke", erfahre ich von der ehemaligen Kinderärztin Dr. Susi Haslinger, „dann bin ich stolz darauf, dass ich immer ich geblieben bin und mich nicht verbogen habe. Als Kind musste ich längere Zeit im Krankenhaus verbringen. Das hat mir geholfen, mich in meine kleinen Patienten hineinzuversetzen. Ich wollte immer eine Ärztin sein, die sich Zeit nimmt, bei der der Mensch im Vordergrund steht. Auch wenn ich für Einzelne länger gebraucht habe, auch wenn im Wartezimmer manchmal das Chaos ausgebrochen ist, auch wenn ich anders viel mehr Geld verdient hätte, ich bin meinen Werten treu geblieben. Meine Patienten und ihre Eltern haben es mir durch ihre Treue gedankt."

Der wertvollste Rat in meinem Berufsleben

kam von *Algunda de Reuter*, der leider schon verstorbenen Mitbegründerin von W.I.N Women in Network®.

„Es gibt für alles eine Lösung, auch wenn du gerade nicht weißt, wo sie ist."

Wenn ich vor Herausforderungen stehe, bringt mir dieser Satz mehr Leichtigkeit. Für mich bedeutet er: Mach dir nicht so große Sorgen, fokussiere dich nicht auf das Problem, sondern auf die Lösung, wechsle die Perspektive und sieh in der Herausforderung eine Chance."

Petra Polk, Speakerin,
Unternehmensberaterin, Netzwerkexpertin

VORSCHLAG FÜR EIN 10-PUNKTE-PROGRAMM FÜR DEIN LEBEN

1. Es ist *dein* Leben. Darum achte darauf, dass *du* es bist, die es gestaltet. Triff deine eigenen Entscheidungen. Wie heißt es so schön in der Werbung? *Weil du es dir wert bist.* Wenn du nicht die richtige Ausbildung, die richtige Ausrüstung, das richtige Umfeld, Informationen oder finanzielle Mittel hast, um dein Ding durchzuziehen, sorge dafür, dass du alles Notwendige bekommst, auch wenn es nicht einfach sein sollte. Entweder im Vorfeld oder parallel zu deinen ersten Umsetzungsschritten.

2. Es ist wichtig, dass du weißt, was du willst. Doch dann musst du deinen Träumen und dir auch eine Chance geben. Natürlich kannst du dir das, was du dir wünschst, auch beim Universum bestellen. Ich bezweifle allerdings stark, dass es ausreicht, sich täglich vorzustellen, wie gut sich das Lenkrad eines Ferraris in deinen Händen anfühlen würde, und schon steht ein neuer Sportwagen von selbst vor der Tür. Dieses absurde Beispiel habe ich in einem Ratgeber gelesen, sorry. ☺ Du musst schon selbst das Nötige dafür tun und auch keine Mühen scheuen.

3. Hole dir alles, was du brauchst, um gute Entscheidungen treffen zu können. Aber auch nicht mehr. Wenn du nach Spanien willst, reicht es, eine Handvoll Internetanbieter oder Reiseprospekte zu studieren. Mit dem 27. fällt dir die Auswahl nicht leichter und sie wird auch nicht besser.

4. Steh zu deinen Entscheidungen. Auch dir selbst gegenüber. Wenn du in Spanien am Strand sitzt, dann genieße es. Und frage dich nicht, ob Italien nicht vielleicht doch besser gewesen wäre. Wenn du dir ein rotes Kleid gekauft hast, dann freu dich daran, und denke nicht

ständig daran, wie du dich in einem grünen gefühlt hättest. Hole dir Rat nur von den Menschen ein, die in deinem Thema fachlich kompetent sind. Es werden dir auch genug andere Tipps geben wollen. Entscheide selbst, welche du dir anhörst und nach welchen du dich richtest. Es ist natürlich richtig und vielleicht sogar wichtig, manche Entscheidungen einem anderen zuliebe zu fällen. Mach dir bitte klar, dass das trotzdem *deine* eigenen Entscheidungen sind.

5. Überprüfe von Zeit zu Zeit, ob sich die Entscheidung immer noch richtig anfühlt. Oft braucht es nicht viel, um den Kurs zu korrigieren.

6. Wenn du etwas machst, um jemanden bewusst zu ärgern, dann kontrolliere bitte, ob nicht doch du es bist, die am meisten darunter leidet. Kennst du den alten Spruch „*Geschieht meinem Vater ganz recht, wenn mich an den Händen friert. Warum kauft er mir keine Handschuhe?*"? Der Satz bringt es großartig auf den Punkt. Während du denkst, du zahlst es jemandem heim oder du beweist ihm damit irgendetwas, bist doch du es, die draufzahlt. Ich würde vorschlagen: Hör auf damit! Niemand ist das wert, auch Affenköpfe nicht. ☺

7. Geh deinen Weg. Bläst dir Gegenwind ins Gesicht, halte kurz inne und entscheide, von wem er kommt, warum er kommt und ob er es überhaupt wert ist, dass du dich damit beschäftigst. Aufpassen: Der Gegenwind kann von den liebsten Menschen kommen und es trotzdem nicht wert sein, dass du ihn beachtest. Als sich eine Freundin vehement gegen meinen Wechsel in die Selbstständigkeit aussprach und mir dringend davon abriet, da meinte sie es gut. Mir sagten ihre Worte nichts anderes, als dass sie es nicht machen würde. Also hörte ich zu, bedankte mich und ging meines Weges.

8. Diskussionen, die nichts bringen, brauchst du auch nicht zu führen. So habe ich mich nicht damit aufgehalten, meine Freundin überzeugen zu wollen. Sie hatte Bedenken und die Tatsache, dass sie mich warnte, zeigte, dass sie eine gute Freundin ist. Sie hatte ihre Sicht der Dinge und ich hatte meine. Ich wusste, dass ich alles gut geplant und vorbereitet hatte. Es war meine Entscheidung. Ich wusste auch, dass sie sich nicht überzeugen lassen würde. Außerdem war das auch nicht notwendig, denn ich konnte meinen Schritt auch ohne ihre Zustimmung gehen. Also ersparte ich mir jedes weitere Wort, das vielleicht zu einem unnötigen Streit geführt hätte. Mein Erfolg überzeugte sie dann ohnehin tausendmal mehr, als es meine Worte je geschafft hätten.

9. Du bist nur denen Rechenschaft schuldig, die deine Entscheidung unmittelbar betrifft. In dem Fall war ich es meinen Kindern gegenüber. Und meinem Mann, da er ja die Ausfallversicherung im Fall meines Scheiterns gewesen wäre. Aber sonst niemandem.

10. Viele Entscheidungen fallen natürlich leichter, wenn genügend Geld zur Verfügung steht. Darum widmen wir dem Thema ein eigenes Kapitel. Aber bevor deine Finanzen wachsen können, ist zuerst wichtig, dass du dich selbst nicht kleinmachst, denn:

WENN DU DICH KLEINMACHST, BRAUCHST DU DICH NICHT ZU WUNDERN, WENN DIR ANDERE AUF DEN KOPF STEIGEN

WENN DU DICH KLEINMACHST, BRAUCHST DU DICH NICHT ZU WUNDERN, WENN DIR ANDERE AUF DEN KOPF STEIGEN

SPRECHEN WIR ZUERST ÜBER GRAUE MÄUSE

Mit Mitte 20 arbeitete ich bereits ein halbes Jahr in der Rechtsabteilung eines Unternehmens, als ich einen neuen Kollegen bekam. Ich kannte Richie vom Sehen, war er doch auf der Uni ein bunter Hund gewesen. Er war lässig, selbstbewusst, ihm schien alles zuzufliegen, ohne dass er sich groß anstrengen musste. Niemand zweifelte daran, dass ihm eine steile Karriere bevorstand. Natürlich hatte er auch jede Menge Neider. Diese Tatsache schien er zu genießen, so als hätte er sie sich redlich verdient. Kurz gesagt: Er war genau der Mann, neben dem man sich klein und unbedeutend vorkommen konnte. Dennoch: Hättest du mich damals gefragt, ob ich mich wie eine graue Maus fühle, ich hätte es vehement bestritten.

Bis ich mit Schrecken bemerkte, dass ich mich manchmal durchaus wie eine benahm.

Eines Abends wurde an einem Juristenstammtisch über Gehälter diskutiert, die wir in den verschiedenen Firmen bekamen. Die Unterhaltung war mir unangenehm, denn erstens heißt es doch, Bescheidenheit ist eine Zier, und zweitens spricht man bekanntlich nicht über Geld. Als die Frage an mich kam, lachte ich daher verlegen und sagte etwas, das ich in einem Buch gelesen und für originell gehalten hatte: „Gehalt? Haha, meint ihr etwa den Witz, der auf meiner monatlichen Abrechnung steht?"

Damit gaben sich alle zufrieden und mir fiel gar nicht auf, dass es niemanden wunderte, dass ich nicht mehr wert zu sein schien als einen Witz. Ich war bloß glücklich darüber, dass der Kelch an mir vorübergegangen war und man sich den Zahlen eines anderen zuwandte. Meinen wahren Lohn wollte ich nicht preisgeben. Wenn ich die Wahl gehabt hätte, zu übertreiben oder tiefzustapeln, dann hätte ich mich damals, ohne zu zögern, fürs Tiefstapeln entschieden. Um nur ja nicht Gefahr zu laufen, den Neid anderer zu erregen. Dabei verdiente ich gar nicht schlecht. Nicht überragend viel, aber wirklich nicht schlecht. Am nächsten Tag stürmte Richie unser gemeinsames Büro. Er hatte offensichtlich einige Freunde aus der Runde getroffen. „Bist du von allen guten Geistern verlassen?", schnauzte er mich an. „Wie kannst du sagen, dein monatliches Einkommen sei ein Witz? Die Leute können sich doch denken, dass wir annähernd das Gleiche verdienen. Ich erzähle überall herum, dass ich so richtig Kohle mache, und du ruinierst mein Image!"

Das saß und brachte mich zuerst zum Nachdenken und dann auf folgende Erkenntnisse:

- Wenn ich mich selbst wie eine graue Maus fühle, dann benehme ich mich wie eine und werde von anderen auch als eine wahrgenommen.

- Also traut man mir weniger zu, als ich tatsächlich zu leisten imstande bin, und damit bin ich automatisch „weniger wert".

- Wenn man annimmt, dass ich weniger wert bin, bekomme ich natürlich auch weniger bezahlt. Das finden dann alle gerecht. Alle, bis auf eine: ich.

- Ich erkannte, dass es vieles gab, was ich von Richie lernen konnte. O ja, wir Frauen können viel von Männern lernen. Und umgekehrt. Aber ich nehme an, das hast du bereits erkannt.

- Ich wusste, dass es keinen Sinn hatte, Richie nachahmen zu wollen. Ich bin weder der Typ, der durchs Leben geht, um allen zu zeigen, dass ich die Größte bin, noch würde ich mich bei einer Firmenfeier auf die Bühne stellen und mit Hingabe singen: „Es muss was Wunderbares sein, von mir geliebt zu werden." ☺

- Den Satz „Don't adopt – adapt" lernte ich bei einem Vortrag in den USA kennen. Er zählt seither zu meinen Lieblingsweisheiten. Also habe ich mir überlegt, was ich mir von Richie abschauen und so abwandeln könnte, dass es für mich passt.

LIEBLINGSWEISHEIT NUMMER 5:

„Don't adopt – adapt"
Wenn dir etwas bei einem oder einer anderen gefällt, überlege dir, wie du es so abändern kannst, dass es gut zu dir passt, und übernimm es. So bleibst du trotzdem authentisch, wirst aber immer besser.

Mein Sohn war dafür ausgewählt worden, die Moderation des Abiturballs zu übernehmen. Wundere dich nicht, Österreich ist ein Land der Bälle, darum gibt es viele – eben auch zum Abitur. Sofort waren

Lehrer mit guten Ratschlägen zur Stelle und es wurden die typischen Schachtelsätze vorgeschlagen, die die Begrüßung offizieller Feste so unglaublich langweilig machen: „Es ist mir eine Ehre, aber auch eine Freude, den Leiter unser Schule, Herrn XY, begrüßen zu dürfen. Den Weg zu uns gefunden hat auch der verehrte Herr Z mit seiner charmanten Gattin Liselotte …"

Ich denke, du weißt, was ich meine. Kein Wunder, dass sich mein Sohn damit nicht wohlfühlte. „Welchen Showmaster bewunderst du am meisten?", fragte ich und bekam Günther Jauch zur Antwort. Also haben wir uns gefragt: Wie würde Günther Jauch den Ball moderieren? Glaub mir, das Ergebnis war ein ganz anderes, als die Lehrer vorgegeben hatten. ☺ Es wäre auch anders gewesen, hätte er sich einen Amerikaner oder Thomas Gottschalk als Vorbild ausgesucht.

Wenn du dir jemanden auf diese Weise als Vorbild nimmst, dann geht es nicht darum, dass du zu dessen Klon wirst, sondern darum, dass du dir das abschaust, was du gut findest, und es so anwendest, dass du trotzdem du selbst bleibst. Denn du bist nie besser, als wenn du authentisch bist. Was dich aber nicht davon abhalten sollte, eine immer noch bessere Version von dir zu werden.

Hast du selbst manchmal ein „Ich bin eine graue Maus"-Gefühl und willst dich davon verabschieden? Dann wirst du dich darüber freuen:

Meine „Graue Maus wird bunt"-Verwandlung in zehn Schritten

Was du dazu brauchst: einige ruhige Minuten, ein Blatt Papier, einen Stift und Lust auf Neues und Buntheit in deinem Leben.

1. Schreibe alles auf, was du gleich gut oder besser kannst als die Person, die du in dem Lebensbereich bewunderst, in dem du dich verändern willst. Gibt es keine solche Person, dann schreib einfach auf, was du gut kannst. Aufschreiben ist besser, als bloß darüber nachzudenken. Du wirst gleich merken, warum.

2. Notiere alles so, wie es dir einfällt. Die Reihenfolge ist ebenso egal, wie, ob es sich um etwas Kleines oder um etwas Weltbewegendes handelt. Und nein, es ist nicht möglich, dass es gar nichts gibt, was du gleich gut oder besser kannst.

3. Schalte deine innere Kritikerin, die Zweifel anmeldet oder dir einreden will, dass das, was du besser kannst, gar nicht so wichtig sei, auf den Stumm-Modus. Bedenke bitte, dass es nicht darum geht, die andere Person kleinzumachen, denn niemand gewinnt dadurch an wahrer Größe. Es geht allein darum, dich selbst aufzurichten.

4. Du kannst die Liste auch gern liegen lassen, darüber schlafen, am nächsten Tag ergänzen. Oder am übernächsten.

5. Lies dir alles, was du aufgeschrieben hast, in Ruhe durch.

6. Markiere das Wichtigste in deiner Lieblingsfarbe. Oder bunt wie der Regenbogen.

7. Freu dich darüber.

8. Wiederhole Schritt 6 und 7 so oft, bis du merkst, dass der Rücken aufrecht wird und die Mundwinkel nach oben gehen.

9. Jetzt bist du bereit, der Welt gestärkt gegenüberzutreten. Es ist erstaunlich, was man alles kann und schafft, wenn man sich nur selbst die Erlaubnis dazu erteilt.

10. Mögliche unerwartete Nebenwirkung: Du könntest feststellen, dass diese Übung über den Lebensbereich hinaus wirkt, für die du sie angewendet hast. ☺

Wie es mit Richie und mir weiterging?
Damals legte ich den Grundstein für meine „Graue Maus wird bunt"-Übung und machte mir meine Vorzüge bewusst. Das gab meinem

Selbstbewusstsein den nötigen Schub. Richie und ich erkannten, wer von uns auf welchem Gebiet seine Stärken besaß, und wir wurden ein großartiges Team, das sich perfekt ergänzte. Als ein Jahr später die Leitung unserer Abteilung frei wurde, machte schnell das Gerücht die Runde, dass Richie diese schon so gut wie sicher in der Tasche hätte. Aber da hatte ich auch noch ein Wörtchen mitzureden. Ich wusste, dass Richie bei der Geschäftsleitung gut angeschrieben war. Zu Recht schätzte man ihn, sein Fachwissen und auch sein Engagement. Es wunderte mich daher nicht, dass meine Kollegin Beate mir dringend davon abriet, mich ebenfalls um die Stelle zu bewerben.

„Gegen Richie hast du doch ohnehin keine Chance", sagte sie. „Die Geschäftsleitung weiß, dass er sich dir nie unterordnen würde. Sie wollen Richie nie und nimmer verlieren."

Das wollte ich auch nicht. Aber ich kannte inzwischen nicht nur Richies Stärken, sondern auch meine eigenen. Auch ich hatte längst bewiesen, dass ich etwas konnte, hatte Erfolge zu verzeichnen und die Firma vor manchem Schaden bewahrt. Und auch ich hatte gelernt, stets dafür zu sorgen, dass die Geschäftsleitung davon erfuhr. Außerdem vertraute ich einer weiteren meiner Lieblingsweisheiten: „Du sollst nichts als gegeben hinnehmen!", der wir später ein ganzes Kapitel widmen werden. Also vereinbarte ich einen Termin mit der Geschäftsführung. Hätte ich auf Beate gehört und mir gedacht, dass ich ohnehin keine Chance hätte, dann wäre ich untätig geblieben. Ich hätte mich über mich geärgert, weil ich zu feige gewesen wäre, und über Richie, weil er mein Chef geworden wäre, was ich als ungerecht empfunden hätte. Beides wären keine idealen Voraussetzungen für unsere weitere Zusammenarbeit gewesen. Oder aber ich hätte mich zwar ins Chefbüro gewagt, wäre aber dort so unsicher aufgetreten, dass die berühmte selbsterfüllende Prophezeiung[L] zugeschlagen und mir diese, wie von Beate vorausgesagt, jede Chance genommen hätte.

Der Ausdruck „selbsterfüllende Prophezeiung" besagt, dass wir dadurch, dass wir ein bestimmtes Ergebnis oder Verhalten erwarten, wesentlich dazu beitragen, dass dieses Ergebnis oder Verhalten dann auch tatsächlich eintritt. Wer kennt das nicht? Wenn wir bereits vor der Prüfung zu wissen glauben, dass wir scheitern werden, sind die Chancen groß, dass sich diese Prophezeiung erfüllt.

Ich ging also ins Chefbüro und wusste, was ich wollte, nämlich eine gemeinsame Führung der Abteilung. Etwas, das Beate für völlig unmöglich hielt. Nachdem ich unserem Vorgesetzten selbstbewusst und unaufgeregt meinen Standpunkt erklärt hatte, sprachen wir darüber, dass ich gleich viele Erfolge aufzuweisen hatte, gleich kompetent und sogar bereits länger im Unternehmen war. Er hatte festgestellt, dass Richie und ich uns gut ergänzten, und wollte keinen von uns beiden demotivieren. So bekam die Rechtsabteilung etwas, was niemand außer mir für möglich gehalten hatte, nämlich eine Doppelspitze. Diese bewährte sich über einige Jahre bestens, bis es uns beide woanders hinzog. Richie in die weite Welt und mich in den Kreißsaal.

DIE KLEINEN VEILCHEN IM MOOSE

Du weißt ja inzwischen, dass ich auch Romanautorin bin. Darum erzähle ich dir jetzt eine Blumengeschichte. Eine, die nicht ganz so romantisch ist, wie sie auf den ersten Blick klingt. ☺

Es war ein wunderschöner Frühlingstag, die Vögel tirilierten. Ich ging in den Garten hinaus, um zum ersten Mal in diesem Jahr den Rasen zu mähen, da entdeckte ich kleine, dunkelviolette Blümchen neben dem Weg. „Wie hübsch", dachte ich verzückt. „Veilchen. Liebe, kleine, lila Veilchen."

Dann holte ich den Rasenmäher, startete ihn und mähte alles ab. Auch die Veilchen. Anschließend ging ich zu den Rosen hinüber, band sie hoch, redete ihnen gut zu und verpasste ihnen eine ordentliche Ladung Biodünger. „Nicht mehr lange", so dachte ich voll Zuversicht, „und die Rosen werden in voller Blüte stehen, dass es eine wahre Freude ist."

Auf dem Weg ins Haus ist mir dann ein uralter Spruch eingefallen, den mir vor vielen Jahren einmal jemand ins Poesiealbum geschrieben hat: *Sei wie ein Veilchen im Moose, bescheiden, sittsam und rein. Nicht wie die stolze Rose, die immer bewundert will sein.*

Heutzutage sind Poesiealben, in denen es leere Seiten zum Selbstfüllen gab, ja meist durch bunte Büchlein ersetzt worden, in denen es vorgedruckte Fragen gibt. Weise Sprüche sind weiterhin erwünscht und so manch weiser Spruch hat in all den Jahren nichts an seiner Dummheit eingebüßt. Ein Blick in die Freundschaftsbücher meiner Kinder: Siehe da, im Buch meiner Tochter findet sich das bescheidene Veilchen auch in den 90er-Jahren noch als Vorbild, wohingegen mein Sohn davon verschont blieb. Was sagt uns das? Warum gilt Bescheidenheit nur für Mädchen als Ideal? Außerdem: Wie töricht wären wir, würden wir uns an diesen Spruch halten. **Warum sollen wir uns aus Bescheidenheit einen Kopf kürzer machen lassen, wenn wir stattdessen bewundert, unterstützt und gefördert werden könnten?**

Natürlich bin auch ich selbst oft genug in die Bescheidenheitsfalle getappt. Nicht viel später kam dann meist der Augenblick, an dem ich es bitter bereute. So auch damals, als ich kurz vor Weihnachten wieder einmal aus China zurückgekommen war. Ich hatte einen beachtlichen Verhandlungserfolg vorzuweisen, der nicht nur mich sehr freute, sondern auch den obersten Chef.

„In meiner Rede bei der Firmenweihnachtsfeier", versprach er, „werde ich ein paar besonders erfolgreiche Mitarbeiter namentlich hervorheben. Sie werden dazugehören."

Schon schnappte die Bescheidenheitsfalle zu. Natürlich war ich stolz darauf, dass mein Name erwähnt werden sollte. Ich war mir sogar bewusst, dass ich es verdient hatte. Andererseits wusste ich nicht, was ich meinem Chef in diesem Augenblick am besten antworten hätte sollen. (Ein kleiner Tipp an mich von damals: „Danke, ich freue mich!", wäre eine gute Wahl gewesen.) Außerdem fand ich es wohl auch ein wenig peinlich, vor allen anderen derart ins

Rampenlicht gerückt zu werden. Also stotterte ich das Dümmste, das mir einfallen konnte: „Aber das ist doch nicht notwendig. Ich habe doch nur meine Arbeit gemacht …"

Insgeheim wünschte ich mir, er würde meine Worte so verstehen: „Ich ziere mich, weil ich bescheiden bin. Loben Sie mich bitte dafür und erwähnen Sie meinen Namen unbedingt."

Die Weihnachtsfeier kam, mit ihr die Rede des Chefs. Wer nicht genannt wurde, war ich. Beim anschließenden Büfett wagte ich einen Vorstoß: „Sie haben mir doch versprochen, mich zu erwähnen. Warum haben Sie es nicht getan?"

„Weil Sie es nicht wollten", lautete seine trockene Antwort. Er hatte mich auch in den nächsten Jahren nie wieder auf der Liste.

Da habe ich ein für alle Mal erkannt, dass falsche Bescheidenheit niemandem nützt. Weder mir noch anderen. Halt, ich korrigiere mich: Einem hat es genützt, nämlich dem Kollegen, der bei der Weihnachtsfeier statt mir erwähnt wurde und dessen Leistung dem Unternehmen weit weniger genützt hatte als meine. Das war aber schon gar nicht das, was ich wollte.

Wenn ich Komplimente und anerkennende Worte abwimmele, brauche ich mich nicht zu wundern, wenn mir keiner mehr welche macht. Das gilt auch fürs Privatleben, wie wir in Kürze an einem Beispiel eindrucksvoll sehen werden. Hätte mich mein Chef auf der Feier gelobt, hätten auch Kollegen aus anderen Abteilungen und die gesamte Führungscrew von meinem Erfolg erfahren. Das hätte mir also auch bei der Zusammenarbeit mit allen anderen geholfen. Tja, leider, diese Chance habe ich mir selbst verbaut.

Damit wir uns richtig verstehen: Nicht in die Bescheidenheitsfalle zu tappen, hat nichts mit Prahlerei und Sich-selbst-in-den-Himmel-Loben zu tun. Ich erinnere mich an einen neuen Kollegen, der sich ernsthaft mit den Worten vorstellte: „Ich bin der Manfred. Logisches Denken ist mein zweiter Vorname, die Mathematik könnte ich erfunden haben." Der wurde belächelt, von manchen auch ausgelacht, aber sicher von niemandem bewundert. Hätte hingegen sein Chef das über ihn gesagt, wäre es etwas anderes gewesen.

Bist du ein bescheidenes Veilchen?
Dann habe ich ein paar Tipps für dich

- Wenn dir jemand ein Kompliment macht oder deine Leistung würdigt, freue dich und bedanke dich dafür. Mit etwas Übung wirst du merken, dass das gar nicht so schwer ist. ☺

- Jemand macht dir ein Kompliment oder würdigt deine Leistung und du findest das völlig ungerechtfertigt? Oder dein Gegenüber kommt dir nicht geheuer vor? Dann bedanke dich trotzdem und bleibe wachsam. Mit der Zeit wirst du klarer erkennen, ob sich jemand bei dir nur einschleimen will, um etwas zu erreichen, oder was er sonst mit seinen Komplimenten bezweckt. Im Zweifel gilt: Ein Kompliment ist einfach ein Kompliment, also etwas Erfreuliches.

- Wenn du positive Worte zurückweist, brauchst du dich nicht zu wundern, wenn dir niemand mehr Anerkennung entgegenbringt, auch dann nicht, wenn du es dir wünschst.

- Durch anerkennende Worte hast du die Chance, auch Dritten gegenüber positiv aufzufallen. Das ist bei Weitem besser und nachhaltiger, als wenn du dich selbst loben würdest.

- Wenn du „A" sagst, wundere dich nicht, wenn die andere Person auch „A" hört. In meinem Fall: „Das ist doch nicht notwendig" hat mein Chef als „Das ist doch nicht notwendig" verstanden, nicht als „Ja, bitte, machen Sie es unbedingt!". Rechne nicht damit, dass irgendjemand zwischen den Zeilen lesen oder dir deine wahren Wünsche und Gefühle von den Augen ablesen kann. Nein, glaub mir, das kann auch dein Schatzi zu Hause nicht. ☺ Das zu wissen erspart dir viele Missverständnisse, Streit, Kummer und Leid.

- Du hast immer noch Zweifel, ob Bescheidenheit nicht doch eine erstrebenswerte Tugend sein könnte? Dann möchte ich dir einen wunderschönen Aufsatz von Marianne Williamson[L] vorstellen oder in Erinnerung rufen. Er wird im Internet oft fälschlicherweise dem ehemaligen Präsidenten von Südafrika, Nelson Mandela, zugerechnet. Hier meine Zusammenfassung: *„Wenn du dich kleinmachst, nützt das der Welt nichts. Es ist nichts Erleuchtetes daran, dich kleinzumachen, damit andere um dich herum sich nicht unsicher fühlen. Wenn wir unser eigenes Licht strahlen lassen, geben wir unbewusst anderen Menschen die Erlaubnis, dasselbe zu tun."*

- Auch wenn ich nicht zu den Menschen gehöre, die die Welt strikt in zwei Teile teilen und sagen, dass „alle Frauen" etwas so machen und „alle Männer" etwas anders, so gibt es doch Dinge, die meiner Erfahrung nach eher weiblich und andere, die eher männlich sind. Ein bescheidenes Veilchen zu sein ist eher weiblich. Viele von uns reden ihre Leistungen, ihr Können, ihr Aussehen, ihren Geschmack oder ihre Talente klein. Es ist ihnen peinlich, gelobt zu werden. Schluss damit! Welchem Mann ist es denn unangenehm, wenn seine Leistungen gewürdigt werden?

Wie versprochen, noch schnell eine kleine Szene aus dem privaten Alltag, die du so oder so ähnlich sicher kennst: Er sagt: „Wow, was für ein hübsches Kleid."

Sie sagt: „Das ist doch nur ein alter Fetzen."

Sie denkt: Ich freue mich, dass er das Kleid bemerkt hat und es ihm gefällt.

Er denkt: Sie freut sich nicht. Solche Komplimente kann ich mir ersparen. Und macht keine mehr.

Meine Tipps für Anerkennerinnen und Komplimentemacher

(Zum Selbstbefolgen und – bei Bedarf – zum Weiterreichen an passende männliche Wesen ☺):

- Wann immer es etwas anzuerkennen gibt, tu es! Es gibt ohnehin viel zu wenig Anerkennung auf dieser Welt.

- Allerdings hat es auch keinen Sinn, Anerkennung und Komplimente wahllos zu verteilen. Wenn es nichts anzuerkennen gibt, dann lass es sein. Sonst ist deine Anerkennung schnell nichts mehr wert.

- Der in Österreich mancherorts beliebte Spruch „Nicht geschimpft ist gelobt genug!" oder wie der Schwabe sagt: „Net g'schompfe is gnug globt", ist weder originell noch lustig, sondern falsch und dumm. Punkt.

- Aufrichtige Anerkennung ist eines der besten Mittel, um andere zu motivieren.

- Wenn die andere Person darauf sagt: „Aber das war doch nichts Besonderes", oder: „Nicht der Rede wert", dann heißt das nichts anderes als: „Danke, ich freue mich sehr!", nur eben mit etwas seltsamen Worten ausgedrückt. ☺

ICH BIN NOCH KLEIN, MEIN HERZ IST REIN

Als Christina mich anrief, sprudelte es vor lauter Glück nur so aus ihr heraus. Sie hatte seit einigen Wochen einen neuen Job in einem renommierten Architekturbüro, das für seine innovativen Ideen bekannt war. Sie war von Anfang an in ein spannendes Projekt eingebunden und sah die Chance, das nächste bereits leiten zu dürfen. Das Einzige, was sie irritierte, war, dass sie mit ihrem Chef per Sie war.

„Ich weiß natürlich, dass ich ihm nicht vorschlagen kann, dass wir Du zueinander sagen sollen", meinte sie, „schließlich ist er nicht nur mein Boss, sondern mindestens zehn Jahre älter. Was hältst du davon, wenn ich ihm anbiete, mich zu duzen, während ich beim Sie bleibe?"

Darauf habe ich so lange fassungslos den Kopf geschüttelt, dass sie schon fürchtete, ich sei aus der Leitung geflogen. Das „Du" wird immer beliebter. In vielen Branchen, Gegenden, Altersgruppen und Lebensbereichen scheint das „Sie" vom Aussterben bedroht. Dennoch steht es immer noch der hierarchisch höheren Person zu, das Du anzubieten. Insofern hatte Christine also recht.

Andererseits: Kannst du dich noch erinnern, als du ein Kind warst? Gab es da jemanden, der dich mit „Du" ansprach, während du „Sie" zu ihm sagen musstest? Da fallen mir vor allem Lehrer und Schuldirektorinnen ein. Oder auch andere ältere Mitmenschen, mit denen wir nicht verwandt waren und denen wir Achtung entgegenbringen sollten: Vaters Chef vielleicht oder eine alte Nachbarin. In jedem Fall warst du die Kleine und der andere der Große. Wenn Christina freiwillig in die Kinderrolle schlüpft, nützt ihr das gar nichts. Kindern überträgt man keine Projektleitung in einem Architekturbüro.

Meine Tipps, wenn auch du Gefahr läufst, Kindchen spielen zu wollen

- Überlege dir im beruflichen Umfeld bei allem, was du tust und sagst, immer, was du damit erreichen willst. Was ist dein Ziel? Wohin soll dich deine Aussage bringen?

- Nur so nebenbei erwähnt: Sich zu überlegen, was man mit einem Satz erreichen will, den man von sich gibt, ist auch im Privatleben eine äußerst gute Idee. Das kommt viel zu selten vor. Sicher kennst auch du Menschen, die einfach drauflosquatschen und sich dann über andere ärgern, weil das Gespräch kein erfreuliches Ergebnis bringt.

- Christinas Ziele waren, in ihrer neuen Arbeitsstelle Fuß zu fassen, für ihr Fachwissen anerkannt zu werden und die nächste Projektleitung zu erhalten.

- Dabei hilft ihr die gleiche Augenhöhe. Das bedeutet, entweder sind beide per „Sie" oder beide per „Du".

Es bleibt ihr also nichts anderes übrig, als vorerst beim „Sie" zu bleiben, bis ihr der Chef das Du-Wort anbietet oder sich die Beziehung so weit vertieft, dass sie es von sich aus vorschlagen kann. Mit Schrecken und peinlich berührtem Amüsement denke ich an die Situation zurück, als anlässlich einer Firmenfeier eine Kollegin auf ihren Abteilungsleiter zustürzte und sagte: „Jetzt kennen wir uns schon so lange, darum schlage ich vor, wir sind ab jetzt per Du." Sie streckte ihm die Rechte entgegen: „Ich bin die Sandra."

Ihr Vorgesetzter ergriff die Hand, schüttelte sie und sagte ungerührt: „Fein, Sandra. Ich bin der Herr Berger."

Autsch. Das war nicht das, was Sandra wollte. Andererseits kam es ihr kleinlich vor, „Na gut, dann bleibe ich auch die Frau Schmidt" zu sagen, was wahrscheinlich die vernünftigste Lösung dieser unvernünftigen Geschichte gewesen wäre. So ergab sich nämlich die für sie höchst unbefriedigende Situation, dass er sie duzte, sie ihn siezte und sie sich jeden Tag aufs Neue darüber ärgerte.

DU SCHAFFST, WAS DU DIR SELBST ZUTRAUST

Mein Lebenslauf beweist, wie wichtig und richtig ich diesen Satz finde. Darum will ich auch noch zwei andere spannende Frauen dazu zu Wort kommen lassen. Als Erstes habe ich einen wunderschönen Aufsatz von Karla Paul gefunden und sie gleich gefragt, ob ich ihn dir vorstellen darf. Karla ist Literaturexpertin und wurde 2013 vom Magazin *Neon* zur „neuen Marcel Reich-Ranicki" gekürt. Marcel Reich-Ranicki galt bis zu seinem Tod als einflussreichster Literaturkritiker im deutschen Sprachraum.

„Zu gern würde ich meinem 15-jährigen Ich, dieser jungen, unbedarften und mutigen Karla sagen: Du bist auf dem richtigen Weg und auch wenn alles ganz anders laufen wird, als du dir das jetzt vorstellst, geh ihn weiter. Trotz aller Absagen der Journalistenschulen, trotz abgebrochenem BWL-Studium, trotz der Empfehlungen von Lehrerinnen und Arbeitsamt, dass man mit Literatur kein Geld verdienen kann. Trotz all derer, die bis heute reden und Mails schreiben und Kommentare und herumgiften und neiden, aber das ist alles egal. Denn es ist einzig und allein dein Weg und dein Herz und dein Dickschädel und dein Wissen, dass Literatur, Geschichten und Bildung so wichtig für dein Leben sind. Und hoffentlich auch für andere Leben immer wichtig sein werden. Du allein bestimmst die Lautstärke."

Wow, was für kraftvolle Worte!

„Obwohl ich eigentlich nichts im Leben bereue", erzählt mir Roswitha Minardi, die sich nach vielen Jahren als Führungskraft soeben als integral-systemische Organisationsentwicklerin selbstständig gemacht hat, „so wäre ich doch gern früher mutig gewesen und hätte mir schon in jüngeren Jahren gern mehr zugetraut. Meine Umwelt hat meistens schon vor mir gewusst, dass ich dies und das schaffen werde, aber irgendetwas in mir hat mich sehr oft zurückgehalten. ‚Dräng dich nicht so in den Vordergrund, bleib lieber in der zweiten Reihe (weniger sichtbar), du wirst dich nur blamieren, wieso solltest gerade du das schaffen?', das waren Glaubensmuster, die ich erst im Laufe der Jahre durch Lebenserfahrung und stetige Weiterentwicklung losgeworden bin. Manchmal versuchen sie heute noch – ganz leise – mir etwas ins Ohr zu flüstern. Doch jetzt bin ich in der Lage, diese Spielverderber von berechtigter und vernünftiger Vorsicht zu unterscheiden. Heute mag ich meine Grenzen, denn ich liebe es, sie zu überschreiten und zu verschieben. Dahinter ist es nämlich verdammt interessant!"

Das kann ich nur bestätigen. Du hast vollkommen recht, liebe Roswitha.

WAS DU ANZIEHST, STRAHLST DU AUS. WAS DU AUSSTRAHLST, ZIEHST DU AN

Kleide dich stets für die Position, die du willst –
nicht für die, die du schon hast.

Giorgio Armani, italienischer Modeschöpfer

Hast du gewusst, dass du dich auch durch falsche Kleiderwahl kleinmachen kannst? Da der Grundsatz „Der erste Eindruck zählt" gilt, kann man sich damit die eigenen Chancen sogar auf Dauer oder zumindest für längere Zeit wunderbar zunichtemachen. Dass das sowohl für Frauen als auch für Männer gilt, zeigen diese beiden Beispiele, beginnen wir ausnahmsweise mit dem Mann:

Roman hatte eigentlich Betriebswirtschaft mit dem Schwerpunkt Marketing studiert. Da er aber seit seiner frühesten Jugend ein Computerfreak war, landete er nach der Uni in der IT-Abteilung eines Konzerns. Dort war er einige Jahre lang durchaus glücklich, bis sich der Wunsch nach Veränderung immer stärker meldete. Um sein Wissen aufzufrischen, verschlang er jede Menge Marketingbücher und absolvierte auf eigene Kosten diverse Weiterbildungen. Als schließlich im Marketingbereich seiner Firma eine Stelle frei wurde, bewarb er sich. Roman wurde nicht einmal zu einem Gespräch eingeladen. Er musste zusehen, wie jemand den Job bekam, der bei Weitem weniger Ahnung von der Materie hatte als er. Ein halbes Jahr später eine ähnliche Situation. Roman bewarb sich. Vom letzten Mal vorgewarnt, stürmte er die Personalabteilung, um seinem Wunsch Nachdruck zu verleihen.

„Aber Sie passen doch perfekt in die IT-Abteilung", sagte man dort höchst erstaunt, versprach aber, seine Bewerbung ins Auge zu fassen. Eine andere Kollegin bekam die Stelle. Frustriert vereinbarte Roman ein Coaching. Er schilderte mir sein Problem vorab am Telefon und bereits als er zur Tür hereinkam, stach mir die Ursache dafür ins Auge. Er kam direkt nach der Arbeit und trug noch ausgebeulte Jeans und dazu ein ausgewaschenes T-Shirt, mit dem er sich, ohne sich Gedanken machen zu müssen, unter Schreibtische legen konnte, um Anschlüsse zu überprüfen. Die Haare waren ein kreatives Durcheinander, die Crocs an den Füßen bequem. Kurz: Er sah genauso aus, wie man sich einen IT-Mitarbeiter vorstellt.

Allein durch unseren Anblick ordnen uns Entscheidungsträger gedanklich in eine Schublade. In der bleiben wir, auch wenn wir schon längst nicht mehr hineinpassen (wollen). Darum ist es wichtig, dass du die Menschen in dem Bereich, in den du gelangen willst, zum Vorbild nimmst und beginnst, dich entsprechend zu kleiden. Für Roman bedeutete das: Er besorgte sich Hosen, die ihm zwar die Tätigkeit in der IT-Abteilung immer noch ermöglichten, die aber, mit einem Hemd kombiniert, einen modischen Eindruck machten. Bei den Farben orientierte er sich an den Kollegen in der Marketingabteilung. Für Gespräche mit Entscheidungsträgern hatte er zusätzlich noch ein Sakko im Büro hängen. Auf diese Weise sorgte er dafür, dass man ihm abnahm, dass er in die andere Abteilung passen könnte. Jetzt sah er aus wie ein Marketingmann, also zog man seine Bewerbung beim nächsten Mal in Betracht und lud ihn zum Gespräch.

Für dich heißt das, kleide dich so, wie es für dich passend ist, denn du willst dich ja wohlfühlen und authentisch sein. Beachte aber gleichzeitig, dass deine Kleidung dem Stil der Menschen entspricht, mit denen du arbeiten möchtest, denn nur so traut man dir zu, dass du in das Team und damit auch zur entsprechenden Aufgabe passt. Das hat nichts mit Verkleiden zu tun. Du findest deren Stil ganz schrecklich? Bist du sicher, dass deren Arbeit die richtige für dich ist? Anmerkung: Natürlich gibt es auch bunte Hunde und Hündinnen, die aus einer Gruppe auch kleidungstechnisch herausstechen dürfen. Doch um herausstechen zu können, musst du zuerst in die Gruppe hineinkommen und von den anderen akzeptiert werden.

Nun zum zweiten Beispiel, in dem eine Frau im Mittelpunkt steht: Bei der Abschlussfeier eines Wirtschaftsstudiums saß ich als stolze Mutter im Publikum. In Österreich wird das Ende eines Studiums an Universitäten und Fachhochschulen festlich begangen. Das Ganze nennt sich dann Sponsions- und beim Doktor Promotionsfeier. Die Absolventen kamen der Reihe nach hereinmarschiert. Junge Männer in dunklen Anzügen, junge Frauen in Hosenanzügen, Kleidern oder Kostümen, glückliche Gesichter, stolze Eltern, feierliche, aber durchaus fröhliche Stimmung. Ganz hinten in der Reihe ging eine Brünette in einem hellblauen Baumwolltop mit Spaghettiträgern. Es war ein heißer Sommertag, dennoch wirkte sie in dieser Kleidung völlig fehl am Platz. „Wenn ich Firmenchefin wäre und mir hier geeignete Mitarbeiter aussuchen wollte", dachte ich im Stillen, „dann wäre diese junge Frau die letzte, die ich zu einem Vorstellungsgespräch einladen würde."

„Was für ein oberflächliches Denken!", wirst du mir jetzt vorwerfen und damit natürlich völlig recht haben. ☺ Andererseits: In unserer schnelllebigen Welt ist oberflächliches Denken an der Tagesordnung. Zuerst kommt der äußere Eindruck und erst dann geht es – und das auch nur, wenn wir Glück haben – um unsere inneren Werte.

Durch die Rede des Professors erfuhr ich wenig später, dass es sich bei der Spaghettiträger-Trägerin um die Jahrgangsbeste handelte. Da schämte ich mich ein bisschen für meine voreiligen Schlüsse und hatte den dringenden Wunsch, die junge Frau in ein Coaching von Elisabeth Motsch, der international anerkannten Expertin für Kleidung, Persönlichkeit und Wirkung, zu schicken. Da das nicht möglich war, habe ich Elisabeth gefragt:

Wie strahle ich mit Kleidung Kompetenz aus?

„Das Business-Outfit der Frauen hat sich in den letzten Jahrzehnten stark verändert", sagt die Expertin. „Früher reichten ein klassischer Hosenanzug oder ein Kostüm mit Bluse und man fühlte sich den

Männern gegenüber ebenbürtig. Das war völlig legitim, denn es gab keine anderen Vorbilder. Frauen von heute wollen individuell gekleidet sein, ihren Kleiderschrank an ihren Lebensstil anpassen und damit ihre Persönlichkeit unterstreichen. Das schließt den Hosenanzug nicht aus, aber er wird interessanter kombiniert. Eine individuelle Note im Business ist kein Widerspruch mehr, sondern eine wunderbare Ergänzung. Doch Vorsicht, wo anscheinend keine Regeln mehr herrschen, lauern besonders viele Stolpersteine, die deine professionelle Wirkung schnell zunichtemachen können. Jede visuelle Botschaft will sorgfältig durchdacht sein. Welche Frau möchte schon, dass über ihr Outfit statt über ihre Kompetenz diskutiert wird?"

Hier kommen wieder Spaghettiträger-Trägerinnen ins Spiel. ☺

„Deshalb", so Elisabeth Motsch weiter, „nimm besser anderen den Wind aus den Segeln, indem du dich der Situation entsprechend kleidest. Männer haben es bei der Kleidungswahl zwar einfacher, dafür sind ihre Möglichkeiten schnell erschöpft. Wir Frauen haben zum Glück die Qual der Wahl und da sollten wir keine wertvollen Punkte verschenken."

Elisabeth Motschs vielfach erprobte Tipps

- Stelle ein Gleichgewicht zwischen attraktiv und kompetent her. Dein Outfit soll ein großes Ganzes ergeben, das deine Persönlichkeit und dein Image unterstreicht.

- Sei „modisch", aber nicht „trendy". Es sei denn, Trends werden durch dein Unternehmensimage erwartet. Ausgesuchte Qualität und ein perfekter Schnitt sagen viel über dich aus.

- Accessoires wie Schmuck, Tücher oder Businesstaschen sind das Sahnehäubchen deines guten Stils. Gut kombiniert sind sie ein zentraler Punkt, schlecht kombiniert machen sie alles kaputt.

- Sei feminin, aber nicht erotisch. Oder möchtest du, dass hinter deinem Rücken ständig über deine Rocklänge oder Ausschnitttiefe gelästert wird?

- Überdenke deine Farbwahl. Entscheide dich für kräftige Farben wie Bordeaux, aber meide laute Farben wie zum Beispiel Pink oder zu helle Farben wie zum Beispiel Nude.

- Passe das Outfit deinem Image, deinem Status und deinem Ziel an. Von einer Mitarbeiterin eines kreativen Start-up-Unternehmens wird ein viel lockerer Kleidungsstil erwartet als von einer Bankangestellten. Immer gilt: **Kleide dich nie unter deinem Wert.**

 ## Hätte mir das nur jemand früher gesagt

Hätte ich am Anfang meiner Karriere gewusst, dass dunkle Farben mehr Status verleihen als helle, hätte ich sicher bei so manchen Kundenterminen keinen hellen Blazer getragen.

Elisabeth Motsch, international gefragte Stilexpertin

EVERYBODY'S DARLING IS EVERYBODY'S DEPP

EVERYBODY'S DARLING IS EVERYBODY'S DEPP

(Ich liebe dieses Zitat.
Es stammt angeblich
von Franz Josef Strauß.)

Wahrscheinlich hast du es längst erkannt: Es gelingt uns hervorragend, uns selbst dadurch kleinzumachen, dass wir unbedingt geliebt werden wollen. Dann übernehmen wir Arbeiten, für die wir gar nicht zuständig wären. Oder wir verrichten immer wieder Gefälligkeiten für andere, ohne dafür eine Gegenleistung zu bekommen oder auch nur zu verlangen.

„Einen Augenblick, bitte", wirst du jetzt vielleicht einwenden, „ich möchte keinesfalls unkollegial sein! Ich bin ein netter Mensch und möchte es auch bleiben."

Das sollst du auch. Versprochen. ☺ So wie es zu wenig Anerkennung gibt, so gibt es auch viel zu wenig nette, kollegiale Menschen auf dieser Welt. Aber trotz deines Bestrebens nach Nettigkeit, frage dich bitte auch, was du mit deinem Verhalten erreichen willst.

„Muss man denn immer etwas erreichen wollen?", wirst du jetzt vielleicht aufbegehren. „Kann man nicht einfach etwas machen, ohne dass man damit ein Ziel verfolgt?"

Aber gewiss kann man das. **Das Spannende ist nur, dass man selbst dann ein Ziel erreicht, wenn man sich keines setzt.** Das ist wie im wirklichen Leben auch: Wenn du losgehst, wirst du irgendwo ankommen. Doch das ist nicht unbedingt der Ort, wohin du gegangen wärst, hättest du dir ein Ziel gesetzt.

Die Kleinmach-Falle

Stell dir bitte folgende Situation aus dem typischen Büroalltag vor: Ein Meeting ist im Gange, eine Gruppe von Männern und Frauen bespricht ein wichtiges Thema. Da hält plötzlich jemand ein Blatt Papier in die Höhe und sagt: „Es wäre gut, wenn jeder von uns eine Kopie davon bekäme."

Nehmen wir weiterhin an, dass niemand im Raum ist, zu dessen Arbeitsbereich es gehört, Kopien anzufertigen. Also steht Kathi auf und geht zum Kopierer, schließlich will sie von den anderen als nette Kollegin wahrgenommen werden. Das nächste Meeting, ähnliche Situation. Kathi steht auf und geht zum Kopierer. „Gut", wirst du sagen, „daran ist an und für sich nichts auszusetzen."

Doch wie wird es mit Kathi weitergehen? Hieß es in den ersten beiden Meetings noch: „Es wäre gut, wenn jeder eine Kopie davon bekäme", lautet es im dritten Meeting dann schon: „Kathi, das gehört kopiert."

Sie hat sich selbst zum „Kopierfräulein" degradiert. Das ärgert sie nicht nur, das schwächt überdies ihre Position in der Diskussion. Eines Tages wird es ihr zu dumm und sie weigert sich, zum Kopierer zu laufen. Was geschieht jetzt? Werden die anderen sagen: „Kathi, wir danken dir, dass du diese Aufgabe die letzten Male übernommen hast. Selbstverständlich wird das künftig jemand anders erledigen"?

Wohl kaum. Viel eher werden die anderen stirnrunzelnd fragen: „Was ist denn mit dir los? Was machst du denn so einen Wirbel

wegen ein paar Kopien? Seit wann bist du denn so unkollegial?"
Damit ist Kathis „Kleinmach-Falle" zugeschnappt.

Jetzt wird sie sich entweder rechtfertigen: „Aber ich habe doch
bereits gestern und vorgestern ..." oder zum Gegenangriff übergehen:
„Wieso seid ihr eigentlich zu faul, um ...".

Weder das eine und schon gar nicht das andere wird ihr helfen,
ihr Ziel zu erreichen. Du erinnerst dich? Das Ziel war, als nette
Kollegin wahrgenommen zu werden.

Kathi könnte natürlich auch resignierend sagen: „Na gut, dann
mache ich es eben weiterhin." Das wiederum widerspricht ihrem
persönlichen Interesse, ihre Arbeit gern, mit Elan und voller Motivation zu erledigen und nicht die Dumme für faule Kollegen zu sein.
Kennst du das alte Gesellschaftsspiel Mühle? Dann weißt du, wo
Kathi jetzt steckt – nämlich in einer Zwickmühle. Der zu entrinnen
ist unmöglich. Lass es darum erst gar nicht so weit kommen.

Welches Signal senden wir dadurch aus, dass wir uns immer wieder
selbst zu Hilfsdiensten einteilen, für die wir nicht zuständig sind?
Das Signal, das gehöre sich so. Wenn wir diesen Hilfsdienst nur oft
genug ausführen, dann werden die anderen sogar böse sein, wenn
wir wieder damit aufhören. Dann nennt man uns „ungefällig" oder
„unkollegial". Wenn wir uns dann zur Wehr setzen und sagen, wir
hätte es lange genug gemacht, jetzt könnte endlich jemand anderer
übernehmen, dann nennt man uns „zickig".

Wie ich selbst einmal der „Kleinmach-Falle" gerade noch entkommen bin

Am Anfang meiner beruflichen Laufbahn war ich in Besprechungen
oft völlig überfordert. Da ich von den englischen Fachausdrücken
kaum die Hälfte verstand, schrieb ich alles mit. Das half mir dabei,
die Begriffe später nachzuschlagen oder mir Details von Kollegen
erklären lassen zu können. Mit der Zeit wurde ich immer besser
und sicherer und gelangte an einen Punkt, an dem ich das ständige

Mitschreiben nicht mehr für notwendig hielt. Plötzlich blaffte mich der Leiter einer anderen Fachabteilung von der Seite her an: „Sie schreibt schon wieder nicht mit!"

Da wurde mir schlagartig klar, welchen Eindruck ich in den Meetings durch das Mitschreiben erweckt hatte. Der Mann hielt mich für eine Assistentin, deren Aufgabe es war, Protokolle zu verfassen. Damit wir uns richtig verstehen, Protokollführung ist eine wichtige, verantwortungsvolle Aufgabe. Aber sie sollte von der Person ausgeführt werden, die dafür zuständig ist. Ich jedoch wollte nicht als Schriftführerin, sondern als Rechtsexpertin wahrgenommen werden. Also habe ich den Stift weggelegt und in dieser und den nächsten Besprechungen nicht mehr angerührt.

Nicht nur durch Kleidung und Aussehen, sondern auch durch unser Verhalten stecken uns Menschen gedanklich in Schubladen. Die Person, die regelmäßig kopieren geht, ist die, die kopiert. Die Person, die alles mitschreibt, ist die Protokollführerin. Haben sie uns erst einmal in einer Schublade verstaut, wehren sie sich dagegen, uns wieder herauszulassen. Wenn wir einem anderen einen Gefallen erweisen, ist es daher wichtig, dass er weiß, dass es sich um einen Gefallen handelt, sonst nimmt er unseren Gefallen schnell als Selbstverständlichkeit wahr. Oft bleibt uns nichts anderes übrig, als dafür zu sorgen, dass er das weiß.

Damit wir uns richtig verstehen: Natürlich bricht dir kein Zacken aus der Krone, wenn du zum Kopierer eilst oder für alle Kaffee holst. Es wäre unkollegial, wenn du die Einzige wärst, die nie den Hintern hochbekäme. Aber bitte achte gut darauf, dass du mit deinen Gefälligkeiten nicht so weit in Vorlauf gehst, dass sich die anderen daran gewöhnen. **Die Regel lautet daher: Ein, zwei Mal Hilfsdienst ja. Dann muss jemand anderes ran.**

Wenn es schon schwer ist, aus einer Schublade hinauszuklettern, in die man irrtümlich gesteckt wurde, um wie vieles schwerer ist es erst, aus einer Schublade hinauszukommen, in die man selbst gestiegen ist? Falls in größerer Runde ein Gefallen eingefordert wird („Irgendjemand sollte x erledigen…"), überlege gut, was für Auswirkungen es hat, wenn du dich meldest. Sind die Auswirkungen (überwiegend) positiv, dann Hand hoch!

Erscheint es dir, aus welchem Grund auch immer, sinnvoller, dich nicht zu melden, dann tu es nicht. Wenn du weißt, dass man dich herumkriegt, wenn man dich auf eine ganz bestimmte Art und Weise (hilflos, auffordernd, bedrohlich ...) anblickt, dann schau nicht hin. Mach es wie früher in der Schule, wenn die Lehrerin der ganzen Klasse eine Frage stellte, deren Antwort du nicht wusstest. Richte deine Augen in die Gegenrichtung oder blättere interessiert in den Unterlagen. Tu so, als wärst du gar nicht da, bis der Kelch an dir vorübergegangen ist. Auf diese Weise habe ich es geschafft, in den Schulen meiner Kinder kein einziges Mal zur Elternvertreterin bestellt zu werden, obwohl sich bei der Frage „Wer meldet sich freiwillig?" schlagartig alle Köpfe mir zuwandten. Wegschauen mag zwar für einige Augenblicke unangenehm sein, aber das ist lange nicht so schlimm, wie dich mit einer Aufgabe zu belasten, die du nicht haben willst. Und nein, du musst kein schlechtes Gewissen haben.

Everybody's Darling wäre auf dem Chefsessel verloren und hat daher dort nichts verloren

> If you want to make everybody happy,
> don't be a leader, sell ice cream.
> Wenn du jeden glücklich machen willst,
> werde keine Führungskraft, verkaufe Eiscreme.
>
> *Steve Jobs, Mitgründer und langjähriger CEO von Apple*

Bist du bereits Vorgesetzte oder erklimmst du gerade die nächste Stufe der Karriereleiter? Wenn es dir bisher ein Anliegen war, Everybody's Darling zu sein, so verabschiede dich jetzt bitte ganz schnell von diesem Anspruch. Als Führungskraft hast du unterschiedliche Interessen auf dem Tisch: die deiner Vorgesetzten, deiner Führungskollegen oder des Aufsichtsrats. In all diesen

Gremien sind wieder verschiedene Interessen vertreten, Herr A denkt anders als Frau B und vielleicht sogar das Gegenteil von Herrn C. Dazu all die verschiedenen Interessen deiner Mitarbeiterinnen und Mitarbeiter, des Betriebsrates, der Kunden, Lieferanten, Vermieter, Geschäftspartner und schließlich deine eigenen Interessen, Ideale und Ziele. Denkst du wirklich, du kannst all diesen unterschiedlichen Wünschen, Erwartungen und Hoffnungen gleichermaßen gerecht werden? Vergiss es, es wäre dein Untergang. *Allen Menschen recht getan, ist eine Kunst, die niemand kann.* Nächster alter Spruch. Aber einer von den klugen. Du musst klare Entscheidungen treffen, dabei wirst du auch Leute vor den Kopf stoßen. Das sollte nicht dein Ziel sein, ist aber unvermeidbar. Du hast zwar eine gewisse Macht, kannst gestalten und deine Vorstellungen umsetzen, andererseits musst du aber auch Spannungen aushalten, unpopuläre Maßnahmen ergreifen und professionelle Distanz zu Menschen und Problemen wahren. Wenn du das nicht willst oder kannst, lass die Führungsfunktion und profiliere dich als Expertin. Achte darauf, dass du dennoch angemessen entlohnt wirst. Für dich ist das Kapitel „Gehaltsverhandlungen" besonders interessant.

KENNST DU SCHON DIE VIER OHREN VON HERRN SCHULZ VON THUN?

Falls nicht, empfehle ich dir sein Buch.[L] Seit ich das „Vier-Ohren-Modell" kenne, ist mir vieles im Verhalten anderer und auch in meinem eigenen klarer geworden. Ich fühle mich nicht mehr so oft kritisiert oder angegriffen und habe nicht mehr ständig das Gefühl, ich müsste mich verteidigen oder man wolle, dass ich etwas Bestimmtes tue.

Denken wir noch einmal an die vorher geschilderte Szene zurück: Eine Gruppe von Männern und Frauen in einem Meeting. Jemand sagt: „Wir bräuchten Kopien für alle", es ist wieder keiner da, der eigentlich fürs Kopieren zuständig wäre und auch die Kathi von oben fehlt dieses Mal. ☺ Was meinst du: Wer wird jetzt aufstehen und zum Kopierer eilen? Eher ein Mann oder eine Frau? Oder es sagt jemand in dieser Besprechung: „Eine Tasse Kaffee wäre jetzt fein!" Die anderen nicken zustimmend. Wer geht welchen holen? Ein Mann oder eine Frau?

Meiner Erfahrung nach, und ich kann mir vorstellen, sie deckt sich mit deiner, ist es mit 98,5 Prozent Wahrscheinlichkeit eine Frau, die diese Aufgaben erledigt. Warum ist das so? Männer haben doch auch Beine und sind nicht zu dumm oder ungeschickt, um Kopien anzufertigen oder Kaffee zu holen. Es wäre also höchst diskriminierend, ihnen die Fähigkeiten dazu abzusprechen. ☺

Ich denke, der Grund ist der, dass wir Frauen in solchen Situationen viel häufiger das eingeschaltet haben, was Friedemann Schulz von Thun das „Appellohr" nennt. Wenn also jemand so einen Satz sagt, hören die meisten Frauen einen Wunsch oder Befehl heraus. Auf diese Weise wird aus dem einfachen Aussagesatz „Ein Kaffee wäre gut" in den Ohren dieser Frauen blitzschnell die Aufforderung: „Bring uns Kaffee!"

Ohne lange nachzudenken reagieren wir dann, wie wir eben auf eine Aufforderung normalerweise reagieren. Wir erledigen die Aufgabe entweder bereitwillig oder murrend oder erst recht nicht. Habe ich dich erwischt? Geht es dir auch so, dass du hinter vielen Sätzen eine Aufforderung hörst?

Meiner Erfahrung nach hören hingegen Männer Aussagesätze gern als Aussagesätze. Ihre Reaktion auf „Ein Kaffee wäre gut" ist daher viel eher ein „Vollkommen richtig", „Für mich bitte schwarz" oder „Und ein Glas Wasser dazu".

Oft braucht nicht einmal jemand etwas zu sagen und wir haben dennoch das Appellohr im Einsatz. Es ist dann ein Appellauge, quasi. Sehen wir schmutziges Geschirr vom Vortag auf dem Besprechungstisch stehen, dann ruft es uns zu: „Servier mich ab!", und schon sind wir auf dem Weg zur Teeküche damit. Männer hören das Geschirr viel seltener rufen.

Meine Tipps für Appellohr-Anwenderinnen

Wenn jemand etwas sagt und du schon aufspringen oder dich beschweren willst, dass man schon wieder etwas von dir verlangt, atme zuerst einmal tief durch. Frage dich: War das jetzt wirklich eine Aufforderung?

Falls du dir sicher bist, frag dich als Nächstes: Bin ich dafür zuständig? Mag ich die Konsequenzen, die auftreten können, wenn ich es erledige? Mag ich die, wenn ich ablehne, lieber?

Wenn also deine Schwiegermutter findet: „Hier liegen Krümel auf dem Teppich", reicht es aus, ihr entweder recht zu geben, zu widersprechen oder gar nicht darauf einzugehen und ein anderes Thema anzuschneiden. Du brauchst nicht gleich zu laufen, um den Staubsauger zu holen. Du musst den Satz allerdings auch nicht als Beginn eures nächsten Streits ansehen, sie hat dich ja bloß informiert, nicht wahr? ☺

Aus der Erkenntnis, dass in Meetings eher Frauen aufstehen, wenn es heißt „Kopien wären sinnvoll!", können wir schließen, dass Männer eher eine Sachinformation hören und keinen Appell. Das heißt, er hört: „Kopien wären sinnvoll. Punkt." Daher kann es sein, dass er nickt, weil er zustimmt. Er hört nicht: „Mach welche, Ausrufezeichen!" Darum eilt er auch nicht zum Gerät. Das ist doch eigentlich logisch, oder?

Du hast einen Chef, einen Kollegen, einen Partner, der in einem solchen Fall aufstehen und Kopien oder Kaffee holen würde? Freu dich darüber. Du kennst eine Ausnahme, die die Regel bestätigt.

Wenn du willst, dass jemand etwas tut oder unterlässt, dann pass auf, dass du deinen Wunsch nicht als Sachinformation formulierst!

Geh nicht davon aus, dass der andere von sich aus einen Appell hört, weil du das ja auch tun würdest. Diese Regel gilt, egal ob du es mit einem Mann, einer Frau, einem Kind oder deinem Haustier zu tun hast. Ein aussagekräftiges Beispiel aus dem privaten Alltag gefällig?

Sie sagt: „Der Mülleimer ist voll."

Sie meint: „Trag ihn (bitte) hinaus!"

Er hört: „Der Mülleimer ist voll."

Er denkt: Sie hat recht, der Mülleimer ist tatsächlich voll, und nickt zum Zeichen dafür, dass er zustimmt. Tut aber sonst nichts.

Sie denkt: Er hat mich nicht gehört.

Sie wiederholt, etwas lauter diesmal: „Ich habe gesagt, der Mülleimer ist voll."

Er denkt: Das habe ich schon gehört. Es hat mich bereits beim ersten Mal nicht sonderlich interessiert. Er nickt abermals, ihr zuliebe. Es geschieht – nichts.

Das kann noch einige Zeit lang so weitergehen. Je nach Temperament der Beteiligten kürzer oder länger.

Irgendwann wird sie ungehalten oder wütend und sagt: „Nie hilfst du im Haushalt! Alles muss ich allein machen." Oder gar irgendetwas, das sich in etwa so anhört: „Ich muss mir überlegen, ob wir beide noch zusammenpassen. Ich habe das Gefühl, du liebst mich nicht mehr."

Da starrt er sie mit großen Augen verständnislos an und denkt: Was ist denn jetzt los? Eben waren wir noch beim Mülleimer. Wie kommt sie plötzlich auf eine Grundsatzdiskussion über die Liebe?

Wo, denkst du, lag hier der Fehler in der Kommunikation?

Meine Tipps, damit deine Worte auf dem richtigen Ohr landen

Wenn du willst, dass jemand etwas tut, sprich einen Appell aus. Also einen Wunsch, eine Bitte, einen Befehl – je nach Art eurer Beziehung. Sorge für Klarheit. Also: „Bitte, trag den Müll raus, Schatzi!" Oder: „Hinaus damit!" – je nach eurem üblichen Umgangston. ☺

Einigt euch am besten über das Wann. Menschen haben einen unterschiedlichen Rhythmus, etwas zu erledigen. Und nein, es muss nicht alles immer sofort sein, nur weil du es sofort erledigen würdest.

Wichtig ist, dass du das Appellohr ganz gezielt angesteuert hast. Wenn der andere deinen klar ausgesprochenen Bitten, Wünschen oder Befehlen dennoch keine Beachtung schenkt, dann kannst du an Konsequenzen denken. Aber nur dann. Noch etwas: Auch wenn du es mir vielleicht nicht glaubst, Männer sind keine Hellseher. Auch deiner nicht. Jemand, der kein Hellseher ist und das Sachohr geöffnet hat, ist nicht in der Lage, dir deine Wünsche von den Augen abzulesen. Das sage ich, obwohl ich selbst Liebesromane verfasse und es dort natürlich oft ganz anders zugeht. ☺

Ich erinnere mich an ein Abendessen unter Freunden, bei dem ich stolz erzählte, dass ich künftig Verhandlungstrainings abhalten würde. Jens sah mich mit ernster Miene an und fragte: „Was machst du, wenn jemand kommt, der sich auskennt?"

Mein Mann hätte ihm am liebsten den Kopf abgerissen. „Der weiß doch, dass du seit Jahren im In- und Ausland verhandelst", sagte er bei der Heimfahrt zu mir. „Wie kommt er zu dieser ungerechtfertigten Kritik?"

Mein Mann hatte, an meiner Stelle, auf dem „Beziehungsohr" zugehört, das, was Jens sagte, als Aburteilung verstanden und war zu Recht sauer. Kennst du das auch? Du sagst etwas zu jemandem, meinst es nett oder neutral und der andere hört es als Kritik? Du sagst: „Das Dessert ist besonders köstlich!", und die Gastgeberin ist sauer: „Aha, das Hauptgericht hat dir also nicht geschmeckt." Du sagst zum Autofahrer: „Die Ampel dort vorne steht auf Rot", und er antwortet ungehalten: „Hältst du mich für bescheuert?"

Das Beziehungsohr kann mehrere Bedeutungen haben, schwierig wird es in der Regel, wenn es als Kritikohr zum Einsatz kommt. Das passiert mir natürlich auch immer wieder. Ich habe allerdings gelernt, nicht sofort zurückzuschießen oder mich kleinzumachen, wenn ich meine, eine Kritik zu hören. Ich atme als Erstes tief durch (wieder mal ☺) und klappe gedanklich das Kritikohr zu. Stattdessen frage ich mich: Was sagt mir diese Aussage über den, der sie von sich gegeben hat?

Bei Jens sagte sie mir, dass *er* sich fürchten würde, wenn ihm jemand gegenübersitzen würde, der sich beim Verhandeln auskennt.

Dass er dem Druck nicht gewachsen wäre. Dass er Angst hätte, auf Fragen eines Profis keine Antworten zu wissen. Also bestand für mich kein Grund, ihm den Kopf abzureißen. Ich konnte gelassen antworten: „Das macht mir nichts. Im Gegenteil: Ich freue mich auf einen spannenden Erfahrungsaustausch." Jens hat genickt und wir widmeten uns weiter friedlich unserem Essen, statt eine Diskussion zu führen, die nichts gebracht hätte. Oder gar zu streiten.

Während ich das schreibe, fällt mir auf, wie oft mir schon Menschen in meine Pläne hineinzureden versucht haben. Je älter ich wurde, desto leichter fiel es mir, damit umzugehen, denn ich durchschaute, was dahintersteckte: **Wenn dich jemand von etwas abhalten möchte, dann sagt das weit mehr über ihn aus als über dich.**

AUCH DIE FALSCHE WORTWAHL MACHT UNS KLEIN

Ertappst du dich dabei, ständig um Erlaubnis zu fragen? „Darf ich mich dazu äußern?" (im Meeting), „Darf ich Ihnen meine Produkte vorstellen?" (im Verkaufsgespräch), „Darf ich eine Frage stellen?" (in einer Diskussion).

Gibt es einen Grund, warum du dich so unterwürfig verhältst? Warum äußerst du dich nicht einfach, präsentierst deine Produkte oder stellst eine Frage? Du hast einen Mund, du hast einen Termin, du darfst sprechen.

Du wirst jetzt vielleicht antworten, dass du gern höflich sein möchtest. Das finde ich gut. So, wie es viel zu wenig Anerkennung und Nettigkeit gibt, gibt es auch viel zu wenig Höflichkeit in unseren Tagen. Allerdings kann ich auch höflich sein, ohne mich kleinzumachen.

Kleine Einschränkung: Wir reden hier von geplanten Terminen. Etwas anderes ist es natürlich, wenn du irgendwo außerplanmäßig hineinplatzt. Dann entsprechen solche Bitten um Erlaubnis der Höflichkeit.

Sonst gilt: Mit der Frage um Erlaubnis machst du dich nicht nur selbst klein, nein, du machst auch dein Gegenüber völlig unnötigerweise mächtiger, als ihm zusteht und es sinnvoll ist. Dazu kommt das Risiko, das mit einer Frage immer einhergeht: Wir bekommen eine Antwort. Und die muss uns nicht gefallen. Sie kann in diesem Fall nämlich „Nein" lauten. Übrigens: „Ich stelle Ihnen jetzt gern unsere Produkte vor" ist genauso höflich wie „Darf ich Ihnen unsere Produkte vorstellen?", doch du behältst damit die Zügel des Gesprächs in der Hand, während du durch die Frage um Erlaubnis die Zügel abgibst und dem anderen die Führung überlässt. Wenn du dann auch noch gleich den Nutzen für deinen Gesprächspartner hervorhebst und nicht nur simple Fakten aufzählst, dann behältst du die Zügel auch weiterhin und bist auf dem besten Weg zu deinem Ziel. Du möchtest mehr Tipps zum Thema Verhandeln und Gespräche führen? Dann lege ich dir auch noch mein anderes Sachbuch[L] ans Herz.

Neben der Frage um Erlaubnis gibt es auch noch so allerhand Floskeln, mit denen wir uns selbst das Wasser abgraben und kleinmachen. Du willst die Leitung eines Projekts übertragen bekommen? Dann wird dir der Satz „Könnte ich nicht eigentlich vielleicht einmal versuchen, ob ich es schaffe, das Projekt zu leiten?" nicht weiterhelfen. Warum nicht einfach: „Ich habe Erfahrung mit X, darum möchte ich/erscheint es sinnvoll/werde ich das Projekt übernehmen."

Wie denkst du über dich?
Wie sprichst du denn über dich?

Ist dir schon aufgefallen, dass es viele Menschen perfekt schaffen, sich kleinzumachen, indem sie schlecht über sich selbst sprechen? Judith ist zum Beispiel geprüfte, zertifizierte Steuerberaterin und führt gemeinsam mit ihrem Mann ein Büro mit zehn Mitarbeitern. Sie haben sich die Aufgaben so aufgeteilt, dass Kundenbesuche und Termine beim Finanzamt vorwiegend von ihrem Mann erledigt werden, während Judith die Personalagenden und den Innendienst leitet. Für steuerliche Belange sind natürlich beide zuständig. Eines

Tages stand ein Meeting bei einem wichtigen Firmenkunden an, Judiths Mann war krank geworden, also nahm sie dieses wahr. Zwar ungern, wie sie mir erzählte, aber doch.

„Der Termin war kurz, aber schrecklich", klagte sie mir später ihr Leid. „Der Geschäftsführer dort war extrem frauenfeindlich. Schon bei der Begrüßung ging es los."

Natürlich wollte ich wissen, was genau passiert war.

„Ich habe mich vorgestellt", begann Judith. „Guten Tag, mein Name ist Judith Schmidt, ich komme in Vertretung meines Mannes."

Darauf der Kunde: „Warum kommt er denn nicht selbst?"

„Da hatte ich schon so einen Hals!", erzählte mir Judith und verdeutlichte ihren Ärger mit einer Geste. „Der ist krank, habe ich zu ihm gesagt, darum müssen Sie heute mit mir vorliebnehmen."

Darauf er: „Die Angelegenheit ist nicht so dringend, da können wir ruhig warten, bis ihr Mann wieder gesund ist. Richten Sie ihm gute Besserung aus." Ende des Termins.

Wundert es dich, dass Judith so behandelt wurde? Nicht wirklich, oder? Der Geschäftsführer war vielleicht kein Charmebolzen, doch sie hatte sich mit ihrer unglücklichen Wortwahl selbst das Wasser abgegraben und viel dazu beigetragen, dass er sie nicht als die kompetente Gesprächspartnerin wahrgenommen hat, die er sich wünschte und die sie in Wirklichkeit auch gewesen wäre.

Wenn ich kurzfristig für jemanden einspringen muss und keine Zeit hatte, mich ausreichend vorzubereiten, dann kann es sinnvoll und legitim sein, mich als Vertreterin der angekündigten Person zu bezeichnen. Von einer Vertretung erwartet man in der Regel kein umfassendes Wissen oder keinen vollständigen Einblick in die Thematik. Judith dagegen ist selbst Steuerberaterin, sie kannte die Akte des Kunden, hatte daher professionellen Einblick und Wissen. Mit der Vorstellung „Guten Tag, Herr Berger, wir kennen uns noch nicht persönlich. Mein Name ist Judith Schmidt, ich leite die Kanzlei gemeinsam mit meinem Mann" hätte sie von Anfang an einen besseren Stand gehabt.

Was die Floskel „Sie müssen mit mir vorliebnehmen" betrifft, so können wir sie getrost ein für alle Mal vergessen. Denn damit machen wir uns nicht nur klein, wir sorgen auch nicht für gute Stimmung. Zum einen reagieren viele Menschen gereizt, wenn man ihnen sagt, dass sie etwas müssen, und zum anderen: Wie klingt denn das? Man muss doch nicht mit dir vorliebnehmen. Im Gegenteil, der andere hat die Freude/Ehre/Chance, heute mit dir zu sprechen. Habe ich nicht recht?

Apropos „vorliebnehmen", da fällt mir noch eine Geschichte ein. Auf einem Kongress war als einer der Hauptredner ein bekannter Wirtschaftsboss angekündigt worden, der aufgrund einer unerwarteten, unaufschiebbaren Verpflichtung im Ausland absagen musste. Er schickte seine engste Mitarbeiterin, die der Moderator wenig wertschätzend mit „Na, dann müssen wir eben mit ihr vorliebnehmen. Es tut mir leid, meine Damen und Herren" ankündigte. Ich hatte Mitleid mit der jungen Frau. Es ist nie einfach, so kurzfristig für jemanden einzuspringen, und nach dieser Anmoderation schon mal gar nicht. Zu meiner Freude marschierte die Frau jedoch selbstsicheren Schrittes auf die Bühne und begann mit den Worten: „Keine Sorge, ich kenne die Rede von Herrn XY sehr gut, immerhin habe ich sie selbst geschrieben."

Gelächter im Publikum. Sie hatte die Herzen aller gewonnen. Ob der Herr Wirtschaftsboss mit diesem Bekenntnis Freude hatte, sollte er je davon erfahren haben, steht natürlich wieder auf einem anderen Blatt.

Judith machte sich klein, weil sie sich als Vertretung titulierte. Meine Klientin Elke hingegen damit, dass sie sich viel zu oft rechtfertigte. Sie hatte den Betrieb ihres Vaters übernommen und obwohl sie ihn in kürzester Zeit vergrößert, verbessert und in die Gewinnzone gebracht hatte, hatte sie dennoch ständig das Gefühl, sich rechtfertigen zu müssen: „Wahrscheinlich halten Sie mich für zu jung, aber ich…", „Der Papa hätte es vielleicht anders gemacht, aber…", „Natürlich hatte der Papa mehr Erfahrung, aber ich dachte…". Durch ihre Rechtfertigungen brachte sie andere erst auf die Idee, kritische Fragen zu stellen, und sie kam dadurch erst recht wieder in den Rechtfertigungsmodus.

In Frankreich gibt es einen alten Spruch: „Qui s'excuse, s'accuse", den ich mit „Wer sich rechtfertigt, klagt sich an" übersetze. Also Achtung! **Je mehr du dich rechtfertigst, desto mehr verbale Angriffe wirst du damit herausfordern.**

Dann gibt es noch all jene, die sich selbst beschimpfen. „Mein Gott, bin ich blöd!" Oder: „Klar, dass ich das nicht verstehe, ich bin blond." Oder: „Mein Vater hat schon immer gesagt, bei mir sei Hopfen und Malz verloren."

Machst du das auch? Warum denn? Hoffst du etwa darauf, dass man dir widerspricht? Dass man sagt: „So dumm bist du gar nicht!" ☺

Hast du das wirklich nötig? Was machst du, wenn man nicht widerspricht, sondern dir glaubt? Dann brauchst du dich nicht zu wundern, dass das deine Position erheblich verschlechtert.

Verdrehst du gerade die Augen und denkst: „Mein Gott, das habe ich doch nicht so gemeint! Das war doch ironisch. Das merkt doch jeder!", dann muss ich dir leider widersprechen. Nein, das merkt nicht jeder. Du kannst davon ausgehen, dass mehr als die Hälfte der Menschen deine Worte für bare Münze nehmen. Dass sie denken, die Frau gibt selbst zu, dass sie dafür zu dumm ist, und sich nicht weiter für dich und deine Meinung interessieren.

Überlegungen für alle, die sich gern mit Worten kleinmachen

Wenn ich mich selbst beschimpfe, nehmen andere das als Erlaubnis, es ebenfalls tun zu dürfen. Wenn ich mich selbst kleinmache, erscheine ich in den Augen der anderen klein. Beides nützt weder mir noch meinem Vorhaben noch meinem Standpunkt. Im Gegenteil. Also sei bitte klug und hör damit auf. Wann immer du es auf der Zunge hast, dich kleinzumachen, überlege: Was will ich erreichen, was ist mein Ziel? Erreiche ich es dadurch, dass ich mich kleinmache? Ich prophezeie dir: In 95 Prozent der Fälle lautet deine Antwort: „Nein. Im Gegenteil." Antworten und Ideen zu den restlichen Prozenten findest du in Kürze.

Ein Nebeneffekt, den wir nicht unterschätzen dürfen: Das Leben ist viel schöner, wenn der wichtigste Mensch in deinem Leben zu dir hält. Wer dieser Mensch ist? Na, du natürlich. Es stärkt dein persönliches Charisma, wenn du mit dir im Reinen bist und auch offen zu dir und deinem Können stehst.

Wenn es um das eigene Charisma geht, darf ein kurzer Input von Deutschlands bekanntester Charisma-Expertin nicht fehlen und daher habe ich Julia Sobainsky gefragt, welchen Rat sie uns geben kann. Hier ihre Antwort: „Unterschätzt euch nicht ständig selbst. Seid in der Selbstliebe! Das, was du als Frau innerlich über dich denkst, vermittelt sich nach außen. Wenn du von dir überzeugt bist und in der Liebe zu dir selbst und deinen Mitmenschen und dem, was du tust, dann wird deine Wirkung und dein Wirken immer größer."

Ist Charisma ein angeborenes Talent oder kann man es im Laufe des Lebens erwerben?

„Es wird zugeschrieben, ist also eine Einschätzung von anderen. Sie kommt dann zustande, wenn die Menschen dich sympathisch finden, wenn sie sich geliebt und wertgeschätzt fühlen, wenn du wirklich kompetent und überzeugend auf sie wirkst und du sie auch führen, also an der Hand nehmen kannst", erklärt Julia. „Es ist gar nicht so schwer, charismatisch zu sein, wenn man nach dem Besten strebt, sich selbst in seiner Haut wohlfühlt und weiß, was man kann. Und wenn man darüber hinaus die Menschen liebt."

AUCH DEINE STIMME KANN DICH KLEINMACHEN

Wer das Ohr beleidigt, dringt nicht zur Seele vor.

Quintilian, römischer Sprech- und Stimmlehrer

Wann hat das eigentlich begonnen, dass Mitarbeiter von Hotel-rezeptionen ankommende Gäste mit einem Händeschütteln begrü-ßen? Ich weiß, ich weiß, diese Geste soll verdeutlichen, wie unglaub-lich willkommen die Reisenden sind. Dennoch könnte ich persönlich gut und gern darauf verzichten. Vor allem dann, wenn der Hotel-mitarbeiter dabei auf den Bildschirm starrt, statt mich offen und freundlich anzusehen, und dabei irgendeinen Gruß nuschelt. Was gar nicht so selten vorkommt. Worauf ich aber eigentlich hinauswill, sind gar nicht die männlichen Mitarbeiter, sondern die weiblichen. Ist dir das auch schon aufgefallen? Viele Frauen, die besonders freundlich sein wollen, heben beim Begrüßen völlig unnatürlich die Stimme und fangen zu piepsen oder zu quieken an. Nach meinen Erkenntnissen hat das drei erhebliche Nachteile: Erstens fühlt sich der Gast durch das Gequieke (entschuldige bitte diese wenig res-pektvolle Ausdrucksweise, aber sie entspricht leider oft der Realität) nicht willkommen, sondern genervt. Da ist es übrigens egal, ob der Gast weiblich oder männlich ist. Zweitens liegt die schrille Tonhöhe über der Frequenz, die vor allem von älteren Menschen gut wahrge-nommen werden kann, und sie müssen wiederholt nachfragen. Was Gäste und Rezeptionistin gleichermaßen nervt. Und drittens wirkt eine Rezeptionistin, die quiekt, mit einem Schlag gleich viel weniger kompetent als eine, die ruhig und souverän spricht. Was sehr scha-de ist. Denn es ist vielleicht gut gemeint gewesen, nützt aber weder ihr noch dem Hotel noch dem Gast.

Dieses Phänomen gibt es natürlich nicht nur an Rezeptionen, man findet es in der Gastronomie allgemein oder auch in Geschäften, die noch auf persönliche Beratung Wert legen. Hast du dir schon einmal selbst zugehört? Wie wäre es mit einem kleinen Selbstversuch?

Quiekst du auch? Ein kleiner Selbstversuch

Lies bitte die folgenden Sätze laut vor und bemühe dich dabei, um einen besonders freundlichen und zuvorkommenden Tonfall. Hast du dein Handy griffbereit? Dann nimm das, was du liest, am besten

gleich mit der Diktierfunktion auf, damit du anschließend überprüfen kannst, wie du klingst. Du wirst merken, dass es einen
Unterschied macht, ob du deine Stimme von innen hörst, während
du sprichst, oder von außen, wenn du dir das Aufgenommene anhörst. Los geht's!

> „Herzlich willkommen im Hotel Sonnenschein.
> Mein Name ist ... Schön, dass Sie zu uns
> gefunden haben. Hatten Sie eine gute Anreise?
> Möchten Sie, dass wir Ihnen mit dem Gepäck helfen?"

Was fällt dir auf, wenn du dir das Gesprochene nun anhörst? Ist
etwas mit deiner Stimme geschehen? Ist sie hochgerutscht?

Ich habe mich bei einem Profi erkundigt, warum das bei so vielen
von uns der Fall ist.

„Es gibt das Vorurteil", so Stimmexpertin Ingrid Amon, „dass
hoch weiblich und eine singende Melodie freundlich bedeutet. Das
ist ein Irrtum, der mich genauso nervt wie dich und viele andere
Menschen. Dazu kommt in manchen Berufen die starke Berührung
mit der englischen Sprache. Englisch verwendet andere Sprachfre-
quenzen als das Deutsche. Was dort freundlich wirkt, empfinden
wir bei uns als *Tussi-Töne*. Kompetenz ist nämlich in der Tiefe zu
Hause. Darum haben der liebe Gott, der Nikolaus und weise Scha-
manen-Frauen in Filmen immer tiefe Stimmen."

Was können wir tun, damit unsere Stimme auch bei Aufregung
nicht hochrutscht, sondern trotzdem gelassen und souverän
klingt?

„Zuallererst ist es wichtig, dass du die Aufregung wahrnimmst,
dir selbst eingestehst und nicht überspielst. Und dann ausatmen,
ausatmen, ausatmen. Sprich in kurzen Sätzen, mach Pausen, lass dir
Zeit. Wenn du versuchst, besonders schnell und flüssig zu reden,
bewirkst du genau das Gegenteil von dem, was du erreichen willst:

Alle merken deine Aufregung, weil dir die Puste ausgeht und deine Stimme dadurch dünn klingt. Am besten übst du immer wieder, kurze Sätze in tieferer Lage zu sprechen, dann kannst du das auch im Akutfall."

Gibt es etwas, was wir im Alltag für unsere Stimme tun können?

„Ja, viel summen und singen, das gibt deiner Stimme mehr Klang."

Vielleicht magst du ja gleich summend weiterlesen?

DEM LIEBSTEN ZULIEBE KLEIN ODER: AUGEN AUF BEI DER PARTNERWAHL!

Geht ein Mann zufrieden und erfüllt durchs Leben, so wird er auch seine Frau bei ihren Karriereplänen unterstützen. Ist er unzufrieden und frustriert, stärkt er ihr nicht den Rücken. Ist sie gar erfolgreicher als er, besteht die große Gefahr, dass er ihr den Erfolg neidet. Das haben die Autorinnen des Buches „Männer an der Seite erfolgreicher Frauen"[L] herausgefunden. Klingt nicht gerade nach unserer Traumvorstellung, oder? Erklärt aber anschaulich, warum es Männer gibt, die ihre Frauen in ihrem Wachstum unterstützen, und andere, die sie kleinmachen. Zu den ersteren zählt Alois, wie mir meine Freundin Eva Bertsch erzählt: „Nach vielen Jahren im Hotelmanagement mit Führungs- und Organisationsaufgaben hatte ich ein interessantes Angebot, in die Beratungsbranche zu wechseln. So hart hatte ich mir die ersten Wochen in der neuen Tätigkeit nicht vorgestellt! Statt 35 Mitarbeitern, die ich führen und an die ich delegieren konnte, war ich plötzlich auf mich allein gestellt. Mein Mann fand mich, als ich verzweifelt an meinem Schreibtisch saß und aufgeben wollte. Er sagte: ‚Du schaffst das!', immer wieder, so lange, bis ich ihm glaubte."

Sie ist heute, nach 25 erfolgreichen Jahren als Beraterin, überzeugt, dass das Vertrauen, das ihr Mann in sie setzte, die entscheidende Wende gebracht hat.

Meine Kollegin Olga war nicht nur klug und fleißig, sie hatte auch unsere Firma durch eine blitzschnelle Aktion vor einem großen finanziellen Verlust bewahrt.

„Jetzt ist der beste Zeitpunkt, eine Gehaltserhöhung zu verlangen", sagte ich und zeigte in Richtung Chefbüro. Doch Olga sträubte sich. „Nein, nein, es ist schon in Ordnung, so wie es ist. Ich habe ja nur meine Arbeit gemacht und ich verdiene doch ohnehin nicht so schlecht."

Auch alle meine weiteren Worte verpufften wirkungslos. Als ich kurz darauf erfuhr, dass ihr Vorgesetzter ihr von sich aus eine bessere Position mit einem um einiges höheren Gehalt angeboten und sie abgelehnt hatte, konnte ich es zuerst nicht glauben und stellte sie dann zur Rede.

„Was soll ich denn machen", klagte sie bei einer Tasse Kaffee. „Mein Mann ist doch ohnehin schon so frustriert darüber, dass ich beruflich erfolgreicher bin als er. Wenn ich jetzt auch noch aufsteigen und erheblich mehr verdienen würde als er, dann würde ich ihm noch den letzten Rest seiner Männlichkeit nehmen. Wer weiß, vielleicht würde er mich sogar verlassen."

Auweh. Entschuldige bitte, aber bei so einer Aussage werde ich grantig. Wie kommt eine Frau dazu, auf etwas zu verzichten, was sie sich erarbeitet hat? Was ihr zusteht? Nur damit er sich nicht ... also, wie schlecht muss es denn um die Männlichkeit des armen Gatten bestellt sein, wenn er ihre Beförderung nicht verkraftet? Worauf würde er denn im Gegenzug verzichten, damit sie nicht in ihrer Weiblichkeit gekränkt wäre?

Solltest du vor derselben Situation stehen wie Olga, so verzichte auf nichts, nur weil du den Verdacht hast, Schatzi könnte etwas dagegen haben. Wenn du es nicht genau weißt, rätsle auch nicht herum, frag ihn geradeheraus: „Willst du wirklich, dass ich auf Geld verzichte, nur damit es dir besser geht?"

Ich kann mir nicht vorstellen, dass da ein klares „Ja!" kommt. Falls doch, kannst du natürlich diskutieren, wenn du möchtest, und erklären: „Manuel (Name bei Bedarf ändern ☺), ich kann nicht weniger verdienen, nur damit du dich besser fühlst. Denn dann würde ich mich schlecht fühlen. Damit könnte ich vielleicht eine Zeit lang leben, weil ich dich liebe. Doch irgendwann würde ich dir übel nehmen, dass du mich blockierst, statt mich zu unterstützen, und das würde ich dir zum Vorwurf machen. Das will ich nicht. Du bist mein starker Partner und ein starker Partner hat kein Problem damit, wenn seine Frau besser verdient."

Das ist offen, ehrlich und hoffentlich überzeugend. Ich würde allerdings auch verstehen, wenn du ein ebenso offen und ehrliches „Tut mir leid, aber das mache ich nicht" von dir gibst.

So weit kommt es noch, dass wir uns für unser Gehalt entschuldigen müssen! Ist das wirklich eine Partnerschaft?

Zurück zu Olga. Als sie und ihr Mann kurz darauf ihren gemeinsamen Sommerurlaub planten, entdeckten sie im Internet ein wunderschönes Hotel an der Ostsee. Mit der Gehaltserhöhung hätten sie sich den Aufenthalt leisten können, so jedoch nicht. Spätestens da bereute sie ihre Entscheidung. Im Jahr darauf hat sich das Paar dann übrigens getrennt. Olga hatte ihrem Partner zuliebe auf etwas verzichtet und obwohl er es nicht einmal ausdrücklich verlangt hatte, konnte sie ihm nicht verzeihen. Sie hat sich ihm zuliebe kleingemacht, damit er sich nicht klein fühlen musste. Sie hat sich kleingemacht, um ihre Beziehung nicht in Gefahr zu bringen. Was hat es ihr gebracht? Nichts. Außer einem schlechteren Job, weniger Geld, weniger Ansehen beim Chef und eine ordentliche Portion Frust. Die Beziehung ist dennoch zerbrochen.

Sich als Frau kleinzumachen, um den eigenen Mann oder „alle" Männer nicht zu verunsichern, ist eine Strategie, die Frauen seit Urzeiten befolgen. Viele Jahrhunderte lang taten sie es, weil sie keine andere Wahl hatten. Wie oft lesen wir in Biografien berühmter Männer von Frauen im Hintergrund, die ihnen den Weg geebnet und die Steine von selbigem entfernt haben? Die Bilder gemalt, Romane geschrieben, Musikstücke komponiert oder Forschungen betrieben haben, die dann unter seinem Namen das Licht der Öffentlichkeit erblickten? Frauen mussten sich aufgrund von Gesetzen oder gesellschaftlicher Konventionen zurücknehmen und haben dann wenigstens dafür gesorgt, dass ihr Gatte strahlen konnte. Du wirst mir sicher recht geben: Jetzt ist es Zeit für eine andere Strategie. Es ist Zeit für selbstbewusste Frauen, die zu ihrem Können und ihren Erfolgen stehen. Und es ist Zeit für selbstbewusste Männer, die sich mit ihren Frauen über deren Erfolge freuen und sie nicht als Angriff auf ihre Männlichkeit interpretieren. Auch wenn man manchen vielleicht etwas auf die Sprünge helfen muss.

Darum lautet das Motto: Augen auf bei der Partnerwahl! Auch wenn uns so manches Frauenmagazin einreden will, ein Sixpack sei das oberste Qualitätsmerkmal für ein männliches Wesen, wir wissen es besser. Eine selbstbewusste Frau, die etwas kann, braucht einen selbstbewussten Mann, der etwas kann, der zufrieden und erfüllt durchs Leben geht. Der sich über sie und ihre Erfolge freut, so wie sie sich über ihn und seine Erfolge freut. Mit dem sie sich den Alltag teilt und der ihr den Rücken stärkt, so wie sie ihm den Rücken stärkt, wenn einem von ihnen der Wind rau ins Gesicht bläst.

Wer sich kleinmacht, damit sich andere besser fühlen, nimmt in Kauf, sich selbst immer schlechter zu fühlen. Einige Zeit lang kann man den Frust, die Enttäuschung, den Ärger und all die anderen negativen Gefühle darüber vielleicht ignorieren. Die einen kürzer, die anderen länger. Und irgendwann resigniert man dann. Das kann doch nicht unser Ziel sein! Oder man beginnt, dem anderen Vorwürfe zu machen, was wiederum nicht dazu beiträgt, dass sich der andere gut fühlt, für den man das Sich-selbst-Kleinmachen überhaupt in Kauf genommen hat.

Im Unterschied zu meinen beruflichen Anfangsjahren, als Unternehmen vor allem auf starke Alphatiere setzten, hat man inzwischen begriffen, dass es das gesamte Team ist, das den Erfolg ausmacht. Im Fußball, egal ob männlich oder weiblich, sichert der Stürmerstar allein keinen Sieg. Begreifen wir doch unsere Partnerschaften und Familien ebenfalls als Team. Wichtig ist außerdem, dass wir unseren Selbstwert nicht in Geld bemessen. Dann ist es nämlich völlig egal, wer mehr verdient. Eine Sichtweise, die zu verinnerlichen, Männern vielleicht etwas schwerer fällt. Allein aus der Tradition heraus. Doch sie haben schon so vieles geschafft, sie werden auch das packen. ☺

In meinem Umfeld gibt es übrigens einige Frauen, die mehr verdienen als ihre Partner, und die Männer fühlen sich dennoch nicht ihrer Männlichkeit beraubt. Zumindest habe ich nichts davon bemerkt und es hat mir auch noch keiner sein Leid geklagt. Die Paare haben es geschafft, ihre Ressourcen Zeit, Geld und Engagement gerecht aufzuteilen. Das nämlich bedeutet Partnerschaft auf Augenhöhe. Ist sich das Paar einig, dann können ihm auch etwaige Zwischenrufe von außen nichts anhaben. Für mich bedeutet das: Selbstbestimmtheit und damit auch Freiheit. Richtige Männer freuen sich und sind stolz auf ihre Frauen. Ich hoffe, dass dieses Thema spätestens in ein paar Jahren generell gar kein Thema mehr ist. Warum auch? Es hat ja auch keiner ein Problem damit, wenn der Mann mehr verdient als die Frau. In keinem Fall sollte eine Frau ihr eigenes berufliches Fortkommen um des lieben Friedens mit dem (Ehe-)Partner willen opfern. Denn der tritt dadurch ohnehin nur in den seltensten Fällen ein.

Eines darf natürlich auch nicht unerwähnt bleiben: Selbstbewusste Frauen, die zu ihrem Können und ihren Erfolgen stehen, sind auch die beste Inspirationsquelle für andere Frauen.

Wichtige Anmerkung: Hier geht es darum, eine höhere Position oder mehr Geld nur deshalb auszuschlagen, damit sich der andere nicht klein fühlt. Etwas ganz anderes ist es, wenn wir Positionen mit viel weniger Geld oder weniger Freizeit anstreben oder in eine andere Stadt ziehen wollen, also etwas planen, was den anderen unmittelbar betrifft. Das erfordert natürlich gemeinsame Entscheidungen und hat nichts mit Sich-Kleinmachen zu tun.

Nach einem Vortrag für landwirtschaftliche Betriebe werde ich von Anna zur Seite genommen. „Wir haben ein gemeinsames Bankkonto für unseren Hof“, erzählt sie mir. „Mein Mann arbeitet zusätzlich als Schichtarbeiter und hat für diese Einkünfte ein eigenes Konto. Ich stricke und batike gern und habe begonnen, meine Sachen auf

Märkten zu verkaufen. Dafür hätte ich auch gern ein eigenes Konto, aber Helmut will es mir nicht erlauben."

Schlagartig fühle ich mich in die 50er-Jahre des vergangenen Jahrhunderts zurückversetzt. Hier ist ein Mann, der seiner Frau das Recht auf finanzielle Unabhängigkeit abspricht und sie dadurch offensichtlich kleinhalten möchte. Was ich darauf antworten wollte, wusste ich sofort. Ich überlegte nur das Wie. Da fährt sie schon fort: „Ich habe mich bei der Bank erkundigt. Theoretisch wäre es möglich, dass ich ein Konto eröffne. Er muss gar nicht zustimmen."

Ich atme auf: „Ganz genau!"

„Ich will allerdings nichts hinter seinem Rücken machen", fährt sie fort und seufzt.

„Warum ist denn Ihr Mann dagegen?", will ich wissen. Darauf weiß Anna keine Antwort. Darum habe ich sie nach ihren eigenen Interessen gefragt. Die Antwort: finanzielle Unabhängigkeit, Selbstbestimmung, kein Streit mit ihrem Mann, eine harmonische Beziehung.

Die Geschichten von Olga und Anna weisen neben der Ich-mach-mich-dem-Liebsten-zuliebe-klein-Tendenz auch noch eine zweite Gemeinsamkeit auf: Beide wissen gar nicht, ob ihr Partner überhaupt so reagieren würde, wie sie befürchten, und vor allem auch nicht warum. Sie spekulieren über seine Gründe und handeln quasi in vorauseilendem Gehorsam. Frauen machen so etwas meiner Erfahrung nach gern. Sie seufzen dann zwar, nennen es aber stolz ihr unglaublich gutes Einfühlungsvermögen. Dabei können sie mit ihren Annahmen völlig danebenliegen. Wenn sie den anderen dann doch überzeugen wollen, liefern ihnen die falschen Vorwegannahmen auch noch falsche Argumente und damit laufen sie erst recht Gefahr, den anderen nicht zu überzeugen. Dadurch steigt wiederum die Gefahr, dass sie sich wundern, dass er sie nicht versteht, dass sie sich ärgern, dass sie ihn nicht überzeugen können, oder dass sie sich verletzt fühlen. Damit ist es nahezu unmöglich, eine Lösung zu finden, bei der sie ihre Interessen und möglichst auch seine Interessen unter einen Hut bringen können. Damit ist das Sich-Kleinmachen endgültig ein Schuss ins eigene Knie.

Also kann die Devise nur lauten: Wenn du den Verdacht hast, dass jemand etwas von dir verlangt, stell zuerst sicher, ob es tatsächlich der Fall ist. Wenn es etwas ist, was du nicht willst oder nicht nachvollziehen kannst, dann finde die Interessen heraus, die hinter diesem Wunsch oder dieser Aufforderung stecken. Frage nach dem Warum. Wichtige Anmerkung: Wenn dich das Warum dieser Person nicht interessiert, kannst du natürlich auch einfach „Nein!" sagen.

Interessen sind oft die Grundbedürfnisse eines Menschen (Macht, Eitelkeit, Anerkennung, Sicherheit, eigene Wichtigkeit, um nur einige zu nennen) oder auch die Vermeidung von Ängsten.

Anna sollte daher einfach fragen: „Warum bist du denn dagegen, dass ich ein eigenes Konto eröffne?"

Da sie schon zu ahnen glaubte, dass ihr Mann eine solch direkte Frage als Vorwurf auffassen könnte und erst recht mauern würde, empfahl ich ihr die indirekte Frage nach seinen Befürchtungen. Also: „Was fürchtest du, könnte passieren, wenn ich ein eigenes Konto habe?"

Damit zeigt sie ihm, dass sie ihn und seine Befürchtungen ernst nimmt und er muss mit seinen Gründen herausrücken. Kennt sie erst einmal seine Bedenken, kann sie darauf reagieren und sie ausräumen. Sind die Gründe für sie nicht nachvollziehbar oder weiß er keine zu nennen, dann kann sie auch ihre Schlüsse ziehen und entsprechend handeln. Vielleicht hakt es ja an etwas ganz anderem in der Beziehung?

In jedem Fall sollte sie ihre eigene Selbstständigkeit nicht dem „lieben Frieden" opfern. Denn der tritt dadurch ohnehin nicht ein.

Wenn du jetzt sagst: „Das ist mir zu dumm! Anna soll ein Konto eröffnen, wie ihr das als moderne Frau zusteht, und keine Rücksicht auf einen Mann nehmen, der sich so anstellt!", dann ist das dein gutes Recht. Es zeigt allerdings, dass du eine andere Gewichtung der Interessen vornimmst, als es Anna tut. Bei dir hat Selbstbestimmung in diesem Fall deutlich mehr Gewicht als Harmonie in der Beziehung mit so einer Art von Mann.

DIE MAMA, DER PAPA,
DER ÄLTERE KOLLEGE ...

Oft sind es gar nicht die Partner, sondern die Eltern, die ihren Nachwuchs lieber als kleine Kinder behalten möchten und es nicht akzeptieren können, dass ihre Töchter und Söhne erwachsen werden und auf die gleiche Augenhöhe heranwachsen. Manchmal lassen wir Kinder das aber auch nur zu gern zu. Ist es mitunter nicht doch ganz praktisch, sich in unangenehmen Situationen weiterhin hinter Mamas oder Papas breiten Rücken verstecken zu können?

Kurz nach dem Studium kaufte ich mein erstes kleines Auto und hatte das Glück, dass mich meine Eltern dabei finanziell unterstützten. Als es darum ging, mit dem Verkäufer über einen etwaigen Preisnachlass zu verhandeln, machte ich mich klein und schickte meinen Vater ins Rennen, gerade so als wäre ich nicht älter als zwölf. Ja, mehr noch, es war mir entsetzlich unangenehm, dass wir überhaupt versuchten, einen Rabatt zu bekommen. Also floh ich ans andere Ende des Verkaufsraums und tat so, als wäre ich nicht da, indem ich höchst interessiert andere Fahrzeuge inspizierte. Du merkst, dass ich jemals zur Verhandlungsexpertin werden würde, war damals noch nicht absehbar. ☺

Nun war mein Vater zwar immer froh, wenn er seiner Tochter den Weg ebnen konnte, er hatte allerdings beruflich nicht das Geringste mit Preisverhandlungen zu tun. Da ich mich so kleingemacht hatte, blieb ihm nichts anderes übrig, als es zumindest zu probieren. Das Letzte, was ich hörte, bevor ich floh, war sein unglücklicher Versuch, in die Verhandlung einzusteigen. Er tat dies mit den Worten: „Sehen Sie, ich bin Arzt ...“

Was meinst du? Ist diese Information die allerbeste, wenn man Preise drücken will? Nein, im Gegenteil. Sie ist vielleicht hilfreich, um einen Parkplatz vor dem Haus eines Patienten zu bekommen, aber doch nicht beim Autokauf! Mir wurde schlagartig klar, dass ich auf das falsche Pferd gesetzt hatte. Ich hatte mich kleingemacht und mich hinter jemandem versteckt, der es gut meinte, es aber selbst nicht konnte. Für den Verkäufer waren wir beide natürlich ein gefundenes Fressen. Das Wort Arzt bedeutete für ihn: Da ist Geld vorhanden. Wahrscheinlich hatte ihn auch die Erfahrung gelehrt, dass Ärzte zwar viele Qualitäten haben mochten, Verhandeln aber in den seltensten Fällen dazugehörte. Was mein Vater ja auch anschaulich bewies. Das Ergebnis der Geschichte? Wir zahlten den vollen Kaufpreis und bekamen nicht einmal eine Fußmatte aus Gummi als kleine Zugabe.

MEINE TIPPS, WENN DU ANDERE ÜBERZEUGEN WILLST

Mach dich nicht dadurch klein, dass du dich hinter jemandem versteckst und ihn „einfach machen lässt". Damit gibst du die Zügel aus der Hand und es nützt dir nichts, nachher zu jammern, wenn das Ergebnis nicht deinen Erwartungen entspricht. Ausnahme dieser Regel: Du bist dir absolut sicher, dass diese Person ein besseres Ergebnis erzielen wird, als du es beim besten Willen könntest. Allerdings muss dir eines bewusst sein: Wenn du jemanden anderen für dich sprechen oder handeln lässt, läufst du Gefahr, dass dir dieser Jemand die Zügel auch das nächste Mal aus der Hand nimmt, obwohl du das dann gar nicht willst. Je öfter du das zulässt, desto schwieriger ist es, sie wieder zurückzubekommen.

Das heißt natürlich nicht, dass du nicht Aufgaben delegieren kannst oder sollst. Delegieren heißt nicht, sich kleinzumachen, sondern jemand anderen eine Aufgabe ganz bewusst zu übertragen. Da das Thema so wichtig ist, besprechen wir es weiter unten noch in allen Einzelheiten.

Wenn du jemanden überzeugen willst, ist eine gute Vorbereitung deiner Verhandlung mindestens der halbe Erfolg. Du meinst, dass du keine Verhandlungen führst? Dann sollte ich dir vielleicht sagen, dass für mich jedes Gespräch, in dem zumindest ein Gesprächspartner ein Ziel im Kopf hat, eine Verhandlung ist. So gesehen ist fast jedes Gespräch eine Verhandlung. In meinem Sachbuch „Schlagfertig war gestern!"[L] findest du übrigens eine praxiserprobte Checkliste für deine Verhandlungsvorbereitung.

Überlege dir gut, was du erreichen willst. In den meisten Fällen hilft dir eine Ziellinie, Klarheit zu gewinnen und die Situation realistisch einzuschätzen. Setze dir drei Zielpunkte entlang einer Linie. Ganz rechts steht das Traumziel, das du erreichen kannst, wenn alles ganz besonders gut läuft und du einen besonders guten Tag erwischt hast. Das Traumziel muss aber auch gerade noch realistisch sein. Ganz links auf der Linie befindet sich deine Schmerzgrenze. Das ist der Punkt, den du keinesfalls unterschreiten willst und wirst. Und irgendwo dazwischen ist dein realistisches Ziel, das du wirklich anstrebst.

Ziellinie

Schmerzgrenze   realistisches (gerade noch realistisches)
                                Ziel   Traumziel

Zeichne deine Ziellinie am besten vorher auf, damit du sie immer vor deinem geistigen Auge präsent hast. Steure in der Verhandlung zuerst dein gerade noch realistisches Traumziel an, vielleicht klappt es ja und du erreichst das Bestmögliche. Und falls nicht, hat du Spielraum zum Nachgeben.

Da bei einem Kleinwagen die Spannen der Verkäufer in der Regel nicht allzu groß sind, hätte bei meinem Autokauf die Ziellinie in etwa so lauten können:

Schmerzgrenze: Wir kaufen zum geforderten Preis.

Realistisches Ziel: drei Prozent Rabatt bei Barzahlung oder eine Zusatzleistung, wie zum Beispiel ein kostenloses Reifenset.

Gerade noch realistisches Traumziel: fünf Prozent Rabatt.

Statt „Ich bin Arzt" hätte der erste Satz der Verhandlung also besser gelautet: „Wenn Sie mir fünf Prozent nachlassen, zahle ich bar."

WENN DU DICH NICHT FREIWILLIG KLEINMACHST, SONDERN KLEINGEMACHT WERDEN SOLLST

Es kann natürlich sein, dass du dich gar nichts selbst kleinmachst, sondern dass dich andere kleinhalten wollen. So wie meine frühere Arbeitskollegin Ulla. Immer wenn sie den Versuch unternahm, von zu Hause auszuziehen, bekam ihre Mutter schlagartig gesundheitliche Probleme und brauchte ihre Hilfe. Also wohnte Ulla mit 27 noch im Kinderzimmer, dabei war ihre Mutter nicht einmal 50. Wie lange, fragte ich sie, soll denn das noch so weitergehen?

Lilly wurde noch mit Anfang 30 einmal die Woche von ihrem dominanten Vater „einbestellt", wie sie es nannte. Sie musste ihm erzählen, was sich alles ereignet hatte, und bekam Lob, Tadel und gute Ratschläge mit auf den Weg. Natürlich setzte sie sich mehrmals zur Wehr und bat ihn, sie wie eine Erwachsene zu behandeln. Das endete meist damit, dass sie in Tränen ausbrach, die Tür zuknallte und den nächsten Termin ausfallen ließ, bevor sie dann doch wieder hinstiefelte.

Ich habe sowohl Ulla als auch Lilly nach dem Warum gefragt. Warum lässt du dich so kleinmachen? Und bekam ähnlich Antworten: „Meine Eltern haben so viel für mich getan." „Meine Mutter hat den Beruf für mich aufgegeben." „Mein Vater hat meine Ausbildung bezahlt."

Das war sehr lieb von ihnen, aber auch einfach ihre Aufgabe als Eltern. Darum haben sie Dankbarkeit verdient. Das bedeutet jedoch nicht, dass wir ihnen unser Leben opfern müssen. Also sagt „Danke", seid nett zu euren Eltern und sorgt dafür, dass sie in guten Händen sind, wenn sie alt und gebrechlich sind und allein nicht mehr zurechtkommen. Und nein, du brauchst kein schlechtes Gewissen zu haben, wenn du die tägliche Betreuung und Pflege nicht selbst übernimmst.

Lilly hat sich ihrem Vater gegenüber immer noch so verhalten, als wäre sie in der Pubertät und seiner erzieherischen Macht ausgeliefert.

Auch wenn es uns bei dominanten Elternteilen besonders schwerfällt: Wenn wir als Erwachsene behandelt werden wollen, dann müssen wir uns auch wie Erwachsene benehmen. Sagen wir „Nein" und stehen dazu. Herumheulen, Türenschlagen und Trotzreaktionen passen zu einer 14-Jährigen. Solange wir uns wie eine Jugendliche benehmen, brauchen wir uns nicht zu wundern, dass wir auch wie eine behandelt werden.

NUR SO TUN, ALS WÄRE MAN KLEIN

Nach den vielen Gründen, warum wir uns davor hüten sollten, uns kleinzumachen oder kleingemacht zu werden, kommt nun die Ausnahme von der Regel: Manchmal ist es nämlich gar nicht schlecht, sich bewusst kleiner zu geben, als man ist. Für eine kurze Zeitspanne. Mit einem klaren Ziel vor Augen. Damit komme ich zu einem Phänomen, mit dem du sicher auch schon Bekanntschaft gemacht hast:

Männer lieben es, einer Frau die Welt zu erklären

Zumindest viele Männer. Spannenderweise gilt das nicht nur für Deutschland, Österreich und die Schweiz, nein, das ist ein weltweites Phänomen. Wie du weißt, habe ich in vielen Teilen der Welt Gespräche und Verhandlungen geführt. Egal ob in China, in Ägypten oder in Peru, überall fanden sich Männer, die mich belehrten oder mir Dinge erklärten, nach denen ich nicht gefragt hatte. Inzwischen haben Amerikanerinnen dafür sogar einen Fachbegriff erfunden, sie nennen es *Mansplaining*. Als ich eine junge Frau war, hat es mich unglaublich genervt. Da ich mit den Jahren gelernt habe, die ungebetenen Erklärungen zu meinem Vorteil zu nutzen, kann es sein, dass es mich heutzutage manchmal sogar amüsiert. Da kann es durchaus vorkommen, dass ich mich absichtlich (ein wenig) unerfahrener, uninformierter, harmloser gebe, als ich in Wirklichkeit bin. Da man mir dadurch noch viel lieber die Welt erklärt, erfahre ich damit vieles, was für meine Verhandlungen extrem nützlich sein kann. ☺

Mich absichtlich kleinzumachen nützt mir auch, wenn mich jemand zu einem Zugeständnis oder einer Entscheidung drängen will. Dann habe ich keine Skrupel, mich einfach hinter meinem abwesenden Partner zu verstecken. Wenn ein aufdringlicher Verkäufer mein „Nein" nicht gelten lassen will und weiter auf mich einredet, freue ich mich, ihn mit den Worten „Da muss ich zuerst meinen Mann fragen" abzuwimmeln. Es ist schon bemerkenswert, für wie viele Leute es auch heute noch selbstverständlich ist, dass eine Frau allein keine Entscheidung fällen kann. Also nehmen alle hin, dass der Herr Gemahl das letzte Wort hat, und lassen mich in Ruhe. Ich habe den Satz sogar in der Zeit ausgesprochen, als ich Witwe war und gar keinen Mann hatte, den ich fragen hätte können. ☺ Meine Ruhe hatte ich trotzdem.

Achtung bitte im beruflichen Bereich: Natürlich kannst du einem Geschäftspartner erklären, dass du zuerst noch deinen Chef fragen musst, bevor du eine Entscheidung treffen kannst. Das ist vor allem dann richtig, wenn es tatsächlich der Fall ist oder wenn du Zeit gewinnen willst. Aber Vorsicht: Sagst du das zu oft, riskierst du, dass man dich als Gesprächspartnerin nicht mehr ernst nimmt und darauf besteht, künftig mit dem Chef direkt zu verhandeln.

Warum Männer Frauen so gern die Welt erklären

Ich habe mir so meine Gedanken zu diesem Thema gemacht und bin zu folgenden Schlüssen gekommen. Diese Liste kannst du gern ergänzen, je nachdem, welche Erfahrungen du persönlich gemacht hast:

- Mann will beweisen, dass er klüger, erfahrener, gewiefter ... ist als ich.

- Mann will mir imponieren und überschlägt sich geradezu dabei, mir seine Heldentaten näherzubringen.

- Mann will mir etwas Gutes tun und meint, es sei meine größte Freude, mich an seinem Wissen teilhaben zu lassen.

- Mann hält mich für weniger gefährlich als einen Mann. Er lässt daher mir gegenüber Deckung und Visier fallen.

- Mann glaubt ernsthaft, dass er mir damit hilft, wenn ich über ein Problem nachdenken oder diskutieren will und er mir seine vorgefertigte Lösung präsentiert.

- Mann sieht sich mit mir in keinem Wettkampf. Wir spielen nicht: Wer ist der Schönste, wer ist der Schlauste, wer hat den größten ... Oberarm ... du weißt, was ich meine. ☺

Was ich mache, wenn mir einer die Welt erklären will

Wenn ein Mann von sich aus zu dozieren beginnt, dann höre ich zu und sammle Munition, sprich Wissen und Argumente, die mir und meiner Sache nützen. Oft ermutige ich auch dazu, indem ich besonders lieb lächle und interessiert Fragen stelle: „Wie geht denn das?", „Wie machen Sie denn das?", „Was haben Sie, als Fachmann, damit für Erfahrungen?"

Damit habe ich oft Tür und Tor für eine Vielzahl an Erläuterungen geöffnet. Später im Büro konnten es meine männlichen Kollegen gar nicht fassen: „Wieso weißt du denn das alles? Wie kommst du an diese Insiderinformationen?"

Männer tun sich viel schwerer damit, sich unwissender zu geben, als sie sind. Im Gegenteil, sie neigen dazu, zu bluffen und vorzugeben, sie wüssten alles, auch wenn sie in Wahrheit keine Ahnung haben.

Was du tun kannst, wenn Mann dir ungefragt die Welt erklärt

Wenn dir männliche Geschäftspartner mehr erzählen als deinen männlichen Kollegen, dann freue dich. Höre gut zu und verwerte die Informationen zu deinem Vorteil. Stell gegebenenfalls passende Fragen. Damit signalisierst du Interesse und spornst ihn an, dir noch mehr zu verraten. Du kannst natürlich innerlich denken: „Glaubt der, ich bin blöd? So gescheit wie der bin ich noch lang!", aber lass es ihn nicht merken. Nicht, solange seine Ausführungen dir oder deinem Unternehmen einen Vorteil bringen.

Glaub mir, dieses Vorgehen ist in vielen Fällen bei Weitem sinnvoller und auch lustiger, als sich darüber zu ärgern oder seine Worte zurückzuweisen. Solltest du allerdings an ein Exemplar geraten, das dir die Welt erklären will, dessen Ausführungen für dich und deine Ziele jedoch keine Bedeutung haben, dann brauchst du dir das natürlich nicht anzuhören. Dann kannst du selbstverständlich das Thema wechseln und, wenn es dir richtig erscheint, auch sagen, dass dich seine Ausführungen nicht interessieren. Oder besser noch: Du überlegst dir, warum du überhaupt noch mit ihm sprichst und lässt es gegebenenfalls bleiben.

Carla ist Diplomingenieurin mit einem eigenen technischen Büro. Die meisten ihrer Mitarbeiter sind junge Männer, die ebenfalls ein technisches Studium abgeschlossen haben.

„Ich stelle mich in Verhandlungen gern naiv", erklärt sie mir in einem Seminar, „und frage meine Geschäftspartner nach ihrer Strategie oder wie sie dieses oder jenes handhaben. Dadurch habe ich in der Vergangenheit bereits viel Nützliches erfahren. Dummerweise meldet sich in letzter Zeit meist einer meiner eigenen Leute zu Wort, um meine Frage zu beantworten, und zerstört meine Taktik."

Wie ich diese Situation sehe? Natürlich ist es für einen Mitarbeiter, aber auch eine Mitarbeiterin kaum zu ertragen, wenn man das Gefühl haben muss, die eigene Chefin sei inkompetent. Dann springt man gern in die Bresche, um die peinliche Situation wieder auszumerzen und um zu beweisen: „Sehen Sie her, in unserer Firma gibt es auch Leute, die sich auskennen!" Die Mitarbeiter glauben, damit nicht nur im eigenen Interesse, sondern auch im Sinne des Unternehmens und nicht zuletzt in dem der Chefin gehandelt zu haben. Carlas Problem liegt in der mangelhaften Vorbereitung. Daher hier:

Meine Tipps für absichtliche Dummstellerinnen

Wenn du mit einem Team in eine Verhandlung gehst, dann ist es nicht nur wichtig, dass alle Teammitglieder die Interessen und Ziele kennen, sondern auch in die Strategie der Verhandlungsführerin eingeweiht sind. Carla sollte daher in Zukunft ihren Leuten nahelegen: „Wenn ich unserem Gegenüber Fragen stelle, dann habe ich dafür einen guten Grund. Daher schweigen Sie bitte und lassen ausschließlich mich und unseren Gesprächspartner reden."

Achte gut darauf, dass du mit dem Dummstellen wirklich deine angestrebten Ziele erreichst. Dass du also die richtigen Fragen stellst und es die richtigen Gelegenheiten sind, in denen du dein eigenes Wissen nicht offenlegst. Denn wer sich zu oft und bei zu banalen Dingen dumm stellt, läuft Gefahr, nicht mehr als kompetente Gesprächspartnerin betrachtet zu werden. Und das schadet dir mehr, als dir das andere nützt.

DU ERLEDIGST ALLES SELBST? DU MACHST ALLES ALLEIN? DAS IST SCHÖN BLÖD

DU ERLEDIGST ALLES SELBST? DU MACHST ALLES ALLEIN? DAS IST SCHÖN BLÖD

Kennst du jede Menge Gründe, warum es keinen Sinn macht, Tätigkeiten zu delegieren? Allein der Gedanke, dass dich ein Mentor auf dem Weg nach oben unterstützen könnte, ist dir fremd? Hast du keine Ahnung, was ein Netzwerk eigentlich sein soll? Denkst du, um Hilfe zu bitten, sei etwas für Weicheier und Weicheierinnen? ☺ Ja, vielleicht bist du sogar so jemand, der anderen Arbeiten aus der Hand nimmt und sagt: „Gib her, ich erledige das ruck, zuck!"? Gehörst du zu den Menschen, die am liebsten alles allein machen wollen? Da drängt sich mir die Frage auf: Warum denkst du denn so? Warum machst du denn das?

Im Kindergarten finden wir sie reihenweise: die Kleinen, die vehement fordern, alles allein machen zu dürfen. Schuhe zubinden? Ich, allein! Hände waschen? Ich, allein! Das ist gut, das ist klug, das hilft uns als Kind, Dinge zu lernen und immer selbstständiger zu werden. Natürlich brauchen wir zumindest in der ersten Zeit Anleitung, Schutz und Führung, aber **wenn wir uns selbst etwas zutrauen, dann trauen uns auch andere etwas zu.** So wachsen wir. So lernen wir. So werden wir erwachsen. Irgendwo und irgendwann auf unserem weiteren Lebensweg bemerken wir dann meist, dass es gar nicht so gescheit ist, alles selbst und allein machen zu wollen. Dass es oft sinnvoller oder einfacher ist, uns Hilfe oder Unterstützung zu holen oder etwas überhaupt jemand anderen machen zu lassen. Und dass einem die Unterstützung eines Mentors oder einer Mentorin den Weg erheblich erleichtern kann.

WAS, BITTE, IST DENN EIN MENTOR?

Ein Mentor ist ein Mensch, männlich oder weiblich, von dem du etwas lernen kannst, der dich fördert, aber auch fordert. Meist sind berufliche Mentoren älter als wir und haben bereits eine höhere Position erreicht. Ein Mentor hilft dir zum Beispiel dabei, herauszufinden, was in dir steckt, vielleicht wird er dich etwas lehren, dich ermutigen, dir aber auch den Kopf zurechtrücken. Er kann dir die Hand reichen, wenn du Hilfe brauchst, und dir manchmal mehr zutrauen als du dir selbst. Früher waren Mentoren eher Männer, einfach deshalb, weil mehr Männer in guten Positionen saßen, heute sind es auch zunehmend Frauen. Wann immer es dir möglich ist, sei auch selbst Mentorin für andere. Lass dir nicht einreden, dass Frauen keine Frauen unterstützen und sei selbst ein leuchtendes Beispiel für das Gegenteil.

Ich hatte das Glück, mehrere Mentoren zu haben. Zum einen meinen Vater, zum anderen einige meiner Vorgesetzten. Das Spannende ist, dass nicht jedem Mentor auch bewusst war, dass er ein Mentor war. Ja, mehr noch: Mindestens einer meiner Mentoren hätte sich mit Händen und Füßen gegen diese Bezeichnung gewehrt. Er hielt sich für einen knallharten Businessman und hätte das Ansinnen, er könnte ein Mentor sein, als Psychokram abgetan. Als ich einmal in einem anderen Zusammenhang sagte, wie sehr mir gefiele, dass er so sozial denke, hätte er mir fast den Kopf abgebissen. Also: Nicht jeder Mentor muss auch wissen, dass er einer ist, oder einer sein wollen. Er muss nur entsprechend agieren, an dich glauben, dich auf deinem Weg begleiten und bestenfalls auch mal ein Hindernis aus dem Weg räumen. Mit etwas Glück zählen auch deine Vorgesetzten zu deinen Mentoren. So wie es bei der Marketingexpertin Katja Kienzl der Fall war. Als ihr Chef befördert wurde, schlug er sie als seine Nachfolgerin vor. Sie befürchtete, dass ihr die Schuhe, in die sie steigen sollte, doch noch eine Nummer zu groß waren, und zögerte. „Vertraust du mir als Führungskraft?", fragte er sie da. „Ich traue dir die Aufgabe zu. Überlege dir, warum das so ist."

„Dieser Satz hat mir geholfen", ist Katja heute noch dankbar, „mich meiner Stärken bewusst zu werden, mich darauf zu fokussieren und dennoch mit all meinen Schwächen authentisch zu bleiben."

Damit ihr nicht denkt, ich hätte nur fördernde und mich (im positiven Sinne) fordernde Vorgesetzte gehabt, ich hatte auch das krasse Gegenteil. Nennen wir diesen Mann Heinrich, nicht weil er so hieß, sondern weil mir vor ihm graute. ☺ Auch er hat mich geprägt. Ich habe gelernt, dass es nichts nützt, nur die Lieben daheim anzujammern und sich selbst zu bedauern. Man muss aktiv werden und einen Weg suchen, mit schwierigen Chefs umzugehen oder um sie herumzugehen. Ich erzähle dir von Heinrich, damit du erkennst, was es nicht alles geben kann, und damit du vielleicht ein wenig mehr zu schätzen weißt, was du an deinem eigenen Chef oder deiner Chefin hast. ☺ Außerdem klingt rückblickend alles witzig und originell, auch wenn unsere vierjährige Zusammenarbeit alles andere als witzig war.

Heinrich, der Anti-Mentor

Das erste Pech war, dass Heinrich mich nicht selbst ausgesucht hatte und mich daher von vornherein nicht haben wollte. Er hatte einen männlichen Bewerber favorisiert, der allerdings das Kunststück fertigbrachte, sich noch vor seinem ersten Arbeitstag mit der

Firmenleitung zu zerstreiten. Heinrich mochte keine Frauen. Er hielt mit seiner festen Überzeugung nicht hinterm Berg, dass Frauen allein deshalb auf der Welt wären, um Männer auszunutzen und zu unterdrücken. „Heutzutage", so dozierte er, „ist die am meisten diskriminierte Gruppe der Menschen die der weißen Männer."

Kam ich mit einem fachlichen Problem zu ihm oder stellte ich ihm eine rechtliche Frage, so drückte er mir dicke Wälzer in die Hand und sagte: „Sehen Sie selbst nach!" Er korrigierte meine E-Mails mit roter Tinte und unterstellte mir, die ich damals schon erfolgreich Bücher schrieb, eine *primitivisierte* Sprache, was immer das heißen sollte – jetzt im Nachhinein denke ich, er tat es um des Kränkens willen. Gern setzte er seinen Namen unter meine Arbeit. Zur Krönung von allem fragte er mich am ersten Arbeitstag nach der Beerdigung meines Mannes: „Haben Sie Ihr Privatleben jetzt in Ordnung gebracht?"

Ja, der gute Heinrich war ein ... äh ... Sympathieträger. Auch wenn er sie mir manchmal verleidete, so liebte ich meine Arbeit und ich wollte im Unternehmen bleiben. Zuerst versuchte ich mit Heinrich zu reden, dann litt ich eine Zeit lang still und fürchtete mich vor jedem Zusammentreffen. Doch ich blieb nicht untätig. Während all der Zeit sorgte ich dafür, mir einen Namen zu machen. Ich arbeitete nicht nur gut, hart und viel, ich bildete mich auch weiter. Etwas, das Heinrich gar nicht guthieß. Es war mit der Zeit unübersehbar, dass zwischen ihm und mir nicht alles eitel Sonnenschein war, doch ich beklagte mich nicht, na ja, oder nur unterschwellig. Ich wusste, bei diesem Management musste ich andere Maßnahmen ergreifen, um mein Ziel, Karriere zu machen und von Heinrich wegzukommen, zu erreichen. Also sorgte ich dafür, dass mich jeder Entscheidungsträger kannte und schätzte. Ich war es, die sich traute, in die Welt hinauszufahren, um dort rechtliche Verhandlungen zu führen, statt alles externen Rechtsanwälten zu übertragen. Ich war die, die sich Lösungen für knifflige Probleme ausdachte und dabei oft über den Tellerrand blickte. Ich war die, die zahlreiche spannende Anekdoten aus dem Kreis der viel reisenden Kollegen zusammensammelte und eine originelle Unternehmenszeitung herausgab. Ich organisierte

Firmenfeiern wie das „Pferderennen in Ascot", bei der wir nicht nur den schicksten Hut prämierten, sondern auch Zweierteams auf Steckenpferden als Ross und Reiter im Kreis galoppieren und die anderen auf Siege wetten ließen. Kurz: Ich tat alles, was ich gut kann und gern tue, nämlich mir ungewöhnliche Dinge auszudenken, sie zu organisieren und mich zu freuen, wenn sich alle amüsieren – dadurch rief ich Kikeriki. Und zwar laut. Als Heinrich eines Tages den Bogen überspannte, nutzte ich meine Kontakte nach oben. Ich war nicht nur eine wertvolle Mitarbeiterin, ich hatte auch dafür gesorgt, dass jeder das wusste. Wie die Geschichte ausging? Man gründete eine neue Abteilung und ernannte mich zur Leiterin.

Was ich aus den vier schwierigen Jahren unter Heinrich mitnahm

- Behalte dein Ziel im Auge und gehe alle nötigen Schritte, um es zu erreichen.

- Suche dir Verbündete und Mentoren.

- Mache das, was du gut kannst, und sorge dafür, dass alle wichtigen Personen davon erfahren.

- Fall auf – natürlich nur im positiven Sinn.

- Wenn du Schwierigkeiten nicht aus dem Weg räumen kannst, finde einen Weg um sie herum.

- Geh, wie es so schön heißt, die Extrameile. Also mach etwas, das über das hinausgeht, was man von dir verlangt. So machst du auf dich aufmerksam und es macht auch noch richtig Spaß.

Freiheit bedeutet, dass man nicht unbedingt alles so machen muss wie andere Menschen.

Astrid Lindgren,
eine der berühmtesten Kinderbuchautorinnen

Da ich stets mehrere Berufe gleichzeitig hatte und mir darüber hinaus immer wieder noch etwas Neues einfiel, was ich zusätzlich machen wollte, bin ich mit den Jahren zu einer großen Meisterin im Delegieren geworden. Ich konzentriere mich nämlich lieber auf meine, wie es so schön heißt, Kernkompetenzen. Dazu später mehr. Weil ich also kein Problem damit habe, zu delegieren, habe ich mich bei meinen Seminarteilnehmerinnen umgehört, denen das bei Weitem schwerer fällt, und stelle dir im nächsten Abschnitt eine Reihe ihrer Aussagen vor. Entscheide, ob eine davon auch gut zu dir passt. Vielleicht sind es aber auch mehrere? Wenn du vor einem Buch aus Papier sitzt, macht es dir vielleicht Spaß, mit deinem Stift die richtigen Antworten anzukreuzen.

DU ERLEDIGST LIEBER ALLES SELBST, ALS JEMAND ANDEREN DARUM ZU BITTEN? WARUM IST DAS SO?

„Sei stark genug, um unabhängig zu bleiben.
Sei klug genug, um zu erkennen,
wann du Hilfe brauchst.
Sei weise genug, um darum zu bitten."

gefunden auf Karrierebibel.de

Machst du auch dann etwas selbst, wenn du eigentlich gar keine Zeit dafür hast, die Aufgabe verabscheust oder sie ein anderer besser oder zumindest ebenso gut erledigen könnte? Dann stimmst du wahrscheinlich zumindest einer der folgenden Aussagen zu, die ich von Seminarteilnehmerinnen gesammelt habe:

Du fürchtest, dass sonst alles noch viel länger dauert

„Bis ich das jemandem erklärt habe, habe ich es längst selbst erledigt!", höre ich dich sagen. Oder gar: „Ich habe nicht die Zeit, mir zu überlegen, wen ich um Hilfe bitten könnte." Oder auch: „Ich bin einfach flotter als die anderen. Bis der noch überlegt, wie es gehen könnte, habe ich es schon fix erledigt."

Du fürchtest dich vorm falschen Pferd

Du sagst: „Was mache ich, wenn ich etwas an eine Person delegiert habe und die dann Fehler macht? Was, wenn ich lange nacharbeiten muss, um den Fehler auszubügeln?"

Oder du fürchtest, was die anderen denken könnten, wenn du delegierst: „Am Ende hält mich noch jemand für faul, schwach oder inkompetent." Oder aber auch: „Wenn ich zugebe, dass ich Hilfe brauche, sinke ich in ihrem Ansehen."

Du fürchtest, dass dir das selbst, auf die eine oder andere Weise, schaden könnte: „Am Ende macht es der andere besser als ich und ich bin meinen Job los!", „Wenn ich alles selbst mache, dann bin ich unersetzbar!", „Ich will nicht, dass der andere einen zu tiefen Einblick in meinen Arbeitsbereich gewinnt." Oder: „Um Himmels willen, vielleicht kommt er meinen Fehlern aus der Vergangenheit auf die Schliche! Das will ich nicht riskieren."

Du fürchtest, der Preis könnte zu heiß werden

„Wenn ich jemanden um Hilfe bitte, dann wird er auch von mir einen Gefallen erwarten. Was mache ich, wenn das eine Aufgabe ist, die ich noch weniger leiden kann als diese hier? Das Risiko ist mir zu hoch", denkst du. Oder auch: „Vielleicht verlangt er etwas von mir, was ich nicht kann?" Oder für viele ganz schlimm: „Am Ende muss ich vielleicht auch noch dankbar sein!"

Wie viele Kreuze hast du gemacht? Bist du überrascht?

Was wir vom Kindergarten lernen können

Das sind ganz schön triftige Gründe, kein Wunder, dass sich viele von uns scheuen, Hilfe anzunehmen. Oder mehr noch, überhaupt erst um Hilfe zu bitten oder diese gar einzufordern. Darum ist es mir wichtig, dir nun eine andere Frage zu stellen:

Was passiert, wenn du dem Kindergartenkind alles aus der Hand nimmst und selbst erledigst?

Stell dir vor, du bindest ihm die Schuhe, erledigst seine Malaufgaben, räumst sein Zimmer auf und spielst an seiner Stelle auf der Blockflöte. Schließlich kannst du das alles besser, schaffst es in kürzerer Zeit und machst viel weniger Fehler. Du kommst zwar kaum zu deiner eigenen Arbeit, aber dafür bleibst du unersetzbar. Und zwar für lange, lange, lange Zeit.

Eine schreckliche Vorstellung, nicht wahr?

Oder nehmen wir ein anderes Beispiel: Stell dir vor, du bekommst eine neue Vorgesetzte. Diese Frau erledigt alles selbst, sie arbeitet bis in die Nacht hinein. Sie besucht alle Meetings, in denen deine Abteilung vertreten sein muss, allein. Sie fragt weder um deine Meinung, deinen Rat noch um deine Unterstützung. Sie lässt nur irgendwelche Hilfsdienste für dich übrig und nimmt dir diese im Vorbeigehen auch noch weg, weil sie sie dann doch lieber rasch selbst erledigen will.

Ebenfalls eine schreckliche Vorstellung, oder etwa nicht?

Weil alle guten Bespiele drei sind: Stell dir bitte vor, du machst alles selbst. Du putzt deinen Kindern die Zähne, das Haus, die Garage, das Auto, deinen Arbeitsplatz. Im Büro entwirfst und tippst du alle E-Mails, Protokolle und Berichte ganz allein, stehst Stunden beim Kopierer, nimmst an allen Meetings teil, bringst Briefe und Pakete zur Post, erledigst die Ablage, übernimmst den Telefondienst, entwirfst das neue Logo und reparierst deinen PC. Und die der Kollegen auch gleich dazu. Du bist tüchtig und wünschst dir, dein Tag hätte 30 Stunden. Hat er aber nicht. Wozu bist du wieder nicht gekommen? Zu den wirklich wichtigen Dingen deines (!) Lebens.

HILFE HOLEN ODER SELBST ERLEDIGEN?
– EINE GENERELLE ENTSCHEIDUNGSHILFE

Was du für diese Entscheidungshilfe brauchst

Ein paar ruhige Stunden – wie wäre es mit einem Tag oder einem Wochenende?

Einen Wald oder ein anderes schönes Stück Natur, in dem du dich so bewegen kannst, wie du das gern möchtest. Du kannst natürlich auch sitzen oder liegen, wenn das deine Lieblingsposition ist, aber vielleicht probierst du ja mal etwas Neues aus. ☺

Du kannst allein oder mit einer Person deines Vertrauens zusammen sein, die die richtigen Fragen stellt, ohne dich in eine bestimmte Richtung schieben zu wollen.

Und: Papier und Stift.

Frage dich als Erstes:
Was ist mir in meinem Leben wirklich wichtig?

- Was ist mir wichtig in meiner Beziehung?
- Was ist mir wichtig für meine Kinder?
- Was ist mir wichtig für mich, meine Gesundheit und Lebensfreude?
- Was ist mir wichtig in meinem Beruf?
- Was ist mir wichtig in Bezug auf meine Freunde, meine Eltern, meine sonst noch wichtigen Menschen oder Tiere?
- Was ist mir wichtig für mein Haus, Wohnung, Zimmer?
- Was ist mir wichtig bei … den weiteren dir wichtigen Bereichen?
- Was sind daher meine Ziele zu den einzelnen Themen?
- Was will ich erreichen? In einer Woche/ einem Jahr/fünf Jahren/…?

„Wie bitte?", wirst du jetzt vielleicht einwenden. „Muss ich tatsächlich so einen großen Aufwand betreiben, nur damit ich entscheiden kann, ob ich ein Meeting selbst besuche oder einen Kollegen hinschicke?"

Die Antwort lautet schlicht und einfach: „Ja."

Warum es den Aufwand allemal wert ist

In der Hektik des Alltags beschäftigen wir uns viel zu selten mit diesen Fragen. Dabei gehören sie doch zu den wichtigsten Fragen, die wir uns überhaupt stellen können. Sie bringen uns die Antworten, die wir unbedingt kennen sollten. Schließlich geht es um unser Leben. Wir haben höchstwahrscheinlich nur eines.

Wenn du nicht weißt, was für dich selbst wichtig ist, rennst du Dingen hinterher, die anderen wichtig sind, und merkst es nicht einmal.

Wenn du dir keine Ziele setzt, erfüllst du Ziele, die dir andere setzen, oder die sich einfach so ergeben. Diese Ziele führen dich höchst selten dorthin, wo du hingegangen wärst, hättest du dich selbst bewusst entschieden.

Das Leben ist ein Fluss und auch wir selbst befinden uns im steten Wandel. Was dir mit 20 lebenswichtig erscheint, kann mit 30 viel an Bedeutung verloren haben. Und mit 50 erinnerst du dich nicht einmal mehr daran. Darum ist es gut, wenn du die Antworten, die du dir heute auf die genannten Fragen gibst, von Zeit zu Zeit kontrollierst und gegebenenfalls anpasst oder neu gibst.

Wenn du erst einmal weißt, was dir wichtig ist und wo deine Ziele liegen, kannst du viel leichter entscheiden, was du selbst machst, wo du dir Hilfe holst und was du delegierst. Es wird dir nicht mehr schwerfallen, die richtigen Prioritäten zu setzen.

NACH WELCHEN KRITERIEN DU DICH AM BESTEN ENTSCHEIDEST

Selbst erledigen

1. Alles, was dir wirklich wichtig ist, mach, wenn möglich, selbst. Außer jemand anderes kann es besser **UND** dir ist nicht das Erledigen der Aufgabe selbst wichtig, sondern das Endergebnis.

2. Alles das, was zu deinen unmittelbaren Aufgaben gehört, für die du im Unternehmen zuständig bist, mach selbst.

3. Alles das, was dich dadurch deinen Zielen näherbringt, dass du es selbst machst, mach selbst. Wenn du Trompete spielen können willst, musst du selbst üben.

4. Alles das, was wirklich nur du kannst, mach selbst. Du kannst dich natürlich fragen, ob es überhaupt gemacht werden muss und es gegebenenfalls auch bleiben lassen. **Nicht alles, was man kann, muss man auch tun.**

Das ist eine Tatsache, die ich selbst erst vor Kurzem begriffen habe. Seit ich ein junges Mädchen war, sind meine Ideen, Reden und Spiele bei Festen und Veranstaltungen beliebt. Daher habe ich mir über Jahrzehnte mit Begeisterung den Kopf darüber zerbrochen, was ich an Originellem zur jeweiligen Programmgestaltung beitragen könnte. Allerdings tat ich das auch dann noch, als es mir, zumindest bei bestimmten Anlässen, schon längst keine Freude mehr machte. Ich hielt es für meine Pflicht, das, was ich gut kann, auch zu tun. Meine Devise hieß: Ich darf meine Talente nicht vergeuden.

Inzwischen habe ich festgestellt, dass es auch hier auf mein Ziel ankommt. Früher war mein Ziel: Ich möchte anderen eine Freude bereiten und als originelle Rednerin oder Programmgestalterin wahrgenommen und be- und anerkannt werden. Außerdem machte es mir Spaß, vorzutragen, Leute zum Lachen zu bringen und für meine Originalität gelobt zu werden. Heute lautet mein Ziel meist: Ich möchte meine Zeit lieber anderen Aufga- ben widmen und Freude machen kann ich auch auf andere, weniger zeit- und nervenaufwendige Art. Also gebe ich mir die Erlaubnis und sage guten Gewissens öfter „Nein".

5. Alles, was du wirklich gern machst, was dir Freude und Energie bringt, mach selbst.

Hilfe holen

Für alles andere suche dir Hilfe.

Auch bezahlte Hilfe kann eine gute Entscheidung sein, wenn du dafür die Zeit, die du dadurch gewinnst, für Wichtiges nutzen kannst. Wäge den Betrag ab, den du zu bezahlen hast, gegen den Betrag, den du dadurch gewinnst. Wenn du durch eine Überstunde im Büro mehr bekommst als die Frau, die statt dir die Wäsche bügelt, dann engagier diese Bügelhilfe oder bring die Wäsche zur Wäscherei. Es sei denn, selbst gebügelte Wäsche gehört zu den wichtigsten Dingen in deinem Leben (Wichtiges) oder du willst im kommenden Jahr den internationalen Bügelwettbewerb gewinnen und musst üben (Ziel) oder bügeln bringt dir Freude und Energie.

DU ERLEDIGST LIEBER ALLES SELBST, ALS JEMAND ANDEREN DARUM ZU BITTEN? HINTERFRAGEN WIR DEINE GRÜNDE

Hast du deine Gründe, dir keine Hilfe zu holen, angekreuzt? Großartig. Dann sehen wir sie uns jetzt noch einmal an und überprüfen gemeinsam, ob sie tatsächlich so stichhaltig sind, wie sie dir auf den ersten Blick erscheinen.

Du fürchtest, dass dann alles viel länger dauert

Zu Recht. Und gleichzeitig auch völlig zu Unrecht.

Es kommt darauf an, wen du dir zu Hilfe holst. Fragst du einen Profi und du bist selbst keiner, dann wird der Profi schneller sein als du. Plakative Beispiele gefällig? Ein Mechaniker hat deine Waschmaschine schneller und besser repariert, als du es könntest. Eine Chirurgin deinen Blinddarm schneller und fachkundiger entfernt. Und du hast zudem deine Chancen erhöht, auch nach der Operation noch zu leben. ☺

Außerdem kommt es darauf an, wie langfristig du denkst.

Natürlich hast du eine Aufgabe schneller erledigt, wenn du Erfahrung hast und die andere Person noch keine. Natürlich hast du die Schuhe schneller zugebunden. Doch wie soll dein Kind es je können, wenn du ihm keine Chance gibst, es zu lernen? Lernen kann es nur, wenn es merkt, dass du ihm das zutraust. Wenn du das Kind selbst machen lässt und akzeptierst, dass es langsamer ist, etwas vielleicht anders macht als du oder scheitert. Genauso ist es mit Kollegen und Mitarbeiterinnen. Wenn sie bei einer Aufgabe noch unerfahren sind, wird es eine Zeit dauern, bis du es ihnen erklärt hast. Und sie werden anfangs länger brauchen. Das ist eine Tatsache und damit musst du rechnen. Doch diese Zeit ist gut investiert. Je öfter sie etwas machen, desto kürzer werden deine Erklärungen in Zukunft sein müssen und desto schneller werden sie etwas erledigen. Die Zeit der Einschulung ist also eine Investition in die Zukunft des

Kollegen, aber auch in deine eigene. Wenn er es künftig kann, dann kannst du dich anderen Aufgaben widmen, die dir wichtiger sind, und sparst Zeit. Ganz abgesehen davon, dass es im Sinne deines Unternehmens ist, Kolleginnen und Mitarbeiter bestmöglich einzuschulen.

Du fürchtest dich vorm falschen Pferd

Zu Recht. Und gleichzeitig auch völlig zu Unrecht.
Wichtig ist, dass du dir die richtige Person aussuchst, sonst kann es tatsächlich ärgerlich, zeitaufwendig und sogar gefährlich werden. Der Mensch muss die nötigen Voraussetzungen mitbringen, um die Aufgabe erledigen zu können, und du musst ihm klare Informationen und gegebenenfalls konkrete Anweisungen geben. Überlege dir den Rahmen, in dem sich diese Person bewegen kann. Einem Neuling oder Azubi wirst du den Rahmen ganz eng stecken. Ihm wirst du vielleicht anfangs sogar jeden einzelnen Schritt vorgeben. Wenn du an eine Fachperson delegierst, legst du nur die Rahmenbedingungen fest. So wirst du einer Immobilienmaklerin sagen: „Bitte suchen Sie eine Wohnung, 100 m², Altbau, Innenstadt, mit Garage, monatlich maximal XY Euro." Du wirst nicht auf die Idee kommen, ihr vorzuschreiben, in welchen Schritten sie ihre Arbeit erledigen soll.

Hundertprozentige Garantie gibt es nie. Du kannst den tollsten, teuersten, bestbezahltesten Fachmann holen, auch der scheitert, wenn er einen schlechten Tag hat oder bestimmte Umstände nicht passen. Aber das kann schließlich auch dir passieren.

Du fürchtest, dass andere denken könnten, du seist faul, schwach oder inkompetent, und du im Ansehen sinkst

Wahrscheinlich zu Unrecht. Außerdem: Wer sind diese anderen? Warum ist deren Meinung ausschlaggebender und wichtiger als deine? Du entscheidest, was du selbst machst und wobei du dir Hilfe holst. Mach dafür das, was du selbst machst, wirklich gut. Leg dort deine ganze Energie, dein Können, dein Wissen, dein Engagement hinein.

Steh dazu, wenn dir ein Fehler unterlaufen ist, und mach es das nächste Mal besser. Freu dich, wenn es gelingt, und nimm Anerkennung dafür mit Freuden entgegen. Dir fällt Letzteres schwer? Dann hast du wahrscheinlich das vorige Kapitel zu schnell gelesen und daher lege ich es dir noch einmal ans Herz. ☺

Je schneller du dich vom Irrglauben verabschiedest, alles selbst machen zu müssen, um den Mitmenschen zu gefallen, umso besser.

Vielleicht hilft es dir, dir ein Vorbild zu suchen?

Nehmen wir einmal einen typischen Mann, am besten einen Sportler. Wie wäre es mit einem Skirennläufer? Felix Neureuther zum Beispiel oder Marcel Hirscher. Beide sind Ausnahmeathleten. Sie trainieren das ganze Jahr hart, quälen sich in der Kraftkammer, machen sich mental fit. Das Skifahren ist ihr Metier, das ist ihnen wichtig, da haben sie hohe Ziele. Klar, dass sie das Skifahren nicht delegieren und sich auch im Training selbst schinden müssen. Würden sie die Kraftkammer an einen anderen delegieren („Das freut mich heute nicht, dafür habe ich keine Zeit, das soll der Franz für mich machen ..."), würden sie ihre Ziele nicht erreichen. So weit, so logisch. Aber pflegen sie auch noch ihre Ski, buchen ihre Hotels, verhandeln mit Sponsoren und stellen ihren Ernährungsplan zusammen? Nein, das delegieren sie. An Menschen, die sich auskennen. Damit haben sie den Kopf und den Terminkalender für das frei, was sie höchstpersönlich machen wollen (Rennen fahren) oder machen müssen (trainieren, Interviews geben). Da sagt dann auch keiner:

„Mein Gott, der kümmert sich nicht selbst um den Service seiner Ski, wie schwach ist das denn!"

Und wenn es jemand sagen würde, wäre es ihnen egal. Denn sie wissen ja, was sie wollen und wo ihre Ziele liegen.

Leute reden über jeden – egal, was du tust. Aber seltener, als du denkst. Du kannst daher getrost deine Entscheidungen unabhängig treffen

> Wenn ich jetzt mit siebzig meinem jüngeren Ich einen Rat geben könnte, dann diesen. Benutze viel häufiger die Worte „Fuck off!".
>
> *Helen Mirren, Dame of the British Empire,*
> *Schauspielerin, Interview in* Allure

Udo Jürgens sang vor vielen, vielen Jahren ein Lied, das mir heute noch immer einfällt, wenn es darum geht, was die Leute so reden könnten. Der Text war von Walter Brandin. Da du es wahrscheinlich nicht kennst, hier eine kleine Zusammenfassung:

„Leute reden über jeden, das ist wahr und wie die Welt so alt. Warum lässt das, was sie reden oder reden könnten, uns nicht kalt? Richten wir uns nicht nach den Leuten. Kann, was man sagt, über uns sagt, denn so viel bedeuten? Wer hat sie zu Richtern ernannt, sagen wir doch einfach mal nein, wagen wir, wir selber zu sein."

Kluge Sätze, nicht wahr? Ich habe die Erfahrung gemacht, wer blöd reden will, der redet blöd. Wer sich ungebeten in unsere Angelegenheiten einmischen will, tut es. Das haben wir nicht im Griff. Was wir aber im Griff haben, ist, wie wir darauf reagieren.

Wenn ich mich danach richte, was die Leute sagen (könnten), mache ich für mich nichts besser, sondern gebe diesen Leuten auch noch Macht über mich und mein Leben. Das sind sie doch nicht wert. Dass ich mit dieser Ansicht nicht allein bin, zeigt auch dieses wunderbare Zitat, das ich im Internet gefunden habe.

Mache, was du für richtig hältst.
Es wird immer jemanden geben, der anders denkt.

Michelle Obama, ehemalige First Lady

Wenn andere es mir doch wert sind, dass ich mich an ihrer Meinung orientiere, dann sind das keine „Leute", sondern wichtige Menschen in meinem Leben. Mit diesen Personen werde ich diskutieren, um sie zu überzeugen oder mich gegebenenfalls überzeugen zu lassen. Und/oder ich werde sie auffordern, mich meinen Weg gehen zu lassen und auf meine Art, Dinge zu regeln, zu vertrauen. Alle anderen sind mir diesen Aufwand nicht wert. Sie sollen sich um sich und ihr Leben kümmern. Nicht um meines. Punkt.

Der wertvollste Rat in meinem Berufsleben

kam von Prof. Manfred Winterheller.

Er lautete: **Trenne dich von den Energievampiren!**

Das half mir, mich von Menschen zu trennen, die mich genervt und mir Energie gekostet haben. Seither lebe ich viel bewusster und habe Menschen um mich, die mir guttun und zu meinem Glück beitragen. Das Leben kann so schön und leicht sein.

Gertrude Schatzdorfer-Wölfel, Alleineigentümerin und geschäftsführende Gesellschafterin einer Gerätebaufirma, gelernte Kindergartenpädagogin

Du fürchtest, dass dir Hilfe anzunehmen schaden würde und dass du dann nicht mehr unersetzbar sein könntest

Ersteres eher nicht, Letzteres zum Glück.

Es ist unglaublich, was manche Frauen alles tun, nur um unersetzbar zu bleiben. Bei einem Nachmittagstee mit Damen der „guten Gesellschaft" erzählte eine von ihnen stolz: „Ich rühre jeden Morgen meinem Mann und meinem zwölfjährigen Sohn den Zucker in den Tee."

Sowohl die Aussage an sich als auch ihr Stolz darüber haben mich etwas … na, sagen wir … befremdet. Wie unselbstständig kann man andere machen, nur um selbst unersetzbar zu sein? Oder sich zumindest unersetzbar zu fühlen.

„Ach, wissen Sie", fuhr die Dame fort, als sie meine gerunzelte Stirn bemerkte. „Mein Mann ist im Haushalt völlig hilflos. Der lässt sogar das Wasser anbrennen."

„So jemanden hätte ich gar nicht geheiratet", war meine spontane Antwort. Zum Glück gelte ich als originell und alle fanden das zum Lachen. Auch die Dame. Dabei habe ich es ernst gemeint. ☺

„Ich will nicht, dass der andere einen zu tiefen Einblick in meine Arbeit gewinnt", ist ein beliebtes Denken im beruflichen Kontext. Vielen fällt gar nicht auf, wie illoyal sie sich dadurch ihrem Arbeitgeber gegenüber verhalten. Wie soll denn der Laden weiterlaufen, wenn du im Urlaub bist, erkrankst oder völlig unvorhergesehen verreisen musst? Was, wenn du in einem Meeting feststeckst oder etwas anderes dringend erledigt werden muss, wovon nur du Ahnung hast?

„Die Friedhöfe sind voller Menschen, die Zeit ihres Lebens unersetzbar waren" – sagt ein weises Sprichwort, bei dem man sich im Internet nicht einig ist, von wem es stammt, entweder Georges Clemenceau (Journalist und Politiker, 1841-1929) oder Alphonse Allais (Schriftsteller und Humorist, 1854-1905). In jedem

Fall von einem Franzosen mit wachem Verstand. Was nichts anderes heißt, als dass wir irgendwann in jedem Fall ersetzt werden müssen. Warum können wir es dann unseren Mitmenschen nicht gleich einfacher machen? Sich unersetzbar zu machen ist unfair gegenüber den Menschen rund um mich herum und gegenüber meinem Unternehmen insgesamt. Große Verantwortung bei mir zu bündeln, die auf mehrere Schultern verteilt sein könnte, tut auch mir selbst nicht gut. Ich kann meinen Urlaub nur dann genießen oder mich in Ruhe auskurieren, wenn ich weiß, dass andere in meinem Job einspringen können.

Dasselbe gilt natürlich fürs Privatleben. Wenn ich mir rechtzeitig Hilfe geholt habe, dann können auch meine Kinder oder die alten Eltern einige Tage ohne mich auskommen. Die einen werden und die anderen bleiben selbstständig.

Ein Seminarteilnehmer erzählte mir stolz: „Mein Kind ist jetzt sieben Jahre alt und war noch keinen Tag von seiner Mutter getrennt."

Meine spontane Reaktion: das arme Kind! Warum holt die Frau sich nicht Hilfe und warum lässt sie es nicht zu, dass das Kind mehrere Bezugspersonen hat? Warum darf das Kind nicht andere Sichtweisen kennenlernen? Wenn die beiden noch weitere Jahre so aneinanderkleben, werden sie sich eines Tages gegenseitig Vorwürfe wegen vertaner Chancen machen.

Alles in allem gilt: keine Angst. Du bleibst trotzdem unersetzbar, denn du bist du. Ein liebenswürdiger Mensch und dadurch einzigartig.

Du fürchtest, der Preis könnte zu heiß werden. Was, wenn im Gegenzug ein Gefallen erwartet wird? Was, wenn du dankbar sein musst?

Beides völlig zu Recht.

Allerdings, warum sollten wir uns davor fürchten? Das gekonnte Miteinander besteht nun mal aus Geben und Nehmen. Das heißt, wenn ich vom anderen etwas möchte, dann muss ich auch bereit sein, etwas zurückzugeben. So geht das Spiel. Anderenfalls würde ich den anderen ausnutzen und das steht im Gegensatz zu einem gekonnten Miteinander. Dankbar zu sein, wenn mir jemand hilft? Das ist doch selbstverständlich, oder? **Glücklich sind die Menschen, die einen Grund haben, dankbar zu sein, und diesen auch erkennen und tatsächlich dankbar sind.**

Ein paar Worte zum richtigen Zeitpunkt, um sich zu bedanken

Hier gilt der Grundsatz, je früher, desto besser. Am besten zeitnah, wie es so schön heißt. Wenn sich also jemand bereit erklärt, etwas zu tun, bedanke ich mich sofort. Wenn jemand beginnt, etwas zu tun, bedanke ich mich. Wenn jemand etwas beendet hat, bedanke ich mich wieder. Dasselbe gilt, wenn mir jemand etwas schenkt, mir einen Gefallen erweist oder mir eine Überraschung bereitet.

Wenn ich schreibe „sofort", dann meine ich auch „sofort". Wenn dir die Person gegenübersteht, dann sag es, sonst greife zum Telefon oder schreibe eine kurze Nachricht.

Warum das Sofort so wichtig ist? Weil wir es dann in der Hektik des Alltags nicht vergessen können, uns damit von den meisten Zeitgenossen unterscheiden und damit einen bleibenden, guten Eindruck machen.

Kommt unser Dank zu spät, haben wir vielleicht schon negative Gefühle ausgelöst. „Die hätte sich aber auch bedanken können", denken die anderen inzwischen und wenn wir uns dann bedanken: „Wurde aber auch Zeit!" Wenn ich mich sofort bedanke, reicht meist eine kleine Geste. Je länger ich damit warte, umso negativer sind die Gefühle beim anderen, und ich muss viel mehr tun, um die gute Beziehung wiederherzustellen.

Du wirst merken, wie positiv die Resonanz ist, die du mit einem umgehenden Dank auslöst. Falls nicht, ist es auch egal, Hauptsache, du hast es richtig gemacht. Und wenn jemand sagt: „Das ist doch nicht der Rede wert", dann heißt das nichts anderes als „Danke für dein Danke".

Zur Angst, dass eine Gegenleistung erwartet wird, die du nicht erbringen kannst oder magst

Sich zu bedanken kann als Gegenleistung durchaus ausreichen. Es muss nicht immer noch eine weitere Leistung folgen.

Immer wieder werde ich von Kollegen oder Kunden um einen Gefallen gebeten. Sie hätten gern den einen oder anderen Artikel zugemailt, einen kurzen Tipp, eine Kontaktadresse. Manchmal ist das aufwendiger, als es hier klingt. Dennoch reicht mir ein „Danke" als Gegenleistung aus. Ich erwarte dann nicht, dass mir der Kollege im Gegenzug eine seiner Übungen schickt. Bedankt er sich jedoch nicht, bin ich sauer. Dann werde ich mir gut überlegen, ob ich ihm das nächste Mal wieder einen Wunsch erfülle. Brauche ich jedoch irgendwann einmal einen angemessenen Gefallen von diesem Kollegen, dann wäre ich enttäuscht, wenn er mich hängen lassen würde, da ich ihm ja auch einmal geholfen habe. Unabhängig davon, ob er sich bedankt hat oder nicht.

In jedem Fall gilt: Augen auf, Hirn an bei der Auswahl der Person, die du um Hilfe bittest. Über falsche Pferde haben wir uns schon unterhalten. Ein falsches Pferd kann auch jemand sein, bei dem es wahrscheinlich ist, dass er von mir eine unerfreuliche Gegenleistung verlangt. Das kann ein Tun, eine Sache, aber auch „immerwährende Dankbarkeit" sein. Wenn es nicht wirklich sein muss, dann hole ich mir solche Leute nicht zur Unterstützung.

Ein Tipp aus meiner Trickkiste

Wenn es denn doch sein muss, dass ich einen solchen Menschen um etwas bitten muss, dann biete ich sofort von mir aus eine Gegenleistung an. Damit gelang es mir schon oft, zu verhindern, dass ich zu etwas verpflichtet werde (oder mich zu etwas verpflichtet fühlte), was ich nicht machen will.

Die Gegenleistung kann das Gleiche sein, das ich erhalten habe: Heute passe ich auf deinen Hund auf, morgen du auf meinen. Aber es kann auch etwas ganz anderes sein. Dabei ist es mir wichtig, dass die Verhältnismäßigkeit stimmt. Wenn dir eine erwartete Gegenleistung zuwider ist oder unangemessen erscheint, dann brauchst du sie natürlich trotzdem nicht zu erbringen. Keine Frau muss – um ein besonders plakatives Beispiel zu nennen – mit einem Mann ins Bett steigen, nur weil er ihr einen Drink spendiert hat. Oder wie wir oben schon gelesen haben: Keine 20-Jährige muss zu Hause wohnen bleiben, weil ein Elternteil „so viel für sie getan hat".

DIE VORTEILE, WENN DU DELEGIERST – FÜR DICH UND DIE ANDEREN

Delegieren bringt dir also viele Vorteile. Hier noch einmal eine kleine Zusammenfassung: Du sparst Kraft und Energie, du gewinnst (zumindest mittelfristig) Zeit, die Verantwortung wird auf mehrere Schultern verteilt, du kannst etwas dazulernen, dadurch auf neue Ideen kommen und die Stunden für etwas nutzen, was dir wichtiger ist. Wenn du diese Tatsache erst einmal verinnerlicht hast, dann wird es dir plötzlich nicht mehr schwerfallen, Aufgaben abzugeben oder um Hilfe zu bitten.

Bevor du mit einer Aufgabe beginnst, frage dich künftig also immer: Warum soll gerade ich diese erledigen?

1. Bist du zuständig und es gibt keinen Grund zu delegieren, dann fang an!

2. Bist du nicht zuständig? Warum ziehst du dann überhaupt in Erwägung, es zu machen? Es kann natürlich sein, dass es dennoch einen guten Grund dafür gibt. Vielleicht willst du jemandem einen Gefallen erweisen, vielleicht willst du etwas dazulernen, vielleicht hast du gerade Zeit und es macht dir Spaß. Dann ist auch alles gut.

3. Bist du nicht zuständig und hast auch keinen guten Grund, es dennoch zu tun – Finger weg! Lass dich nicht ausnutzen und misch dich nicht in die Angelegenheiten anderer ein.

4. Sind die Zuständigkeiten nicht klar, dann verschaffe dir zuerst Klarheit. Nicht dass du irgendwann dahinterkommst, dass dich das Ganze nichts angeht und du schon Zeit, Nerven und Gehirnschmalz investiert hast. Nicht dass du dich später ärgerst, weil etwas zweigleisig läuft.

5. Wie wir oben gehört haben, kann es, auch wenn du zuständig bist, natürlich eine gute Idee sein, zu delegieren. Kann, nicht muss. Du entscheidest darüber: Wenn du Wichtigeres zu erledigen hast, dann delegiere – auch du kannst dich nicht zerreißen. Nein, glaub mir, das kannst du nicht.

    Wenn jemand anderes es besser/schneller kann, dann delegiere. Außer du willst unbedingt vermeiden, dass das auffällt.

Hast du trotz alledem noch Scheu, zu delegieren? Hier noch einmal die wichtigsten Vorteile für die Person, an die du delegierst

Verantwortung abgeben, heißt Vertrauen zu beweisen und damit andere zu motivieren. Wenn es gut geht, wird ihr Arbeitsalltag dadurch vielfältiger. Also delegiere wenn möglich nicht nur öde Hilfsdienste. Du hilfst ihnen zu wachsen, etwas zu lernen und besser zu werden. Die Kollegen wissen, woran du arbeitest, dadurch seid ihr besser vernetzt und könnt euch sinnvoller ergänzen oder vertreten.

Du willst, dass deine Kollegen auf das alles verzichten müssen? ☺ Falls du selbst eine Führungskraft bist, vergiss nicht: Delegieren gehört zu deinen Pflichten.

WENN JEMAND ARBEIT AN DICH DELEGIEREN WILL, FÜR DIE DU EIGENTLICH NICHT ZUSTÄNDIG BIST

Überlege, bevor du dich entscheidest: Bringt es dich deinen Zielen eher näher, wenn du zustimmst? Das können sachliche Ziele sein, wie zum Beispiel: Du wolltest schon immer mal in sein Arbeitsfeld hineinschnuppern. Oder persönliche: Du willst dich zum Beispiel für vergangene Hilfe revanchieren. Oder aber bringt es dich deinen Zielen näher, wenn du ablehnst?

Du brauchst dich nicht zu rechtfertigen, wenn du „Nein!" sagst

In der Regel ist deine Entscheidung für den anderen allerdings leichter zu schlucken, wenn du die Ablehnung freundlich formulierst. „Tut mir leid, aber das geht jetzt nicht."

Achtung, wenn du Gründe nennst. Je mehr Details du für deine Ablehnung aufzählst, desto mehr wirken deine Worte wie Ausreden. Außerdem bietest du dem anderen die Möglichkeit, einzuhaken und zu versuchen, deine Gründe zu widerlegen. Und schon führst du eine Diskussion, die dir erst recht wertvolle Zeit stiehlt und vielleicht sogar dem anderen das Gefühl gibt, dass du währenddessen die Aufgabe, um die er dich gebeten hatte, bereits erledigen hättest können.

Wenn du möchtest, kannst du Hilfe für etwas anderes (das deinen Zielen mehr entspricht) in Aussicht stellen.

Wenn deine Vorgesetzten etwas an dich delegieren,

brauchst du natürlich einen besonders guten Grund, wenn du ablehnen willst. Bist du bereits über beide Ohren mit Arbeit eingedeckt, dann informiere sie am besten über die geplante Reihenfolge deiner Erledigungen: „Ich mache zuerst das Projekt X, an dem ich derzeit arbeite, fertig. Dann kommt Y. Mit der neuen Aufgabe kann ich dann frühestens am Mittwoch kommender Woche beginnen."

Heißt es: „Das muss sofort sein!", dann kannst du die Entscheidung, wann welche Aufgabe erledigt werden muss, getrost nach oben delegieren. Das heißt, dass dein Chef entscheiden soll, in welcher Reihenfolge es weitergehen soll. Dass nicht alles gleichzeitig machbar ist, müssen auch die dominantesten Bosse einsehen. Vorgesetzte haben oft einen größeren Gesamtüberblick und Informationen, die uns fehlen, und können besser entscheiden, was vorrangig ist. Außerdem werden sie ja auch dafür bezahlt, Entscheidungen zu treffen.

Besonders schwierig kann es werden, wenn du zwei Vorgesetzte hast und beide darauf bestehen, ihr eigenes Anliegen sei dringender als das des Kollegen und müsse als Erstes erledigt werden. Dann hast du drei Möglichkeiten: Entweder bittest du die beiden, die Reihenfolge untereinander zu klären. Oder du fragst den, mit dem du leichter reden kannst, um eine Entscheidung und kannst diese ins Treffen führen, wenn der andere damit nicht zufrieden ist. Oder du bestimmst die Reihenfolge selbst und überlegst dir gute Argumente, um diese zu untermauern.

WIE DU PROFESSIONELL DELEGIERST

1. Motivierende Kommunikation ist das A und O. Darum sind „Bitte" und „Danke" zwei Wörter, die nie fehlen dürfen.

2. Sag kurz den Grund, warum du delegierst, und falls es deinen Zielen hilft, warum du gerade diese Person ausgesucht hast. Letzteres fällt natürlich weg, wenn die Person eingestellt wurde, damit du ihr Aufgaben weiterleitest.

3. Nenne die Aufgabe in allen nötigen Details. Sind viele Zahlen oder Adressen im Spiel, legst du diese am besten schriftlich auf den Tisch oder sorgst dafür, dass der andere sie aufschreibt.

4. Kläre mit dem Neuling die einzelnen Schritte. Hat er schon etwas Erfahrung, ist es oft sinnvoller, er überlegt sich diese selbst und holt sich von dir das Okay. Anderenfalls gib jeden Schritt vor.

5. Stecke mit der erfahrenen Person, an die du delegierst, den Rahmen und die notwendigen Parameter ab.

6. Stelle sicher, dass der andere alles verstanden hat und weiß, was du von ihm erwartest. Frag besser nicht „Kennen Sie sich jetzt aus?" oder „Ist alles klar?"; denn da sagen viele „Ja", obwohl es nicht stimmt. Entweder weil sie das nicht zugeben wollen oder weil es ihnen in diesem Augenblick selbst nicht bewusst ist.

7. Besser ist es, wenn der andere zusammenfasst, was er tun soll. Damit die Aufforderung dazu nicht allzu schulmeisterlich klingt: „Meier, wiederholen Sie!", habe ich mir angewöhnt zu sagen: „Damit ich sicher bin, nichts vergessen zu haben, können Sie bitte zusammenfassen…" Ich nehme quasi die „Schuld", dass er zusammenfassen muss, auf mich.

8. Hat der Kollege alles, was er braucht? Technisch? Personell?

9. Sag ihm, wie er dich erreichen kann, wenn es Fragen gibt. Leg fest, unter welchen Bedingungen er dich auf jeden Fall kontaktieren soll.

10. Tragt euch beide den Termin für die Erledigung im Kalender ein. Braucht es einen Vorabtermin, um sicherzustellen, dass alles in die richtige Richtung läuft, dann tragt den ebenfalls ein.

Und last but not least beeinflusst deine Einstellung darüber, ob du alles selbst machen willst oder gelernt hast, dir Hilfe zu holen, auch eine der wichtigsten Entscheidungen deines Lebens, nämlich die

ENTSCHEIDUNG: KIND ODER KARRIERE?

Wenn du alles selbst machen willst, dann hast du nur Zeit, Kraft und Energie für eines. Also Kind oder Karriere. Dabei gibt es unzählige positive Beispiele, die beweisen, dass beides möglich ist – wenn man selbst es will, den richtigen Partner hat, sich ein passendes Umfeld geschaffen hat, bereit ist, Opfer zu bringen, keine Scheu hat, Hilfe anzunehmen, und sich vom Perfektionismus ein für alle Mal verabschiedet. Und es sich bei der gewählten Karriere nicht um etwas handelt, das dich jeden Tag 24 Stunden auf Trab hält oder um ein Kind, das deine höchstpersönliche Aufmerksamkeit rund um die Uhr braucht.

Stehst du gerade vor der Berufswahl oder einer Neuorientierung und überlegst, ob du nicht lieber etwas anderes machen sollst als das, was dir eigentlich vorschwebt, damit du das später mit Kindern besser vereinbaren kannst? Dann darf ich dir den flammenden Appell meiner Freundin Eva Huber-Stockinger nicht vorenthalten. Sie ist Partnerin in einer Rechtsanwaltskanzlei, verheiratet und zweifache Mutter:

„Bitte verzichte nicht auf deine beruflichen Träume, weil du irgendwann mal Kinder haben willst. Sag nicht: ‚Ich würde gern als xy arbeiten, aber das wird mit einer Familie nicht machbar sein. Daher mache ich lieber etwas, was sich mit Familie vereinbaren lassen wird.‘ Dieses prophylaktische Zurückstecken der eigenen Träume und Berufswünsche ist aus meiner Sicht falsch. Mach das, wofür du brennst! **Denn glücklich wird man nicht in einem Beruf zweiter Wahl.** Außerdem: Welcher junge Mann entscheidet sich für einen Beruf, nur weil der Beruf später mit einer Familie gut vereinbar ist?"

„Hast du selbst nie gezweifelt, ob sich die fordernde Arbeit in einer eigenen Kanzlei später einmal mit Kindern vereinbaren lassen würde?", will ich wissen. „Ob es nicht gescheiter wäre, lieber eine Stelle als angestellte Juristin mit geregelten Arbeitszeiten zu suchen?"

Darauf Eva: „Natürlich hatte ich große Zweifel. Zum Glück sagte damals ein guter Freund zu mir: ‚Wenn du wirklich Anwältin werden willst, dann mach das unbedingt! Wir werden sicher eine Lösung finden, wenn es dann mit Kindern so weit ist.' Er gab mir damit das Gefühl, ein Sicherheitsnetz an Menschen zu haben, die mich unterstützen werden. Außerdem lehrte er mich, meinen Traum zu verwirklichen und erst dann nach einer Lösung für ein Problem zu suchen, wenn diese gebraucht wird. Wie sich herausstellte, hatte er recht. Ich konnte Beruf und Familie vereinbaren und hatte mir also völlig umsonst den Kopf zerbrochen."

„Ich kann mir vorstellen, dass das nicht immer einfach war."

„Das allerdings nicht. Wie gut erinnere ich mich an die Zeit, als ich gestillt habe. Prompt hatte ich zweimal die Woche einen langwierigen Verfahrenshilfeprozess mit ganztägigen Verhandlungen. Damals kam ich mit zwei Koffern zum Gericht: in einem war die Akte, im zweiten die elektrische Milchpumpe, mit der ich mich in den Verhandlungspausen zurückgezogen habe. Es war nicht lustig, aber machbar. Heute bin ich froh, die beiden Jungs sind mittlerweile 20 und 21 Jahre alt und mir würde so viel fehlen, hätte ich meine Familie nicht."

> ## ✓ Mein wichtigster Tipp
>
> In den meisten Fällen ist ein befürchtetes Problem, das weit in der Zukunft liegt, wenn die Zeit dann gekommen ist, gar keines mehr.
>
> *Eva Huber-Stockinger,*
> *Rechtsanwältin, zweifache Mutter*

Da ich selbst zweifache Mutter bin, kann ich Eva darin zustimmen, wie wichtig Koordination, Organisation und Unterstützung sind, um Kind(er) und Job (oder gar Karriere) unter einen Hut zu bringen. Apropos Traum. Auch dazu habe ich ein wunderbares Fundstück aus dem Internet für dich:

> Wenn du einen Traum hast, kämpfe dafür. Wenn es eine Regel für Leidenschaft gibt, dann diese: Es geht nicht darum, wie oft du abgelehnt wirst, hinfällst oder geschlagen wirst. Es geht darum, wie oft du aufstehst, mutig bist und weitermachst."
>
> *Lady Gaga, Musikerin, Oscarpreisträgerin*

SCHREI KIKERIKI, WENN DU EIN EI LEGST! NICHT DIE, DIE DIE ARBEIT MACHEN, ERNTEN DIE LORBEEREN, SONDERN DIE, VON DENEN MAN ANNIMMT, DASS SIE SIE GEMACHT HABEN

SCHREI KIKERIKI, WENN DU EIN EI LEGST! NICHT DIE, DIE DIE ARBEIT MACHEN, ERNTEN DIE LORBEEREN, SONDERN DIE, VON DENEN MAN ANNIMMT, DASS SIE SIE GEMACHT HABEN

Als ich in meinem Bundesland zur Managerin des Jahres gewählt worden war, baten mich alle heimischen Zeitungen um ein Interview. Immer wieder kam dabei die Frage auf, was denn Männer so alles anders machen würden als wir Frauen. Dazu hatte ich einige Antworten, darunter auch diese: „Männer schreien Kikeriki, wenn sie ein Ei legen." Am nächsten Tag läutete im Büro mein Telefon und ich wurde zu einem der obersten Chefs gerufen. Sein Zeigefinger deutete auf die Überschrift zu meinem Interview. „Was soll denn das heißen?", erkundigte er sich, offensichtlich alles andere als erfreut. „Wann, bitte, schreie ich denn Kikeriki?"

Na bravo, Frau Rauchberger, dachte ich mir, das hast du nun von deinen markigen Sprüchen! War doch klar, dass sich die Journalisten darauf stürzen und war ja klar, dass sich der Herr Oberchef davon sofort angesprochen und öffentlich kritisiert fühlt. Zum Glück konnte ich erklären, dass Kikeriki schreien etwas ist, was wir Frauen uns von Männern abschauen können, heißt es doch nichts anderes, als dass man zu seinen Leistungen und Erfolgen steht und diese auch stolz verkündet. Für mich ist das Schreien von Kikeriki also positiv und nachahmenswert. Damit war zwischen dem Oberboss und mir wieder alles gut.

Wenn manche Menschen Kikeriki schreien, ohne ein Ei zu legen, um wie viel berechtigter ist man, sich laut zu melden, wenn man eines gelegt hat! Damit keine Missverständnisse aufkommen, das gilt natürlich für beide Geschlechter. Und ich weiß natürlich auch, dass rein naturwissenschaftlich betrachtet Hähne keine Eier legen. ☺ Dies nur, falls du Bäuerin oder Biologin bist oder dich sonst wie mit Hühnern auskennst und deine Finger bereits auf der Tastatur liegen, um mit einem Leserbrief die Wirklichkeit zurechtzurücken.

Was ich mit meinem markigen Spruch außerdem erreichte? Er machte im Unternehmen die Runde. Wer mich noch nicht kannte, kannte mich mit Sicherheit jetzt. Ich wurde auch außerhalb der Firma von den unterschiedlichsten Leuten darauf angesprochen – was sehr nützlich war. Vor allem, weil ich begonnen hatte, Seminare zu geben, und mir eine größere Bekanntheit nur recht sein konnte. Und nicht zuletzt habe ich jetzt, viele Jahre später, einen originellen Buchtitel. ☺

KIKERIKI ZU SCHREIEN KANN VIELES BEDEUTEN

Die Grundvoraussetzung zum Krähen ist natürlich, dass du ein Ei gelegt hast – also etwas Positives aufweisen kannst, an dem die Welt, oder zumindest ein Stück davon, teilhaben soll. Hier eine Zusammenfassung der Möglichkeiten dazu. Einige dieser Punkte haben wir bereits besprochen, die anderen besprechen wir in Kürze.

1. Du hast etwas Außergewöhnliches geleistet, einen Erfolg aufzuweisen, eine ungewöhnliche Idee, ein besonderes Talent. Sorge dafür, dass man davon erfährt.

2. Überlege dir, wer die Richtigen sind, die davon Wind bekommen sollen. Natürlich freut sich dein Partner mit dir über deine Erfolge – zumindest hoffe ich das. Für die Gehaltserhöhung, die du dir wünschst, ist es jedoch wichtiger, dass sich auch die Chefin freut.

3. Wenn man dich lobt oder dir Anerkennung ausspricht, freu dich darüber und weise die erfreulichen Worte niemals zurück.

4. Wenn jemand anderes – aus welchem Grund auch immer – deinen Erfolg für sich reklamiert oder an deiner Stelle gelobt wird, überlege dir einen eleganten Weg, wie du es anstellen kannst, dass man von deinem Beitrag erfährt.

5. Wenn du in einer Gruppe an einem Ergebnis mitgewirkt hast, trau dich, es den Kollegen oder Vorgesetzten zu präsentieren. Wer präsentiert, wird mit dem Ergebnis in Verbindung gebracht und erntet das größte Blatt vom Lorbeerkranz.

6. Stell dein Licht nicht unter den Scheffel und warte nicht auf den perfekten Zeitpunkt, um Kikeriki zu schreien. Der kommt, wenn überhaupt, nur selten.

„Whatever you're meant to do, do it now. The conditions are always impossible."
Was immer du machen sollst oder willst, mach es jetzt. Die Bedingungen sind immer unmöglich.

Doris Lessing,
britische Schriftstellerin.
Im Jahr 2007 erhielt sie den Nobelpreis für Literatur.

WENN MAN NICHT WEISS, WER DU BIST, WEISS MAN NICHT, WAS DU KANNST. MIT ALLEN KONSEQUENZEN

Janna kam in mein Coaching, um sich auf eine Gehaltsverhandlung vorzubereiten. Da ihr unmittelbarer Vorgesetzter die Firma verlassen hatte und die Stelle noch nicht nachbesetzt worden war, war sie, wie sie es ausdrückte, so mutig gewesen, sich einen Termin beim Firmeninhaber persönlich geben zu lassen. Wir erarbeiteten eine Strategie und feilten an überzeugenden Argumenten. Als sie mich verließ, war Janna siegessicher, als sie mich drei Tage später anrief, am Boden zerstört. Der Firmenchef hatte sie mit den Worten begrüßt: „Herzlich willkommen bei uns! Ich bin sicher, Sie werden sich rasch eingewöhnen."

Er hatte offensichtlich keine Ahnung, wer sie war, und angenommen, sie wäre erst kürzlich von der Personalabteilung eingestellt worden und wollte sich nun auch bei ihm persönlich vorstellen. Das war natürlich keine Basis für ein erfolgversprechendes Gehaltsgespräch. Wie sollte sie eine Gehaltserhöhung erreichen, wenn der andere nicht einmal wusste, wer sie war und was sie geleistet hatte?

„Zwei Jahre reiße ich mir nun schon den Allerwertesten für die Firma auf", beschwerte sie sich bei mir über diese Ungerechtigkeit, „und jetzt das! Ich bin so was von frustriert und kann mich kaum mehr dazu motivieren, meine tägliche Arbeit zu verrichten."

MEINE LIEBLINGSWEISHEIT NUMMER 6:

Eine Gehaltsverhandlung beginnt nicht beim Gespräch über mehr Geld, sie beginnt am ersten Arbeitstag.

Natürlich ist es wichtig, dass du eine gute Leistung erbringst. Doch genauso wichtig ist es, dass die Entscheidungsträger davon erfahren. In aller Stille einen tollen Job zu machen bringt dir vielleicht innere Befriedigung, aber sicher keine Gehaltserhöhung. Daher wird wahrscheinlich auch die innere Befriedigung nicht lange vorhalten. Also wiederhole ich die Devise: Schrei Kikeriki, wenn du ein Ei legst, und sorge dafür, dass man dich hört. Tritt aus dem Schatten der grauen, fleißigen Masse heraus und zeig dich. In der Regel hilft es, wenn es deine beste Seite ist, die du dabei sichtbar machst. ☺

> Und man sieht nur die im Lichte
> Die im Dunkeln sieht man nicht.
>
> *Bertolt Brecht, Die Dreigroschenoper*

PRÄSENTIEREN GEHT ÜBER LAMENTIEREN

Bei den Seminaren, die ich an der Universität oder Fachhochschule abhielt, ergab sich meist folgendes Bild: War eine Aufgabe in Gruppen zu lösen, so beteiligten sich junge Frauen und junge Männer gleichermaßen an den lebhaften Diskussionen. An deren Ende standen dann stets folgende Fragen: Wer schreibt unsere Ergebnisse auf einen Bogen Flipchart-Papier? Und: Wer präsentiert das Ganze anschließend im Plenum?

Wie würdest du deiner Erfahrung nach diese Fragen beantworten? Meine Erfahrung sagt, dass es zu 90 Prozent die Frauen sind, die schreiben, und zu 90 Prozent die Männer, die präsentieren.

Wer aus der Gruppe bleibt den Anwesenden in Erinnerung? Mit wem identifiziert man das erarbeitete Ergebnis? Richtig, mit dem Mann, der präsentiert hat. Niemand sagt: „Bemerkenswert, wie schön Yvonne geschrieben und wie übersichtlich sie alles zusammengefasst hat", sondern: „Da hatte Frank eine Superidee!"

Muss das wirklich so sein? Natürlich sage ich: Nein, muss es nicht.

Bist du auch eine, die lieber im Hintergrund bleibt?

Dann überlege dir bitte, wie viele Chancen dir in der zweiten Reihe entgehen. Wie viele Lorbeeren die Männer ernten, hinter denen du dich versteckst und die dir genauso gebühren würden. Stell dich nach vorn, wenn du etwas zu sagen hast. Wenn du möchtest, kannst du klein anfangen und beginnen, ein Ergebnis oder deine Ideen vor einer Gruppe wohlgesonnener Kollegen zu präsentieren. Übung macht bekanntlich die Meisterin. Bald wirst du merken: „Hey, das ist ja gar nicht so schlimm wie befürchtet", und dann bist du bereit, dich auch vor Chefs und Entscheidungsträgern ins Rampenlicht zu stellen. Das erhöht nicht nur deine Chancen, dass man dich, deine Leistungen und dein Wissen kennt. Man wird sich auch an dich erinnern, wenn man wieder jemanden braucht, der sich auf deinem Gebiet auskennt, und dir die Anerkennung geben, die dir zusteht. Auch finanziell.

Wer weiß, vielleicht macht dir das Reden und Präsentieren eines Tages so viel Spaß, dass du deine Ideen, deine Wissensgebiete und deine Erfahrungen auch einem breiteren Publikum zugänglich machen willst und die Bühnen eroberst. Wenn wir uns Programme von diversen Veranstaltungen und Kongressen ansehen, so lacht uns aus den dicht gedrängten Reihen männlicher Redner meist nur eine einzige Frau entgegen. Höchste Zeit, dass wir das ändern, findest du nicht?

Der wertvollste Rat in meinem Berufsleben

kam von meinem Mann.

Ich hatte in der Medienbranche erfolgreich und mit Freude Redaktionsteams geleitet und Projekte gemanagt, lehnte aber Anfragen zu öffentlichen Auftritten mit der Begründung ab, die Bühne sei etwas für andere. Dann wollte man mich für eine Keynote über eines meiner Herzensthemen engagieren.

„Sag nicht immer alles sofort ab", meinte mein Mann, also sagte ich zu. Der Vortrag machte mir Freude und ich legte den Hebel um: Von nun an sagte ich so viel zu, dass mich ein Kollege irgendwann scherzhaft ermahnte, ich müsse mal das Neinsagen üben. ☺

Dr. Alexandra Borchardt, Universität Oxford,
Buchautorin, Journalistin, Keynote-Speaker

Jetzt wird es Zeit, dass ich dir erzähle, wie es kam, dass ich das Rampenlicht nicht scheue. Im Gegenteil:

Vor Publikum zu reden gehört zu meinen Leidenschaften

Dabei bin ich ein introvertierter Mensch und war ein sehr schüchternes, stilles Kind. Ja, ja, ich weiß, dass das heutzutage nur diejenigen glauben können, die mich wirklich gut kennen. Wie oft habe ich mich als kleines Mädchen in meine Geschichten im Kopf geflüchtet und noch heute ist es eines meiner größten Glücksgefühle, dass ich das Aufschreiben meiner Fantasie durch meine Romane zum Beruf machen konnte. ☺ Ich telefoniere ungern und vermeide immer noch so manche Veranstaltung, um in den Pausen nicht dumm herumstehen und Small Talk machen zu müssen. Inzwischen habe ich aber auch dafür einen Trick gefunden. Soll ich ihn dir verraten? Gut, das mache ich etwas später, wenn es ums Netzwerken geht. Zuerst möchte ich dir erzählen, wie aus dem schüchternen Mädchen eine Frau wurde, die gern präsentiert:

Ich war so in etwa fünf, da hatten wir zu Hause eine Schallplatte des bayerischen Komikers Herbert Hiesl. Er erzählte Witze und kleine Geschichten, deren Sinn ich nicht verstand, die ich mir aber dennoch merkte. Der Winter kam und damit ein Urlaub auf einer Skihütte. Da es sonst keine Unterhaltungsmöglichkeiten gab, wurden bunte Abende veranstaltet, an denen die Gäste selbst zum Programm beitrugen. Da hatte meine große Schwester, sie war zwölf Jahre älter als ich, die glorreiche Idee, mich auf einen Stuhl zu stellen und laut zu verkünden: „Die Inge kennt ein paar Witze!"

Also stand ich da, plötzlich im Mittelpunkt des geballten Interesses, und begann, mit klopfendem Herzen Herbert Hiesls erste Anekdote nachzuerzählen. Die Leute lachten und klatschten, ich wurde immer mutiger und erzählte weiter. Und sie lachten noch mehr. Ach, am liebsten hätte ich gar nicht mehr aufgehört. Ich hatte, neben meinen Geschichten im Kopf, meine zweite Berufung gefunden: das Reden vor Publikum. Allerdings und das gilt bis heute, macht es mir nur Freude, wenn ich damit die Leute zum Lachen bringe. 13 Jahre später gab es an der Uni in manchen Seminaren die Wahl, entweder eine schriftliche Arbeit abzuliefern oder ein Referat zu halten. Ich war eine der wenigen, die sich ohne zu zögern für Letzteres entschieden. Und ja, es ist mir auch dort gelungen, den Professor und einen Saal angehender Juristen zum Lachen zu bringen. Weitere 25 Jahre später habe ich dann das Leute-zum-Lachen-Bringen zu einem meiner Berufe gemacht und wurde Kabarettistin. Das war die Zeit, als Bücher über die Unterschiede von Männern und Frauen äußerst populär geworden waren. Erinnerst du dich an die These „Männer sind vom Mars, Frauen von der Venus"? Eines Morgens wachte ich auf und hatte einen Titel im Kopf: „Männer essen Mars. Frauen Karotten". ☺ Zuerst überlegte ich, ein Buch darüber zu schreiben, dann kam mir die Glanzidee, ein Kabarettprogramm zu verfassen und damit meinem Jugendtraum, Schauspielerin zu werden, doch noch einen Schritt näherzukommen. Also stellte ich mich eines Herbsttags einer Theaterleiterin vor und versprach mit Zuversicht, aber noch ohne Programm, ihren Saal mit 90 Plätzen drei Mal füllen zu können. Ich vertraute dabei auf all meine Verwandten, Bekannten und Freunde. Dann hatte ich also einen Premierentermin im Februar und den Plan, den Inhalt während der Weihnachtsfeiertage zu schreiben. Das erwies sich allerdings als bedeutend schwieriger, als ich in meiner naiven Zuversicht angenommen hatte. Etwas, das in meinem Kopf unglaublich lustig klingt, kann völlig den Witz verlieren, wenn ich es anderen zu erzählen versuche. Darum ist es auch so unglaublich wichtig, dass wir jede Präsentation, jede Rede laut üben. Laut gesprochen klingt alles ganz anders als gedacht. Der Februar kam mit Riesenschritten und damit auch meine Premiere. Schließlich stand ich bestens vorbereitet auf der Bühne und schnell wurde aus Aufregung Spielfreude. Ich genoss den Applaus des Publikums und vor allem dessen Lachen. Statt geplanter drei Vorstellungen spielte ich ganze 21 Mal vor ausverkauftem Haus. Andere wurden auf mich aufmerksam und ehe ich mich versah, stand ich auf allerlei Bühnen im In- und Ausland.

Vielleicht fragst du dich, warum ich dann nach inzwischen drei Programmen wieder aufgehört habe, als Kabarettistin aufzutreten? Es war eine tolle Zeit, keine Frage, und ich möchte sie nicht missen. Andererseits habe ich aber auch eine spannende Entdeckung gemacht: Im Kabarett glaubt das Publikum, mit der Eintrittskarte das Anrecht erworben zu haben, bei jedem Satz in Lachen ausbrechen zu können. Wenn man dazwischen ernsthafte Gedanken bringt, murren sie: „Das war aber jetzt nicht lustig!" Halte ich jedoch einen Vortrag, dann erwarten die Leute ernsthafte Gedanken. Wenn es dann auch lustig wird, sind sie besonders begeistert und dankbar. Das ist für mich die erfrischendere Variante. ☺

Am liebsten rede ich übrigens ohne PowerPoint im Rücken, einfach pur, nur ich. Natürlich muss ich dazu sagen, dass ich keine Fachvorträge halte, in denen ich entweder Gesetzestexte oder Zahlen, Balken- oder Tortendiagramme an die Wand werfen müsste. Also kann ich mit Worten Bilder malen und die Zuhörer in meine Welt mitnehmen. Wenn mir spontan etwas Zusätzliches einfällt, kann ich es frei heraus sagen und brauche es mir nicht zu verkneifen, weil womöglich die Folien nicht dazu passen würden.

Ich habe mich mit Alexandra Borchardt darüber unterhalten, warum sie gern auf großen Bühnen steht. Die ehemalige Chefin vom Dienst der *Süddeutschen Zeitung* arbeitet als Director of Leadership Programmes an einem Institut für Journalismusforschung an der University of Oxford.

„Die Begeisterung für solche Auftritte hat mich mit spannenden Menschen in Kontakt gebracht, mein Netzwerk extrem vergrößert, ich habe mich in verschiedenste Themen eingearbeitet, von den Reaktionen gelernt und viel von der Welt gesehen. Das, was ich vorher als Autorin nur schreibend gemacht hatte, teile ich nun zusätzlich gern ganz unmittelbar mit dem Publikum. Sicher wäre ich ohne all dies nie in Oxford gelandet."

Für Führungskräfte hat sie allerdings noch eine Warnung parat: „Man sollte sich nichts vormachen: Außenauftritte kosten Energie, die einem dann für die Arbeit als Führungskraft nicht mehr zur Verfügung steht. Die besseren Chefinnen und Chefs sind oft die, die den Scheinwerfer auf ihre Mitarbeiterinnen und Mitarbeiter lenken und nicht auf sich selbst."

Vielleicht konnte ich dich durch das Gespräch mit Alexandra und mit meiner ganz persönlichen Geschichte motivieren. Vielleicht hast du aber auch weiterhin Angst, dich vor Kollegen, eine Gruppe oder gar deine Chefs hinzustellen und deine Ideen oder die Ergebnisse (d)einer Arbeit zu präsentieren. Sehen wir uns diese Angst gemeinsam an, damit du sie für dich ausräumen kannst. Denn es wäre schade, wenn weiterhin andere in dem Licht stehen würden, das eigentlich dir zustünde.

Du fürchtest, dass dich alle anstarren und du nicht gut genug sein könntest

Streiche einfach das Wort „anstarren" aus deinen Überlegungen. Ja, natürlich sind alle Blicke auf dich gerichtet. Und was sehen die Leute? Eine Frau, die etwas zu sagen hat. Sorge im Vorfeld dafür, dass du ein professionelles Erscheinungsbild bietest, bereite dich bestmöglich vor, aber verabschiede dich von jedem Perfektionismus, der dir nur im Weg stehen würde. Sei nicht zu streng zu dir, dann sind es die anderen auch nicht. Rede so, als würdest du guten Freunden etwas erzählen und ihnen wichtige Details erklären. Damit bleibst du authentisch und kommst gar nicht auf die Idee, eingelernte theatralische Posen einzunehmen oder so zu reden wie Burgschauspieler in den 40er-Jahren. Natürlich sollte deine Sprache allgemein verständlich sein, aber wenn dein Dialekt erkennbar ist, dann gehört er eben zu dir dazu. Besser Dialekt als ein erzwungenes, gestelztes Hochdeutsch.

Du fürchtest dich davor, plötzlich nicht mehr weiterzuwissen

Je besser du vorbereitet bist, desto unwahrscheinlicher ist es, dass das Problem tatsächlich auftritt. Außerdem lösen es Folien, an die Wand projiziert, schnell und elegant. Du schaust darauf, liest einige Zeilen ab und es wird dir wieder einfallen, was du sagen wolltest. Wenn du keine Folien an die Wand geworfen hast, dann schau einfach auf deine vorbereiteten schriftlichen Unterlagen. Da hat niemand etwas dagegen. Statt jetzt nervös herumzustottern, denke einfach daran, wie wichtig es ist, dem Publikum kleine Pausen zu gönnen, damit es das Gehörte verarbeiten kann. ☺ Sorge allerdings bei der Vorbereitung durch eine gute Struktur und farbliche Markierungen dafür, dass du schnell findest, was du suchst.

Wie gut erinnere ich mich an einen Abend in Wien vor vielen Jahren. Mein Netzwerk EWMD feierte ein Jubiläum, Prominente waren da, das Fernsehen auch, ich durfte den Festvortrag halten. Auf der Autofahrt ging ich meine Rede immer wieder durch und war schließlich so siegessicher, dass ich mein Manuskript im Wagen liegen ließ. Meine Rede kam, meine ersten Worte auch und dann plötzlich: Blackout! Alle Blicke waren auf mich gerichtet und ich hatte keine Ahnung, was ich als Nächstes sagen wollte. Und meine Zettel lagen in der Tiefgarage. Na bravo, Zeit für Panik. Ich habe wie ein Kaninchen auf die Schlange namens Publikum gestarrt und geschwiegen. Was hätte ich in meiner Verzweiflung auch anderes tun sollen? Dann zwang ich mich durchzuatmen. Durchatmen ist immer eine gute Idee. Ich überlegte fieberhaft, was ich eigentlich sagen wollte. Was waren meine wichtigsten Botschaften in diesem Vortrag? Und endlich: Mir fiel eine meiner Kernbotschaften ein. Hurra! Nur leider hatte ich sie bereits vorgetragen. Es wurde höchste Zeit, endlich wieder den Mund aufzumachen, also blieb mir nichts anderes übrig: „Wie ich schon sagte", unterbrach ich die Stille, „besonders wichtig ist …", und dann brachte ich noch einmal die Kernbotschaft. Durchs Reden kam ich wieder in Fluss und ich wusste, wie es weiterging. In der darauffolgenden Nacht fiel mir plötzlich auf, dass ich einen ganzen Absatz völlig vergessen hatte. Das war zwar schade, aber nicht weiter schlimm, da außer mir keiner mein Manuskript kannte. Nach meiner Rede trafen wir uns am Büfett. „War mein Hänger sehr schlimm?", fragte ich meine Kolleginnen. Sie sahen mich erstaunt an. Sie hatten meinen Blackout gar nicht bemerkt. Dabei war es mir so vorgekommen, als hätte ich stundenlang geschwiegen. Für die anderen war es anscheinend nur eine kleine Pause gewesen, die nicht weiter aufgefallen war.

Meine bewährten Mittel bei Blackouts

1. Seit diesem Abend schreibe ich mir meine Kernbotschaften extra noch einmal untereinander auf, damit sie sich noch besser in meine Gehirnwindungen eingraben.

Ich kann es nicht oft genug sagen: **Eine gute Vorbereitung ist mehr als der halbe Vortragserfolg.**

2. Nie mehr wieder lasse ich das Manuskript in der Tiefgarage zurück. Es liegt nun immer griffbereit neben mir auf einem Stehtisch. Wenn ich nicht weiterweiß, schaue ich nach. Ohne jede Scheu. Die Leute sind, wie gesagt, ohnehin froh über eine Nachdenkpause. In den meisten Fällen brauche ich meine Schummelzettel nicht, aber es ist gut, zu wissen, dass sie da sind.

3. Wenn ein Blackout passiert, nicht herumstammeln: „Das ist jetzt ... nein, zu dumm ... es tut mir leid ... so etwas ist mir noch nie ..." Damit machst du die Zuhörer erst recht auf den Hänger aufmerksam. „Dann haben sie wenigstens Mitleid mit mir", meinte eine Seminarteilnehmerin. Aber ich frage dich: Ist es das, was du willst? Mitleid? Mir ist es lieber, ich bleibe als kompetente Rednerin mit interessanten Inhalten im Gedächtnis.

4. Und merk dir: Hänger passieren jedem.

5. Also ruhig Blut. Durchatmen. Schweigen. Ein paar Schritte gehen, um von der Leitung herunterzusteigen. ☺ Setz einen Gesichtsausdruck auf, der zu deinem Thema passt: Du kannst so tun, als würdest du dich gerade amüsieren, wenn du humorvoll unterwegs bist, oder ernst nicken. Währenddessen an die Kernbotschaften denken und mit einer passenden den Vortrag fortsetzen.

DU FÜRCHTEST DICH VOR FRAGEN NACH DEINER PRÄSENTATION

Hast du Angst, dass keiner eine Frage stellt und peinliches Schweigen entstehen könnte?

Die Lösung liegt wieder in der Vorbereitung. Frage dich im Vorfeld: Was ist der Nutzen für meine Zuhörer? Was haben sie davon, wenn sie das tun, was ich ihnen vorschlagen werde? Was haben sie davon, wenn sie unterlassen, wovor ich sie warnen werde? Was könnten sie darüber hinaus noch wissen wollen?

Jeder Nutzen bildet eine wichtige Kernbotschaft, auf die du immer wieder zurückkommen kannst, wenn sich ein Schweigen ergibt.

Wenn keine Fragen kommen, kannst du dir selbst welche stellen. Ich beginne zum Beispiel mit: „Sie werden sich jetzt sicher fragen …", oder: „Erst neulich wurde ich gefragt …", und dann kommt die vorbereitete Frage, auf die ich natürlich eine brillante Antwort weiß. ☺ Das bewährt sich natürlich auch bestens, wenn du vor deinen Vorgesetzten präsentierst.

Ein kleiner Tipp: Läute die Fragerunde besser mit der Floskel ein: „Wer von Ihnen hat die erste Frage?", statt dem üblichen: „Gibt es Fragen?" Erfahrungsgemäß meldet sich dann eher jemand.

Du fürchtest, etwas gefragt zu werden und keine Antwort zu wissen?

Wenn du nicht gerade in einer Prüfungssituation bist, dann ist auch das halb so schlimm.

1. **Betrifft die Frage nicht dein Projekt**, dann sage das einfach offen. Niemand verlangt von dir, dass du eine Antwort zu einer Frage weißt, die dich (derzeit) nicht betrifft. Hast du eine Ahnung, wer es wissen könnte, verweise ihn an diese Person.

2. **Betrifft die Frage dein Projekt, ist aber so speziell**, dass du sie nicht beantworten kannst, dann versprich, dich schlauzumachen und dich beim Fragensteller zu melden. Niemand muss alles immer sofort wissen.

3. **Betrifft die Frage dein Projekt und du solltest die Antwort unbedingt kennen, weißt sie aber dennoch nicht**
Du fürchtest, dass es dich vor allen Anwesenden bloßstellen könnte, wenn du diese Lücke zugeben würdest? Oder dass man dir dadurch deinen ganzen Vortrag nicht mehr glauben würde? Für diese unangenehme Situation habe ich mir einen Trick zurechtgelegt, bemühe mich aber, ihn nicht zu brauchen. Er wirkt am besten bei Vorträgen vor großem Publikum.

4. **Trick bei peinlicher Wissenslücke:** Wenn du eine Wissenslücke nicht zugeben willst, sage: „Danke für die Frage." Dann kommt eine deiner wichtigsten Kernbotschaften, die noch am besten passt. Würdest du nicht antworten, würden alle deine Lücke bemerken. Da du antwortest, sind die meisten zufriedengestellt, außer wahrscheinlich der Fragesteller. Aber nicht einmal das muss sein. Hättest du als Vortragende eine offensichtliche Schwachstelle zugegeben, würden sich die negativen Emotionen aller gegen dich richten. Bleibt der Fragesteller hartnäckig, richten sie sich in der Regel gegen ihn: Du hast doch ohnehin geantwortet, was will er denn noch?! Mit diesem Trick rettest du die Situation für dich. Aber bitte sorge dafür, dass du die Wissenslücke umgehend auffüllst.
Eine andere elegante Lösung: Du kannst loben: „Das ist eine sehr wichtige Frage. Die gebe ich gern weiter. Was meinen Sie?", und dann blickst du erwartungsvoll ins Publikum.

Du fürchtest, dass man dich unterbrechen könnte, man dir nicht zuhört oder dass dich Zwischenfragen und unpassende Bemerkungen aus dem Konzept bringen könnten?

Wundert es dich, wenn ich wieder bei der Vorbereitung beginne? Statt nur die Fakten zusammenzutragen, stell all das in den Vordergrund, was deine Zuhörer an deinem Thema interessieren könnte. Konzentriere dich auf deren Nutzen. Statt allgemein über das Thema zu sprechen, brich es zuerst auf einen Einzelfall herunter.

Peter ist Fachmann für Unfallverhütung am Arbeitsplatz. Seine Aufgabe ist es, Firmen aufzusuchen, sich die Situation vor Ort anzusehen und vor der versammelten Belegschaft Verbesserungsvorschläge zur Arbeitssicherheit zu machen.

„Die Leute haben meist keine Freude mit meinem Kommen", erzählte er mir seufzend. „Sie denken, ich stehle ihnen die Zeit, verdrehen die Augen bei allem, was ich sage, oder unterhalten sich einfach untereinander weiter. Dabei verstoßen sie bei der Arbeit oft gegen das Gesetz, aber das ist ihnen völlig egal."

Auweh, das nenne ich Präsentieren unter besonders schwierigen Bedingungen. Ich habe Peter gebeten, mir eine seiner typischen Präsentationen vorzutragen, und er begann dann ungefähr so: „Bei einer Maschine XY, wie Sie sie hier stehen haben, muss man beachten, dass 1./2./3./4. Der eine Hebel muss in einem Winkel von 270 Grad stehen, der andere hingegen… Viele Unfälle geschehen dadurch… Bei einer Geschwindigkeit von über 1.000 Umdrehungen muss unbedingt…"

Wundert es dich, dass er damit niemanden vom Hocker reißt? Die Mitarbeiter halten sich doch alle selbst für Fachleute und glauben ohnehin, alles besser zu wissen als er. Das, was sie besser zu wissen glauben, interessiert sie auch nicht. Peter wehrte sich vehement gegen mein strenges Urteil: „Gerade neulich war ich bei einer Firma, die die gleiche Maschine ebenso falsch aufgestellt hatte und ein Arbeiter hatte drei Finger verloren."

„Ha", rief ich, „da haben wir den zündenden Anfang!"

Er lautete: „Letzten Sonntag hatte Mechaniker Otto noch alle fünf Finger." Ich würde meine rechte Hand in die Höhe halten. „Tags darauf arbeitete er mit einer Maschine genau wie diese hier. Und jetzt ist sein Mittelfinger weg. Und ebenso der Ringfinger und leider auch der Daumen." Dabei würde ich die jeweiligen Finger wegklappen. Während sich die anderen vom Schreck erholen, soll er ihnen erklären, wie es passiert ist und was sie tun können, um das zu verhindern. Allgemeine Faktenaufzählungen rauschen an den Ohren des Publikums vorbei. Erst konkrete Einzelfälle machen die Dinge plastisch und nachvollziehbar. Und sorgen für die gewünschte Nachhaltigkeit.

Wie gehst du mit Zwischenfragen professionell um?

Anja brannte darauf, ihr Projekt der Firmenleitung präsentieren zu dürfen. „Ich bin so stolz darauf und ich habe lange intensiv auf den Tag hingearbeitet!" Was ihr Sorgen machte, waren die Fragen, die während ihrer Präsentation gestellt werden könnten. „Das sind alles Fachleute und außerdem kritische Zeitgenossen. Was mache ich, wenn sie mich durch Fragen unterbrechen und aus dem Konzept bringen? Was, wenn ich dadurch den Faden verliere?"

Zuallererst finde ich es großartig, dass sich Anja trotz ihrer Ängste nicht davon abhalten lässt, ihr Projekt selbst vorzustellen. Natürlich ist die Geschäftsleitung oftmals eine besondere Herausforderung, aber dafür ist das Glücksgefühl auch umso größer, wenn man es geschafft hat.

Wie ich mit Zwischenfragen umgehe? Wenn sie genau zum Thema passen, beantworte ich sie am liebsten sofort. Das bringt die Interaktion, die ich liebe, und ich muss nicht die ganze Zeit im Kopf behalten, welche Fragen ich anschließend nicht vergessen darf. Bei ihren Vorgesetzten sollte Anja das am besten auch so handhaben.

Wenn sie das aber allzu sehr aus dem Konzept brächte? Dann würde ich an ihrer Stelle gleich zu Beginn ankündigen, dass ich

Fragen nach dem Vortrag gern beantworte und bitte, sich bis dahin zu gedulden. Am besten argumentiert sie so, dass die Vorgesetzten den Nutzen für sich erkennen: „Sie werden merken, dass die meisten Ihrer Fragen in meinem Vortrag ohnehin beantwortet werden. Im Anschluss gehe ich dann selbstverständlich auf alles ein, was noch offengeblieben ist. Dadurch können wir uns viel Zeit sparen."

Kommen dann trotzdem Zwischenfragen, mache ich eine kurze, abwehrende Handbewegung (die Handfläche zum Sprecher, die Finger aufgestellt) und sage freundlich: „Fragen gern am Schluss", breche den Blickkontakt ab und fahre in meiner Rede fort. Ob Anja das bei ihren Chefs auch so halten will, habe ich ihr überlassen.

Was tun bei unpassenden Zwischenbemerkungen?

Auf unpassende Zwischenbemerkungen reagiere ich in der Regel nonverbal, also mit einem Blick, und lasse mich nur auf ein Zwiegespräch ein, wenn es unbedingt sein muss.

Was will denn so ein Zwischenrufer? Er will mich provozieren, verunsichern, vor den anderen gut dastehen. Oder er ist mit dem, was ich sage, nicht einverstanden. Wenn ich ihn ignoriere, erreicht er sein Ziel nicht, und das erhöht die Gefahr, dass er noch einmal nachlegen wird. Daher reagiere ich mit Mimik oder Gestik. Ich grinse ihn an, ich schaue besonders ernst, ich runzle die Stirn, ich hebe eine Hand, was mir eben in der Situation passend erscheint. Meistens ist damit Ruhe. Falls nicht, reagiere ich mit Worten. Entweder tue ich so, als würde ich ihn ernst nehmen: „Wie genau hilft uns Ihre Bemerkung, das Problem zu lösen?"

Darauf bekomme ich meist keine Antwort. Aber der Zwischenrufer hält sich künftig zurück. Natürlich kann ich auch direkt sagen, dass die Antwort nicht hilfreich ist. Manchmal sage ich auch einfach „Nicht witzig!" oder „Nicht hilfreich!", aber das muss man sich trauen. Wichtig: Eine kurze Antwort und dann Ende des Blickkontakts. Du willst dich ja schließlich nicht in eine Diskussion verwickeln lassen, die nichts bringt.

Wie deine Präsentation gelingt

Zu diesem wunderbaren Thema könnte ich ein eigenes Buch schreiben. Du bekommst hier noch einmal die absoluten Erfolgstipps in aller Kürze:

1. Das hast du jetzt schon mehrfach gelesen, ich kann es aber nicht oft genug sagen: Bereite dich gut vor! Die richtige Vorbereitung sichert dir mehr als den halben Erfolg, senkt das Lampenfieber und sorgt auch dafür, dass du dann beim Präsentieren richtig Spaß hast. Oder zumindest selbstsicher auftreten kannst.

2. Ob du dir den gesamten Text oder nur Stichworte aufschreibst, überlasse ich dir. Wenn du, so wie ich, den ganzen Text aufschreibst, dann tu das bitte unbedingt in der gesprochenen und nicht in der geschriebenen Sprache. Das gilt vor allem, wenn du im Süden Deutschlands, in der Schweiz oder in Österreich zu Hause bist: Da schreiben wir im Präteritum (1. Vergangenheitsform, Mitvergangenheit) und sprechen im Perfekt. Also statt „Ich ging ins Büro, aß einen Apfel und sang ein Lied" (geschriebene Sprache) bereite dich, auch wenn du alles aufschreibst, in der gesprochenen Sprache vor: „Ich bin ins Büro gegangen, habe einen Apfel gegessen und ein Lied gesungen."

3. Sage dir deinen Text so oft laut vor, bis du ihn verinnerlicht hast. Das hat den hilfreichen Nebeneffekt, dass du dich an deine Stimme gewöhnst. Außerdem kannst du überprüfen, wie der Text in deinen Ohren klingt. Hast du Wortwiederholungen? Bist du zu schnell? Klingst du fade? Spiele mit der Wortmelodie. Nimm deine Rede dabei am besten mit dem Handy auf – dann kannst du dir anhören, wie andere dich wahrnehmen werden.

4. Wie gut, dass unsere Handys auch Stoppuhren haben! Es ist wichtig, dass du weißt, wie lange deine Rede dauert.

Das Publikum kann Vortragende, die die Zeit überziehen, nicht leiden. Und die Veranstalter auch nicht. Achtung: Das gilt auch, wenn du unglaublich viel und unglaublich Spannendes zu erzählen hast. Halte dich an die vorgegebene Zeit. Punkt. Du wirst merken: Mit einer guten Vorbereitung wächst deine Selbstsicherheit. Du weißt genau, was du sagst. Aber auch, was du weglässt. Du kannst dadurch die vorgegebene Redezeit einhalten und wirkst so noch professioneller.

Ich erinnere mich an einen Redner auf einer Tagung. Er war rhetorisch exzellent, brachte plastische Beispiele, sprühte vor Intelligenz und Wortwitz, das Publikum hing an seinen Lippen. Ganz großes Kino. Laut Programmheft war seine Rede für 30 Minuten angesetzt. Auch nach 35 Minuten hörten ihm die Leute noch zu, dann begannen sie, unruhig zu werden, er hörte immer noch nicht auf. Schließlich überzog er um mehr als 25 Minuten und warf damit nicht nur den weiteren Ablauf über den Haufen, was gegenüber Veranstaltern und den nachfolgenden Rednerinnen und Rednern höchst unfair war, durch sein unprofessionelles Überziehen verärgerte er auch die Zuschauer. So hörte ich in der Pause, als sich ein Zuhörer beim anderen erkundigte, wie er den Vortrag denn gefunden hätte, als Antwort nur ein verächtliches: „Zu lange!"

Also, ich möchte anders in Erinnerung bleiben.

5. Frage dich zuallererst: Was will ich mit meiner Präsentation erreichen? Was soll wer nachher wissen oder machen? Wie erreiche ich das am besten? Kurz gesagt: Was ist der Nutzen meiner Zuhörer? Und: Was sind meine Ziele? **Wenn du keine Ziele hast, also nicht weißt, was du willst, brauchst du den Mund erst gar nicht aufzumachen.**

6. Nutze nur Folien und andere Hilfsmittel, die zur Verdeutlichung deiner Worte und zur Erreichung deiner Ziele unbedingt notwendig sind. Alles andere lass weg. Wenn du deinen gesamten Text auf Folien packst, werden diese schnell unübersichtlich oder überfordern die Zuschauer. Und es wird langweilig!

7. Eine Präsentation ist keine Lesung. Wenn du dich hinter PowerPoint-Folien versteckst und alles vorliest, ist das öde und widerspricht dem obersten Gebot für eine Präsentation: Sie darf vieles, aber langweilen darf sie nicht.

8. Erzähle zu den Fakten auf der Folie (zum Beispiel einem Diagramm mit Zahlen) saftige Geschichten und nenne praktische Beispiele. Verzichte auf zu viele Zahlen und nackte Fakten, die sich ohnehin niemand merken kann. Diese sind in einem schriftlichen Handout besser aufgehoben.

Wenn dir das Präsentieren so gar keinen Spaß macht

Indra ärgerte sich über ihren Chef. „Er besteht darauf, dass ich einmal im Quartal vor allen Führungskräften die Fortschritte aller Projekte unserer Abteilung präsentiere. Das finde ich so unfair. Er weiß doch längst, dass ich das hasse. Ich kann nämlich noch so gut vorbereitet sein und noch so viele aussagekräftige PowerPoint-Folien an die Wand werfen, die Kollegen hören mir nicht zu. Sie sitzen lustlos da und wischen auf ihren Smartphones herum."

Wenn man etwas ungern tut, macht man es selten gut. Das ist eine Grundregel, die sich auf alle Bereiche des Lebens anwenden lässt.

Wenn es Indra keinen Spaß macht, zu präsentieren, wie sollte es dann den anderen Spaß machen, ihr zuzuhören?

Mit dem Thema, warum gerade Frauen oft das Problem haben, dass man ihnen nicht zuhört, befassen wir uns in diesem Kapitel noch ausführlicher.

Ich sehe für Indra zwei Alternativen

Entweder sie spricht in Ruhe mit ihrem Chef und führt gute Gründe an, warum jemand anderes künftig die Präsentationen übernehmen soll. Dabei ist es wichtig, dass sie sich nicht kleinmacht. Am besten überlegt sie sich auch eine Aufgabe, die sie stattdessen übernehmen könnte und die ihr besser liegt.

Eines muss Indra dabei allerdings bewusst sein: Wenn jemand anderes ihr Projekt präsentiert, besteht die Gefahr, dass derjenige dann auch die Lorbeeren einheimst. Will sie das wirklich zulassen?

Statt sich über den Chef zu ärgern, könnte Indra aber auch erkennen, dass es ein Vertrauensbeweis in ihre Fähigkeiten ist, dass er sie für die Präsentation ausgewählt hat. Warum also beschließt sie nicht lieber, Präsentieren zu lernen, statt sich davor zu drücken? Es gibt auf diesem Gebiet ein vielfältiges Seminarangebot. Vielleicht ist der Chef sogar bereit, die Kosten zu übernehmen.

Mein Tipp, wenn du eine Aufgabe loswerden willst

Mach dich nicht klein. Statt „Ich kann das nicht", „Ich mag aber nicht!" oder „Mir hört ohnehin niemand zu" lieber „Ich bin besser im Organisieren als im Reden" oder „Wäre es nicht spannender, wenn das nächste Mal eine andere Abteilung präsentiert? Damit bekommen wir neue Gesichtspunkte auf den Tisch".

KIKERIKI IM CHEFBÜRO ODER: DIE „PROBLEM-FRANZI"

Franziska war es als Verkäuferin in einem namhaften Großhandelsbetrieb gelungen, einen umfangreichen Kundenstock aufzubauen. Sie reiste durch die Lande, ihre Zahlen wurden immer noch besser, im vergangenen Jahr zählte sie zu den Top-3-Verkäufern ihrer Firma. „Natürlich mache ich meine Arbeit selbstständig", erzählte sie mir, „ich brauche keine Rundumbetreuung. Das Chefbüro sieht mich nur, wenn es ernsthafte Probleme gibt. Ich bin ja nicht Paul! Der steht dort ständig auf der Matte und ist sich auch nicht zu blöd, über ungelegte Eier zu gackern!" Franziska ahmt seinen Tonfall nach: „‚Ich habe da einen großen Fisch an der Angel, ich schwöre Ihnen, das wird das Geschäft des Jahres.‘ Wenn dann doch kein Geschäft daraus wird, dann wollte er", sie malt Gänsefüßchen in die Luft, „‚den Kunden ohnehin nicht‘. Um gleich darauf zu verkünden: ‚Jetzt bin ich an einem besseren dran.‘ Diese sinnlose Prahlerei finde ich lächerlich, nein, eigentlich sogar ärgerlich." Sie wartet, ob ich zustimmend nicke. Als ich nicht sofort reagiere, schnauft sie unwillig: „Wissen Sie, was ich mitbekommen habe? Durch reinen Zufall? Unser Chef lobt Paul vor den anderen Bereichsleitern in den höchsten Tönen. Was der alles macht, wen der alles kennt! Er nennt ihn Super-Paul. Wissen Sie, wie er mich nennt? Seine Problem-Franzi!"

Auweia, das ist ungerecht! Aber Jammern hilft ebenso wenig, wie Paul oder gar dem Chef Vorwürfe zu machen. Warum nennt der Vorgesetzte Franziska „Problem-Franzi"? Richtig: Weil er sie nur sieht, wenn es Probleme gibt. Monatelang bekommt er von ihr und ihrer Arbeit nichts mit. Ihre Erfolge werden ihm nur einmal im Jahr vor Augen geführt, wenn die Bilanz erstellt wird. Die Tatsache, dass er Paul, der, wie ich erfuhr, nicht so gute Zahlen schreibt wie Franziska, dagegen „Super-Paul" nennt, lässt den Schluss zu, dass er das Vorgehen, das Franziska Prahlerei nennt, „super" findet. Und dass sich Paul daher nicht lächerlich, sondern den Wünschen des Chefs gemäß verhält.

Franziska hat die Wahl: Will sie alles so weitermachen wie bisher, weil das am besten ihrer Arbeitsweise und ihrem Naturell entspricht? Dann kann sie das tun. Aufgrund ihrer guten Ergebnisse scheint ihr Arbeitsplatz gesichert zu sein. Dann muss sie aber auch damit leben können, dass ihr Chef sie weiter „Problem-Franzi" nennt, alle anderen Führungskräfte sie unter dieser Bezeichnung kennen und dass bei Beförderungen und Gehaltserhöhungen Leute wie Paul ihr vorgezogen werden.

Will sie das nicht, wird ihr nichts anderes übrig bleiben, als ein wenig so „super" zu werden wie ihr Kollege Paul. Dann sollte sie sich auch regelmäßig beim Chef blicken lassen, ihm erzählen, woran sie gerade arbeitet, ihn an ihrem Arbeitsalltag und vor allem auch an ihren Ideen, Kundenkontakten und Erfolgen teilhaben lassen. Sie muss es ja nicht gleich übertreiben und wie Paul über weit entfernte, unsichere Eier gackern.

Du meinst, es gäbe noch einen dritten Weg? Sie könnte alles so beibehalten wie bisher und den Chef im persönlichen Gespräch bitten, ihre Arbeitsweise zu akzeptieren und sie nicht mehr „Problem-Franzi" zu nennen? Das könnte sie natürlich machen. Es würde allerdings nicht das Geringste daran ändern, dass er Paul dann weiterhin „superer" findet als sie.

WENN EIN KOLLEGE KIKERIKI SCHREIT, OBWOHL DU DAS EI GELEGT HAST

Hilke kam fuchsteufelswild ins Coaching. „Vor jedem Meeting bespreche ich mit meinem Kollegen Heiner alle Tagesordnungspunkte und wir überlegen uns unsere Vorschläge dazu. Gestern ist es schon wieder passiert, dass er eine meiner Ideen als seine ausgegeben und dafür die Anerkennung der anderen kassiert hat. Als ich empört ausrief, dass das eigentlich meine Idee gewesen wäre, hat er so getan, als wüsste er nicht, wovon ich spreche. Für die anderen war ich wieder einmal die Böse, die ihm seinen Triumph nicht gönnt."

Wie gut kann ich ihren Frust verstehen. Über unsere Eier schreien wir schon selbst Kikeriki. Dazu brauchen wir keinen Hahn (und auch keine andere Henne) – und schon gar nicht einen, der sich unsere Eier unter den Nagel reißt und als seine ausgibt. Also, was tun? Ignorieren und innerlich ärgern, bis man eines Tages platzt? Keine gute Idee. Dadurch hätten wir gleich doppelten Schaden, nämlich keine Anerkennung und überdies die drohende Gefahr eines Magengeschwürs. Soll man vor versammelter Mannschaft seine Empörung kundtun, wie Hilke es getan hat? Kann man machen, bringt aber in der Regel nicht den gewünschten Effekt, wie auch sie leidvoll feststellen musste. Teams und die meisten Vorgesetzten lassen sich nicht gern in etwas hineinziehen, was sie als Unstimmigkeit zwischen zwei Teammitgliedern klassifizieren.

Was ich an Hilkes Stelle tun würde

1. Unter vier Augen Klartext reden:
   „Meine Ideen trage ich selbst vor." Klar und deutlich. Du denkst, das könnte man auch freundlicher formulieren: „Du, Heiner, ich würde eigentlich ganz gern das nächste Mal selbst versuchen, meine Ideen vorzutragen", dann sage ich, das ist nicht klar genug! Klarheit ist wichtig, damit sich Heiner nicht herausreden kann, er hätte es entweder nicht gewusst, angenommen, du wolltest es so oder hättest nur vorgehabt, es zu versuchen, wohingegen er es auch tatsächlich getan hat.
   Bleibt Heiner uneinsichtig, stellt sich die Frage:

2. Muss sie ihn wirklich in alle Ideen einweihen?
   Kann sie diese im Meeting nicht gleich selbst vorbringen? Was er nicht weiß, kann er auch nicht stehlen. Die Anwesenden hören alles direkt aus ihrem Mund, damit erntet sie die ihr zustehenden Lorbeeren. Allerdings natürlich auch negative Kritik.
   Wenn sie, aus welchem Grund auch immer, ihre Ideen weiterhin vorab mit Heiner besprechen muss, ist es ratsam, eine

3. Liste zu erstellen, was wessen Idee war und wer was präsentieren wird.
   Stiehlt er wieder, sollte sie sich am besten umgehend zu Wort melden: „Danke, Heiner, dass du meine Gedanken vorträgst. Ich möchte dazu Folgendes ergänzen...", oder: „Da das meine Idee ist, kommen nun von mir die weiteren Details." Irgendwann wird ihm sein Vorgehen dann hoffentlich zu dumm.

4. Man kann es natürlich auch so machen wie meine Kollegin Ines. Sie erwähnte in der Vorbesprechung mit ihrem fürs „Eierstehlen" bekannten Kollegen Joe einen Vorschlag, von dem sie wusste, dass dieser beim obersten Boss auf wenig Gegenliebe stoßen würde. Als Joe die Idee dann als seine vortrug, kassierte er dafür verbale Prügel, während sie sich zurücklehnte und die Szene genoss. Das war Joe eine Lehre. Ihr bisher gutes kollegiales Verhältnis war allerdings auch im Eimer.
Ich überlasse dir die Entscheidung, was von beiden dir wichtiger ist.

Ähnliches gilt natürlich auch in der Situation, die mir bereits viele Coaching-Klientinnen geschildert haben und die dir vielleicht auch bekannt vorkommt: Meeting – Frau schlägt A vor – keiner hört zu – Mann schlägt A vor – alle finden die Idee A großartig und er kassiert das Lob und die Anerkennung. In diesem Fall ist es am besten, umgehend klarzustellen: „Danke, dass du meine Idee von vorhin noch einmal aufgegriffen hast." Um dann eigene Details zu ergänzen.

Für mich stellt sich in diesem Zusammenhang allerdings auch die Frage: Warum wurde die Frau nicht gehört, als sie A sagte?

WARUM WERDEN FRAUEN OFT NICHT GEHÖRT? WAS DU TUN KANNST, DAMIT MAN DIR ZUHÖRT

Das Einstiegswort sorgt für Aufmerksamkeit

Du kannst noch so gescheite Sätze sagen – wenn du nicht die Aufmerksamkeit der anderen hast, verpuffen sie ungehört. Also ist es wichtig, zuerst für Aufmerksamkeit zu sorgen, bevor du loslegst. Bei

Veranstaltungen klopfen Redner gern gegen ein Glas und warten, bis die anderen schweigen. Würden sie einfach losreden, würden die anderen Gäste wahrscheinlich erst merken, dass da einer spricht, wenn die halbe Rede schon wieder vorbei ist. Wenn überhaupt. Nun, gegen das Glas zu schlagen würde in einem beruflichen Meeting für eine gewisse Irritation sorgen. Während ich das schreibe, bekomme ich Lust, es einfach einmal auszuprobieren. ☺ Wäre spannend zu erfahren, was dann geschieht.

Risikofreier ist es, ein Wort für den Einstieg in die Diskussion auszuwählen. Dieses sagst du dann laut und energisch und sorgst dafür, dass man dir die nötige Beachtung schenkt: „Achtung!" wäre so ein Wort, aber auch „Wichtig!". Ich sage gern „So!" oder „Also!" oder auch „Fein!". Gut hörbar und deutlich und, wenn es sein muss, auch mehrmals hintereinander. Gleichzeitig mit dem Einstiegswort ändere ich auch meine Körperhaltung. Meist mache ich mich größer und lehne mich nach vorn, so als würde ich tatsächlich ins Geschehen springen.

Um die Aufmerksamkeit dann auch zu halten, gibt es eine Grundregel: **Sage alles Nötige, aber fasse dich so kurz wie möglich und „keep it simple", halte es also einfach und verständlich.** Statt „Vielleicht könnte einmal irgendjemand versuchen …" oder „Franz, machst du bitte …": keine Schnörkel, keine Schachtelsätze, kein „vielleicht", „könnte", „versuchen". Klare Botschaften werden am besten verstanden. Achtung, wichtig! Klar heißt nicht unhöflich. Das wissen leider nicht alle.

Rede nur, wenn du damit ein Ziel verfolgst. Wenn es dich also – um nur ein paar Möglichkeiten aufzuzählen – entweder in der Sache weiterbringt, du Fragen klären kannst, du jemandem damit helfen willst oder es dich als Expertin auszeichnet. Reden um des Redens willen geht allen auf die Nerven und hat die Konsequenz, dass einem niemand mehr zuhört, egal ob man ein Mann oder eine Frau ist.

SPIEL ÜBER DIE BANDE

Spielst du Billard? Ich, als absoluter Laie, habe mir sagen lassen, dass es dabei oft nicht möglich ist, Kugeln dadurch ins Loch zu befördern, dass man sie direkt anstößt. Gekonnte Spielerinnen treffen daher die Innenwand des Spieltisches, die Bande, im richtigen Winkel und versenken so die Kugel. Wenn wir Kikeriki schreien wollen, heißt diese Metapher: Du kannst dich und deinen Erfolg ins rechte Licht rücken, indem du selbst die Kugel anstößt, also direkt darüber sprichst. Manchmal ist das jedoch nicht möglich oder erscheint dir nicht ratsam. Dann versuche doch einmal, über die Bande zu spielen. Sorge dafür, dass jemand anderes dich und deinen Erfolg bei Führungskräften positiv herausstreicht und dich dadurch noch besser sichtbar macht. Diese andere Person kann zum Beispiel ein Kollege, eine Geschäftspartnerin oder eine Person deines Netzwerks sein, die deinen Chef kennt. Person deines Netzwerks? Das bringt uns gleich zum nächsten Kapitel.

MEINE 7. GOLDENE ERKENNTNIS

UNTERSCHÄTZE NIE DIE VORTEILE DES NETZWERKENS UND KNÜPFE GEZIELT KONTAKTE

UNTERSCHÄTZE NIE DIE VORTEILE DES NETZWERKENS UND KNÜPFE GEZIELT KONTAKTE

✓ Zum Erfolg tragen zu 7 Prozent Wissen, zu 38 Prozent Persönlichkeit und zu 55 Prozent dein Netzwerk bei. Vielen Frauen machen eine Ausbildung und Weiterbildung nach der anderen und meinen, es würde sie weiterbringen. Ich persönlich sehe als viel wichtiger an, Zeit und Geld in Persönlichkeitsentwicklung und in den Auf- und Ausbau des persönlichen Netzwerkes zu investieren. Dabei empfehle ich sowohl persönliche als auch virtuelle Netzwerkaktivitäten. Gut vernetzt zu sein, ist heute der größte Erfolgsturbo.

Petra Polk, Netzwerkexpertin,
Unternehmensberaterin, Autorin

Männer machen es uns seit Jahrtausenden erfolgreich vor, sie bilden Bündnisse. Angefangen von den römischen Philosophen über König Artus und die Ritter der Tafelrunde bis hinein in unsere Gegenwart schließen sich Männer zusammen, schwören sich Einigkeit und Treue und helfen einander auf ihrem Weg mit Rat und auch mit Tat. Egal welche politische oder religiöse Richtung die Vereinigung hat, egal ob sie konfessionslos und parteiefern ist, ob es sich um eine Studentenverbindung, einen Karnevalsverein, einen Zigarrenklub, Freimaurer, einen Kameradschaftsbund oder Serviceklub wie Rotary, Round Table, Kiwanis oder Lions handelt – Männer treffen sich regelmäßig, tauschen sich aus, erkennen einander an Ritualen, Kleidungsstücken oder Abzeichen, verfolgen gemeinsame Ziele und unterstützen sich gegenseitig. Spreche ich mit Frauen über derartige Vereine und Klubs, dann höre ich immer wieder Sätze wie: „Dafür habe ich keine Zeit. Ich muss mich um Familie und Job kümmern, ich kann nicht sinnlos im Wirtshaus herumsitzen. Außerdem gehen mir die Klüngelei (deutsch) und das Verhabern (österreichisch) auf die Nerven. Das bringt mir doch nichts!", und dann ärgern sie sich, wenn im Berufsleben wieder ein Mann an ihnen vorbeizieht.

Sehen wir uns doch die Männer an, die das Land regieren oder Unternehmen leiten. Merkst du etwas? Sie sind alle Mitglied in mindestens einer Vereinigung. Und da habe ich die in ihrer Wichtigkeit durchaus nicht zu unterschätzenden Sportvereine noch gar nicht mitgezählt.

Natürlich gibt es auch Klubs, in denen sich bereits seit vielen Jahren Frauen vernetzen. Spontan fallen mir ein: der Soroptimist Klub, Zonta, Lions Damen, Kiwanis Damen, Ladies Circle, Business Professional Women und EWMD. Rotary setzt in den letzten Jahren verstärkt auf gemischte Klubs.

Schau dich einmal um, in deinem Freudinnen-, Kolleginnen-, Bekanntenkreis. Wie viele Frauen sind Mitglied in einem Netzwerk? Wie viele Frauen haben deren Vorteile erkannt und nutzen sie auch? Was ist mit dir? Wie vernetzt du dich?

MEINE NETZWERKE UND ICH

Es war im Jahr 1994, als ich das Österreich-Chapter von EWMD ins Leben gerufen habe. Falls dir diese vier Buchstaben nichts sagen, sie stehen für European Women's Management Development Network. In den letzten Jahren ist noch ein „International" dazugekommen, da sich auch Gruppen außerhalb Europas gebildet haben. Unser übergeordnetes Ziel ist es, die Sichtbarkeit und Teilhabe von qualifizierten Frauen in Führungspositionen im Geschäftsleben und im Management zu erhöhen, um durch das Miteinander von Männern und Frauen die Qualität des Managements zu verbessern. Wir treffen uns regelmäßig zu Vorträgen und Workshops, tauschen uns aus, helfen und ermutigen einander und lachen miteinander.

Du fragst dich vielleicht, wie ich auf die Idee gekommen bin, einen Klub aufzubauen. Bis Mitte 30 war auch ich klublos glücklich. Ich war damit ausgelastet und zufrieden, mich um die drei Ks zu kümmern, die das Leben einer Frau ausmachen. Nein, nicht Kinder, Küche, Kirche – das waren die drei Ks für brave Frauen in den vergangenen Jahrhunderten. Ich meine: Kinder, „König", Karriere. ☺

Als mein erster Mann starb, war ich bereits Prokuristin eines internationalen Handelsunternehmens, führte verschiedenste Verhandlungen und bearbeitete Rechtsfälle in aller Welt, war Mutter und stolz darauf, dass sich mein Debütroman gut verkaufte. Nach der Trauerzeit begann ich, über meinen Tellerrand hinauszuschauen und neugierig zu werden: Wo waren denn, neben meinen Freundinnen, andere Frauen, die es geschafft hatten, gute Positionen zu erobern oder sich erfolgreich selbstständig zu machen? Wie hatten sie das geschafft? Was trieb sie an? Was waren ihre Gedanken, Ziele, Visionen? Außerdem beneidete ich Männer in meinem Umfeld, die zu ihren regelmäßigen Klubtreffen verschwanden. Sie unterstützten in ihren Serviceklubs nicht nur Charity-Projekte, was ich immer schon großartig fand, sondern sich auch gegenseitig. Sie bildeten ein enges Netzwerk, hielten einander die Leiter zum Erfolg und hatten dabei auch noch jede Menge Spaß. Das wollte ich auch. Ich wollte in einen Klub.

Also habe ich mich umgesehen – und fand nichts, was wirklich zu mir passte. Dabei ging es mir gar nicht wie Groucho Marx, der gesagt haben soll: „Ich mag keinem Klub angehören, der mich als Mitglied aufnimmt", und ich hatte auch nicht das Gefühl, dass mich kein bestehender Klub wollte. Ich suchte allerdings eine Vereinigung, die gezielt für Frauen in Führungspositionen offenstand. Was also tun?

„Wenn es keinen Klub gibt, der dir gefällt – gründe selbst einen", sagte mein Vater, ein Mann, der seinen Sohn und seine Töchter gleichermaßen förderte und forderte. Seine Idee erschien mir zuerst absurd – wie viele seiner Ideen –, aber dann hörte ich auf einer Dienstreise in Deutschland von EMWD. Man schwärmte mir von Klubabenden vor, berichtete über interessante Themenabende und internationale Veranstaltungen, kurz: Man machte mich neugierig. Ich erkundigte mich – und fand EWMD nicht, weder in meiner Heimatstadt noch überhaupt in Österreich. Also beschloss ich, EWMD Austria zu gründen. Nach längerer Suche fand ich Renate aus Steyr, die bereits Mitglied in Bayern war und mit der ich meinen Plan umsetzen konnte. Wir schrieben alle interessanten Frauen an, die wir kannten, sei es persönlich, sei es durch Zeitung, Radio und Fernsehen, erledigten jede Menge Papier- und Verwaltungskram und wussten, dass wir mindestens zehn tolle, erfolgreiche, ambitionierte Mitglieder brauchen würden, um einen Verein gründen zu können. Weißt du, was passierte? Am Gründungsabend kamen genau zehn Frauen, alle waren mit Feuereifer dabei, alle unterschrieben. Wir hatten das Glück der Tüchtigen. ☺ Inzwischen gibt es EWMD Austria in vier Städten mit mehr als hundert Mitgliedern. Ihr seht, aus meiner Idee wurde eine wahre Erfolgsgeschichte. Auch wenn ich mich nach intensiven Anfangsjahren längst in die zweite Reihe zurückgezogen habe, lebe ich mit Begeisterung den EWMD-Spirit, dieses Vernetzen von völlig unterschiedlichen Menschen, die doch ein gemeinsames Ziel verfolgen. Habe ich dich neugierig gemacht? EWMD gibt es natürlich auch in vielen deutschen Städten und in der Schweiz. Schau einfach mal bei www.ewmd.org vorbei, nimm Kontakt auf und besuche einen unserer Netzwerkabende.

Als Verfasserin von Romanen bin ich Gründungsmitglied von Delia, einer Vereinigung von inzwischen mehr als 200 deutschsprachigen Autorinnen und Autoren, die die Liebe in den Mittelpunkt ihres Schaffens rücken und die zusammen mehr als 30 Millionen veröffentlichte Bücher aufzuweisen haben. Die sozialen Medien machen es möglich, dass auch wir uns über alle Grenzen hinweg vernetzen und so jede stets auf das geballte Wissen der anderen zugreifen kann. Egal ob geschichtliche Fakten, Details zu Mode, Baustilen, Gesetzen, Landschaften, Sitten in den unterschiedlichsten Epochen oder Ländern, Fragen zu Buchmarkt, Grammatik oder Synonymen – irgendjemand weiß immer Bescheid. Der Grundsatz von Geben und Nehmen bewährt sich nicht nur in der täglichen Arbeit, er trägt auch dazu bei, dass die Delia, der Preis, den wir jährlich für den besten Liebesroman vergeben, den Verlagen als der namhafteste dieses Genres gilt. Falls du gern liest oder selbst schreibst, dann ist www.delia-online.de für dich sicher interessant.

Außerdem bin ich Mitglied der GSA, der German Speakers Association, einem Netzwerk für professionell tätige Redner und Trainer. Ich schätze den kollegialen Gedankenaustausch, die vielfältigen Möglichkeiten zur Weiterbildung und die hochkarätig besetzten Veranstaltungen. Selbst Rednerin oder Trainerin? Schau auf https://germanspeakers.org vorbei.

Damit nicht genug: Alle „Managerinnen des Jahres" in meiner Heimat haben sich zu einem unglaublich anregenden, informellen Netzwerk zusammengefunden. Mit meinen besten Freundinnen seit der Schulzeit bilde ich eine enge sechsköpfige „Damenrunde", die sich regelmäßig untereinander bekocht. Was haben wir nicht schon alles an Themen geteilt: Ausbildung, Partnersuche, erster Job, Schwangerschaften, Kinder, nächster Job, Hausbau, Wohnungssuche,

Krankheiten, Beförderungen, besondere Freudentage, alte Eltern, Todesfälle, Wechseljahre, Pensionierungen und jetzt das spannende letzte Lebensdrittel. Mein wichtigstes Netzwerk sind jedoch meine engsten Verwandten und natürlich meine eigene Familie mit Mann, Kindern und Schwiegerkindern.

Als Teil all dieser Gruppierungen stelle ich mir diese Frage nicht mehr:

NETZWERK – WOZU?

Immer wieder höre ich von Frauen den Satz: „Was nützt mir das?" Darauf antworte ich: „Definiere bitte das Wort Nutzen."

Als ich das Österreich-Chapter von EWMD gründete, wusste ich, dass mein Arbeitgeber keine Tonne Stahl mehr verkaufen würde, nur weil ich jetzt in einem Klub war. Also war mein finanzieller oder wirtschaftlicher Nutzen gleich null. Das war mir bewusst. Spannende Menschen aus anderen Branchen treffen, netzwerken, die Welt verbessern, Gedanken austauschen, gemeinsam Spaß haben – das stand für mich im Vordergrund. Das war für mich Nutzen genug. Unbewusst hatte ich mich an die Erfolgsregel gehalten: **Baue dir ein Netzwerk auf, bevor du es brauchst!**

Viele Jahre später machte ich mich selbstständig. Heute zählen EWMD-Kolleginnen und ihre Unternehmen zu meinen Kunden, sie kaufen meine Romane und sie verrieten mir, ohne zu zögern, ihre Erfolgstipps, als ich diese für mein Buch zu sammeln begann. Natürlich stehe auch ich meinen Klubkolleginnen jederzeit mit Rat und Tat zur Seite. Denn Vernetzen ist ein Geben und ein Nehmen. Wobei das Geben immer im Vordergrund stehen muss, damit das Nehmen dann auch möglich und sinnvoll ist.

> ### ✓ Mein wichtigster Tipp
>
> Netzwerken ist wichtig. Such dir auch weibliche Mentoren und Peers, redet offen darüber, wo ihr Unterstützung braucht, wie ihr euch unterstützen könnt, und unterstützt euch.
>
> *Katja Kienzl, Diplom-Ingenieurin, Head of Marketing in einem weltweit agierenden Technologiekonzern*

Da ich mit ganzem Herzen auch Autorin bin, habe ich mich natürlich auf diesem Gebiet ebenfalls im Kolleginnenkreis nach den besten Tipps umgehört und siehe da, ich traf auf eine ganz ähnliche Erkenntnis:

> ### ✓ Mein wichtigster Tipp
>
> Ich kann angehenden Autoren nur den Rat geben, sich gut zu vernetzen. Das hätte ich damals in meinen Anfangsjahren auch gemacht, wenn es schon Internet gegeben hätte. Auf die Weise erfährt man vieles, was man über Verlage und Agenturen und die ganze Buchbranche wissen sollte, bevor man mit einem erfolgversprechenden Projekt an den Start geht.
>
> Falls Verlage und Agenten zunächst abwinken – nicht entmutigen lassen, weitermachen, sich eventuell auch zunächst mal im Selfpublishing ausprobieren. Heute haben Autoren dadurch viel mehr Möglichkeiten als früher.
>
> *Eva Völler alias Charlotte Thomas, ehemalige Richterin, frühere Anwältin, seit 25 Jahren durchgehend Autorin, mehrere Bestseller*

UNTERSCHIED MÄNNERNETZWERKE – FRAUENNETZWERKE

Neben meinem Leben als Verhandlungsexpertin und Autorin halte ich auch mit Freuden Vorträge und werde neben großen Veranstaltungen auch in allerhand Klubs eingeladen – in Frauen-, gemischte, aber noch viel öfter in Männerklubs. Das ist nicht seltsam – es gibt einfach immer noch viel mehr Männervereine als andere. Männer treffen sich in der Regel öfter, daher haben sie auch einen höheren Bedarf an Vortragenden. Dabei sind mir einige signifikante Unterschiede zwischen Frauen- und Männernetzwerken aufgefallen.

Fragst du mich: Wer hat mehr Spaß? Dann sage ich, darin liegt der Unterschied nicht. Ich habe sowohl Männer- als auch Frauenklubs und gemischte Klubs erlebt, in denen es sehr formell zuging, und andere, in der Herzlichkeit und miteinander Lachen überwogen. Auch das alte Vorurteil, dass Männer von Natur aus besser wissen, wie man sich richtig vernetzt, ist falsch. Wenn man bedenkt, wie gut eine berufstätige Frau mit Kindern privat vernetzt sein muss, wenn sie alles unter einen Hut bringen will, dann weiß man, dass dieses Vorurteil gar nicht stimmen kann. Die Hauptunterschiede sind: das Vorhandensein von Skrupeln und das ständige Hinterfragen der Sinnhaftigkeit.

Das Vorhandensein von Skrupeln

Viele Frauen haben Skrupel, die dem Netzwerkgedanken diametral entgegenstehen. Männer stehen zu ihrem eigenen Angebot, stellen es ihren Kollegen stolz vor und erwarten ganz selbstverständlich, dass diese, sobald sie Bedarf haben, ihr Angebot in Anspruch nehmen. In einem Männerklub geht man ohne ein weiteres Wort davon aus, dass man seine Brillen beim klubeigenen Optiker besorgt, die Konditionen bei der Bank des Klubkollegen zumindest ernsthaft prüft und nur der klubeigene Urologe der richtige Mann für eine Vasektomie sein kann. Frauen sagen eher: „Ich hätte da zwar etwas, was für meine Kollegin Lisa interessant sein, ja, ihr vielleicht sogar helfen könnte. Aber nein, ich spreche sie lieber nicht darauf an. Ich bin schließlich nicht aggressiv auf Kundenfang! Das wäre peinlich und unangemessen."

Es gibt dieses Selbstverständnis nicht, dieses Wissen: **Klubfreund bedeutet automatisch auch Geschäftskontakt.** Wenn das Kind einen Ferienjob braucht, zögert der Mann nicht und greift zum

Telefon. Mehr als ablehnen kann er schließlich nicht, der Klubfreund. Und das wird er nicht, wenn er eine Möglichkeit sieht. Frauen denken eher, was könnte die andere denken … und lassen es bleiben.

Das ständige Hinterfragen der Sinnhaftigkeit

Dieser Unterschied mag dich vielleicht verwundern, denn auf den ersten Blick würden es viele vielleicht anders vermuten, aber Frauen sind viel nutzenorientierter. Sie fragen sich ständig: Was bringt mir das? Ihr merkt schon, da passt etwas nicht: auf der einen Seite den Nutzen nicht in den Fokus zu rücken und das eigene Angebot zu verschweigen und auf der anderen Seite den Nutzen dennoch zu erwarten.

Ein Mann überlegt es sich in der Regel gut, bevor er einem Klub beitritt, und dann ist er dabei. Aus. Er hinterfragt nicht jedes Jahr aufs Neue: „Bringt mir das was? Sind die Leute meine kostbare Zeit wert? Habe ich nichts Wichtigeres zu tun?"

Es muss schon etwas völlig Außergewöhnliches geschehen, dass ein Mann seinem Klub wieder den Rücken kehrt. Dann hat ihm vielleicht ein Kollege die Frau ausgespannt oder, für viele noch schlimmer, seinen wichtigsten Kunden. ☺ Ja, dann geht ein Mann, dann ist er zornig und kommt nie wieder. Frauen hingegen treten aus, wenn sie keinen Nutzen mehr sehen, wollen aber wieder eintreten, wenn sie es doch für sinnvoll erachten, und sind dann erstaunt und beleidigt, wenn man sie nicht mehr zurückhaben will.

Natürlich haben Frauen meist viele verschiedene Verpflichtungen. Sie müssen Beruf, Haushalt, Mann, Kinder und was weiß ich noch alles unter einen Hut bringen. Für sinnloses Privatvergnügen, also reinen Luxus, bleibt da keine Zeit. Doch ein Klub, richtig eingesetzt, ist kein Luxus. Es ist ein höchst sinnvolles Miteinander, das nicht nur das Berufsleben, sondern das eigene Fortkommen und die eigene Persönlichkeitsbildung in vielerlei Hinsicht bereichern kann.

MEINE LIEBLINGSWEISHEIT NUMMER 7:

Ein Netzwerk funktioniert wie ein Spiegel: Ich muss mich zeigen, um gesehen zu werden. Und es funktioniert wie eine Bank. Ich muss erst etwas einzahlen, bevor ich etwas abheben kann. Nur zum Unterschied zu einer Bank von heute wirft ein Netzwerk Zinsen ab. Und je mehr ich einzahle, desto mehr Zinsen werde ich bekommen.

Dein privates Netzwerk

Natürlich sind nicht nur Klubs und Vereine mit offiziellen Statuten, Ritualen und Regeln eine gute Basis zum Netzwerken. Die Familie und deine Verwandten sind, wenn du Glück hast, gute, weil vertraute Netzwerkpartner. Dazu deine Freundinnen und Freunde, denn was wären wir ohne sie? Unterschätze darüber hinaus nicht die Vorteile eines bunten, lebendigen, breiteren Bekanntenkreises.

Die Extrovertierten unter uns, die gern und einfach neue Leute kennenlernen, haben kein Problem damit, Veranstaltungen zu besuchen, bei denen ihnen kein einziges bekanntes Gesicht entgegenlächelt. Sie freuen sich auf neue Menschen, reden mal mit dieser, mal mit jenem und gehen mit einem Berg Visitenkarten interessanter Leute nach Hause. Introvertierte wie ich überlegen sich in solchen Fällen dreimal, ob es sich wirklich lohnt, teilzunehmen. Wenn ich allerdings auf bekannte Gesichter treffe, dann ist die Scheu bei Weitem geringer, denn dann fühle ich mich auf sichererem Boden. Darum habe ich mir mit den Jahren, zumindest in meiner Heimatstadt, einen großen Bekanntenkreis aufgebaut. So ist immer irgendwo ein bekanntes Gesicht. Ihr seht, das war reiner Selbstschutz. ☺

Da mich meine verschiedenen Berufe in Trab halten, kann ich nicht alle Einladungen wahrnehmen. Doch immer wenn ich eine Veranstaltung besuche, meine Nase also in den Wind hinausstrecke, komme ich mit etwas zurück. Mit neuen Erkenntnissen, neuen Bekannten, neuen Kooperationsmöglichkeiten und sehr oft mit neuen Aufträgen.

EIN PAAR WORTE ÜBER SMALL TALK

Findest du es auch ekelhaft, irgendwo aufzutauchen, wo du niemanden kennst? Einsam in der Ecke herumzustehen und dir blöd vorzukommen, während alle anderen sich zu kennen scheinen? Falls nicht, kannst du die nächsten Absätze getrost überspringen. Falls schon, verrate ich dir meine vielfach erprobten Praxistipps.

Die Hasenfußvariante

Du suchst dir ein anderes Wesen, das allein irgendwo herumsteht und sich blöd vorkommt, lächelst und sagst: „Hallo, ich bin Marie Müller", und falls es sinnvoll ist, fügst du den Namen der Firma hinzu, für die du dort bist, und dann stellst du eine offene Frage: „Welchen Vortrag fanden Sie bisher am interessantesten?"

Der Trick dabei: Die andere Person, selbst froh darüber, nicht mehr allein dumm herumzustehen, wird freudig antworten. Da du eine offene Frage gestellt hast, ist das auch für die Schüchternsten nicht mit einem simplen „Ja" oder „Nein" erledigt und schon seid ihr im Gespräch. Da du eine positive Frage gestellt hast, wird dieses nicht gleich von Anfang an in ein Gejammere oder Geschimpfe münden, was ebenfalls für gute Stimmung sorgt. Und wer weiß: Vielleicht unterhaltet ihr euch ja bald so angeregt, dass sich andere euch gern anschließen.

Die mutigere Variante

Du wanderst umher – Kopf hoch! Schlägst du die Augen zu Boden, wirkst du unsicher und unsichtbar. Hebst du den Blick über die Köpfe der anderen hinweg, fühlst du dich vielleicht unsicher, wirkst aber arrogant. Darum halte den Blick in Gesichterhöhe, auch wenn es anfangs vielleicht schwerfällt. Tu so, als wäre das alles für dich selbstverständlich, lächle – und suche dir eine Runde mit sympathisch wirkenden Leuten oder einer angeregten Diskussion und stell dich dazu. Wenn dich jemand irritiert ansieht, dann sagst du freundlich: „Das klingt ja spannend, ich stelle mich zu Ihnen (oder euch)." Sobald es thematisch passt, wirfst du den ersten Satz ein. Am besten und einfachsten stellst du eine Frage. Oder stimmst jemandem zu: „Ganz genau. Ist es da nicht auch wichtig, dass...?"

Was ich in so einer Situation nicht tun würde, ist, zu widersprechen: „Also, Sie sehen das falsch!" Auch wenn das stimmen sollte, macht es dich nicht eben sympathisch. Vergiss bitte nicht: Es geht darum, dass du dich vernetzen willst, und nicht darum, zu beweisen, dass du recht hast.

Die ganz mutige Variante

Du kommst in den Raum, grüßt laut und gehst zu jedem, um ihm die Hand zu schütteln, dich vorzustellen und ein paar Worte zu wechseln. Als mein Kollege Sebastian zu meiner Premierenlesung kam, kannte er außer meiner Familie niemanden. Als er ging, kannte ihn der halbe Saal. „Wiedersehen, Sebastian!", riefen sie ihm nach, „auf bald!" Er hatte ganz selbstverständlich die mutige Variante gewählt und ist seither mein Vorbild. Bei kleineren Veranstaltungen wie zum Beispiel Seminaren mache ich es auch so.

Du meinst, das würdest du nie wagen? Was, wenn die Leute irritiert sind?

Aber ich frage mich: Was kann denn schlimmstenfalls passieren? Dann ist eben die eine oder der andere irritiert. Was soll's? Leute, die etwas auszusetzen haben, finden doch immer einen Grund, es zu tun, das haben wir nie in der Hand. Andererseits, sie könnten doch genauso gut denken: „Das ist aber endlich einmal eine offene, freundliche Frau. Die will ich näher kennenlernen."

MEINE **8.** GOLDENE ERKENNTNIS

FRAUEN VERDIENEN NOCH LANGE NICHT, WAS SIE WERT SIND

FRAUEN VERDIENEN NOCH LANGE NICHT, WAS SIE WERT SIND

WIE DENKST DU ÜBER GELD?

Bevor ich dir verrate, wie ich über Geld denke, würde es mich brennend interessieren, wie du über Geld denkst. Hast du ein Blatt Papier zur Hand? Dann notiere bitte alles, was dir zum Thema „Du und Geld" einfällt. Was bedeutet für dich Geld? Schreib es einfach auf, ohne lange nachzudenken, ohne eine bestimmte Reihenfolge, ohne irgendein Für und Wider abzuwägen. Ganz spontan. Aufschreiben. Jetzt.

Nein, nicht gleich weiterlesen! ☺

Wenn du jetzt aufschreibst, was und wie du über Geld und deinen Umgang damit denkst, kannst du später kontrollieren, ob du bei deiner Einstellung bleiben oder etwas ändern willst.

Fertig? Gut.

FRAUENLOHN – MÄNNERLOHN

Mädchen müssen wissen, dass Feminismus eine gute
Sache ist. Es bedeutet nicht, dass du Männer hasst.
Es geht um gleiche Rechte. Wenn du den gleichen Job
machst, dann sollst du auch gleich behandelt und
bezahlt werden.

Charlize Theron,
im Interview mit der Zeitschrift ELLE UK

Sprechen wir doch einmal darüber, dass Frauen bei gleicher Qualifikation und gleicher Tätigkeit in der Regel weniger verdienen als Männer. Sprechen wir aber auch davon, dass in Jobs, die eher von Frauen ausgeführt werden, geringere Gehälter bezahlt werden als in männerdominierten Berufen, und dann fragen wir uns: Ist die Arbeit einer Altenpflegerin wirklich weniger wert als die eines Elektrikers?

Alle Menschen sind vor dem Gesetz gleich, so lautet ein Grundgesetz-Artikel. Warum gilt das nicht auch für finanzielle Rechte? In der Theorie wissen wir das alle. In der Praxis sieht es jedoch anders aus. Am gerechtesten geht es diesbezüglich übrigens in Island zu. Dort wurde es Unternehmen zu Beginn des Jahres 2018 verboten, Frauen weniger zu bezahlen als Männern. Sie müssen ein Zertifikat vorlegen, das die gleiche Bezahlung beweist. Kein Wunder, dass Island seit neun Jahren in Folge den ersten Platz im Ranking der Gender Pay Equality belegt. Wenn wir nicht dorthin auswandern wollen, müssen wir uns die Frage stellen:

Wollen wir wirklich noch 150 Jahre warten?

In Deutschland betrug der Verdienstabstand zwischen Männern und Frauen im Jahr 2018 21 Prozent des durchschnittlichen Bruttostundenverdienstes der Männer (Quelle: statista.com). Die Angaben der Statistik Austria zeigen in den letzten Jahren einen leichten

Rückgang des geschlechtsspezifischen Lohnunterschiedes. Innerhalb der letzten zehn Jahre sank die Einkommensdifferenz gemessen an den mittleren Bruttojahreseinkommen von fast 41 Prozent (2007) auf immer noch 37,3 Prozent (2017). Der Global Gender Gap Report des Weltwirtschaftsforums WEF zeigt die Einkommensgerechtigkeit in den einzelnen Ländern auf. Im Jahr 2014 lag Island, wie erwähnt, an der Spitze, gefolgt von den skandinavischen Staaten. Die Schweiz belegte Platz 11, Deutschland Platz 12. Österreich lag knapp vor Kenia auf dem erschreckenden 36. Rang. Ich habe eine Studie der renommierten London School of Economics im Kopf, die besagt, dass es noch 150 Jahre dauern würde, bis diese Unterschiede verschwunden sind – vorausgesetzt, das derzeitige langsame Tempo bei der Angleichung wird beibehalten. Wollen wir wirklich so lange warten?

WER ODER WAS IST SCHULD DARAN, DASS FRAUEN WENIGER VERDIENEN?

Je nachdem, wem du diese Frage stellst, wirst du die eine oder andere Antwort bekommen. Außerdem wirst du bei meinen Überlegungen wahrscheinlich darauf kommen, dass auch du selbst nicht ganz unschuldig daran bist, wenn du weniger verdienst. Das kannst du dann gleich ändern. ☺

Widmen wir uns zuerst einmal der langen Liste an Erklärungen

- Viel mehr Frauen als Männer arbeiten in Teilzeit.
- Viel mehr Frauen gehen in Mutterschaftsurlaub oder Elternzeit.
- Frauen werden geringere Einstiegsgehälter geboten, daher hinken sie von Anfang an hinterher.

- Lukrative Posten besetzen Männer gern wieder mit Männern. Man lässt eine Frau nicht so gern zum gemeinsamen Futtertrog.

- Männer verhandeln anders. Wie ein Forscherteam an der „University of New York" in Buffalo herausfand, bewerten viele Männer ihre eigene Leistung mit großem Selbstbewusstsein – selbst wenn sie in Wirklichkeit miserabel ist. Daher scheuen sie sich auch nicht, mehr zu verlangen.

- Wohingegen viele Frauen, so die Studie, selbst dann nicht mehr verlangen, wenn ihre Leistung hervorragend ist. Gemäß der Stepstone-Studie (2017) fragen 44 Prozent der Frauen nie nach einer Gehaltserhöhung. Gehörst du auch dazu?

- Frauen finden Gehaltsverhandlungen peinlich, unbescheiden, lächerlich oder unter ihrer Würde.

- Daher lautet meine Erkenntnis: Schuld daran, dass Frauen und Männer für gleichwerte Arbeit oft nicht den gleichen Lohn bekommen, sind Männer und Frauen.

FANGEN WIR MIT DEN MÄNNERN AN

Was sagt dir der Name Janusz Korwin-Mikke? Das ist jener EU-Abgeordnete, der im EU-Parlament allen Ernstes erklärte, dass es ganz selbstverständlich sei, dass Frauen weniger verdienen. Er tat dies mit den unglaublichen Worten: „Frauen sind schwächer, kleiner, weniger intelligent. Darum müssen sie weniger verdienen als Männer."

Wenn dir also sein Name bisher nichts gesagt hat, vergiss ihn ruhig wieder. Er ist es nicht wert, dass man sich an ihn erinnert. Andererseits ist der Abgeordnete ein erschreckender Beweis dafür, dass es immer noch Männer gibt, die Ungerechtigkeit für ihr gottgewolltes Vorrecht halten. Auch wenn ich hoffe, dass die Denkweise des polnischen Politikers besonders krass ist, und sie auch in den

Augen vieler Männer eine Schande ist (zumindest wenn diese Männer selbst weder schwach noch unintelligent sind), so ist sie doch ein Hinweis darauf, dass wir noch einen weiten Weg vor uns haben.

Viele Männer lassen Frauen ungern zum Futtertrog

Sie haben es sich dort schon so gut eingerichtet, kennen die Spielregeln, halten sich an Hierarchien und können auch einmal einen politisch völlig unkorrekten Witz reißen, ohne dass eine gezupfte Augenbraue in die Höhe schnellt. Sie sitzen in Aufsichtsräten, Vorständen und überall dort, wo sonst noch das Geld zu Hause ist und man sich gegenseitig die Karriereleiter hält, damit sie nicht wackelt und man möglichst gefahrlos und ohne Widerstände hinaufklettern kann. In diese Idylle männlicher Kumpanei soll man eine Frau lassen, die das gemütliche Gefüge stört? Warum, wenn es nicht sein muss? Bietet doch auch die Quotenregelung so viele angenehme Schlupflöcher.

Sprechen wir kurz über die Frauenquote

Hast du dich in deinem Freundinnen- oder Kolleginnenkreis schon einmal umgehört, wer für eine Frauenquote in Aufsichtsräten oder Vorständen von Unternehmen ist? Eine? Keine?

Ich zumindest kenne keine Frau, die stolz darauf wäre, sich eine „Quotenfrau" zu nennen. Nein, wir alle, die wir „hinauf" wollen, wollen es allein nach oben schaffen. Einzig aufgrund unseres Könnens, unseres Wissens, unseres großen Einsatzes, unserer Intelligenz, unseres unermüdlichen Schaffens. Wir sagen über uns selbst: „Wenn wir etwas werden wollen, müssen wir besser sein als jeder Mann und doppelt so schwer schuften!"

Sagst du das auch über dich?

Ist das nicht eigentlich … ganz schön blöd?

Wie lange wollen wir uns noch damit zufriedengeben, das Doppelte leisten zu müssen? Das Doppelte zu leisten, heißt, wie wir wissen und wie Statistiken beweisen, nicht, das Doppelte zu verdienen, nein, nicht einmal gleich viel. Viele von uns stellen fest, dass wir noch so viel arbeiten können, wenn es keiner merkt, wenn uns keiner unterstützt, wenn uns keiner eine Chance gibt, nützt das gar nichts. Darum schreibe ich dieses Buch, damit wir endlich auf uns und unsere Leistungen aufmerksam machen und Kikeriki schreien. Und dann gibt es noch Frauen, die sehr wohl auf sich aufmerksam machen und sich ins rechte Licht rücken, die man aber dennoch beim großen Spiel um Macht, Einfluss und Geld nicht mitspielen lässt. Denn dann gibt es die berühmte gläserne Decke, die das verhindert.

Für Aufsichtsräte börsennotierter Unternehmen gilt eine 30-prozentige Frauenquote. Theoretisch – denn sie gilt nur unter bestimmten Umständen. Wen wundert es, dass die 30 Prozent nur dort eingehalten werden, wo es eine klare Verpflichtung dazu gibt? Und dass noch niemand auf die Idee gekommen ist, mehr als die Quote zu erfüllen? Wäre die Quote nicht vorgeschrieben, so würden wohl alle Unternehmen dasselbe Bild bieten wie jene ganz großen Betriebe, für die die Quotenregelung auch heute noch nicht gilt: eine reine Männerriege. Manche ab und zu durchbrochen von der einen einzelnen Frau, oft im dunklen Hosenanzug, damit sie das harmonische Bild nicht stört.

Bei Vorständen börsennotierter Unternehmen sieht es noch schlechter aus. In Österreich sind ganze neun Frauen in so einem Vorstand. Nein, nicht neun Prozent, neun Frauen. In Deutschland sind es laut einem Artikel im *Spiegel* vom 17. Mai 2019 auch noch viel zu wenig, aber immerhin 8,8 Prozent.

„Noch immer haben 105 von 160 deutschen Börsenunternehmen keine einzige Frau im Vorstand", zitiert dieser Artikel Wiebke Ankersen, die Geschäftsführerin der AllBright-Stiftung. Und weiter: „In Schweden, in den USA, in Großbritannien wäre das undenkbar. Rein männliche Führungsteams sind dort gesellschaftlich einfach nicht mehr akzeptiert."

Wenn Frauen in Aufsichtsräte kommen, werden sie in der Praxis dennoch oft außen vor gehalten, indem man sie nicht in die wichtigen Ausschüsse aufnimmt. Da Frauen eine Minderheit bilden, können sie sich dagegen nicht wehren. Damit werden alle wesentlichen Entscheidungen wie gehabt ohne Frauen getroffen. So hast du dich vielleicht schon gefragt, warum Aufsichtsräte trotz der 30-Prozent-Frauenquote nicht mehr Frauen in Vorstandsposten berufen. Auch das liegt, so der Report der AllBright-Stiftung, hauptsächlich daran, dass Aufsichtsrätinnen in der Regel nicht in den Nominierungsausschüssen sitzen. Diese Ausschüsse haben viel Macht und Einfluss – und selbst die Arbeitnehmervertretung, deren Frauenanteil deutlich höher ist als der auf der Arbeitgeberseite, schicken lieber Männer in diese Gremien. Wo diese dann, wie es im Report steht, nach althergebrachtem Muster Kopien von sich selbst befördern. Also Männer.

Kürzlich ging es durch die Medien: 53 der Aufsichtsräte deutscher Börsenunternehmen haben das Ziel „null Frauen" im Vorstand formuliert. Darunter findest du Zalando, Rocket Internet, Freenet, HelloFresh oder Xing. Sie können eine Frau nachrücken lassen, wenn ein Vorstandsposten frei wird, müssen aber nicht. Daher ist es kein Wunder, dass Frauen bei Neubesetzungen meist leer ausgehen. Als Grund wird gern das „Märchen von der unqualifizierten Quotenfrau" erzählt. Müsste eine bestimmte Anzahl Frauen in den Vorstand, so heißt es, könnte der Aufsichtsrat möglicherweise nicht den Besten nehmen, sondern müsste eine völlig ungeeignete Frau einstellen, wenn sich keine geeignete Frau finden lässt. Gerade so, als ob es inzwischen nicht genügend qualifizierte Frauen gäbe!

Das anschaulichste Beispiel dafür haben wir in Österreich im Juni 2019 erlebt. Infolge des Ibiza-Skandals wurde der Regierung das Vertrauen entzogen und der Bundespräsident war gemäß Verfassung gefordert, binnen kürzester Zeit eine andere auf die Beine zu stellen, die das Land bis zu Neuwahlen in einem halben Jahr regieren soll. Binnen weniger Tage stand die Präsidentin des Verfassungsgerichtshofs Dr. Brigitte Bierlein als höchst kompetente Bundeskanzlerin fest. Diese wiederum schaffte es binnen einer Woche, ein Kabinett aus Experten zu bestellen, das aus gleich vielen Männern und Frauen bestand.

„Künftig kann keiner mehr sagen, dass das nicht geht!"
Österreichs Bundespräsident Dr. Alexander Van der Bellen über eine Regierung, die aus gleich vielen Männern und Frauen besteht.

Manchen Unternehmen, die die Zielvorgabe „null Frauen" angeben, ist das nun doch peinlich und sie versichern, künftig Frauen in die Chefetagen hieven zu wollen. Bleibt abzuwarten, ob das auch geschieht.

Ich selbst bin eigentlich absolut keine Freundin der Quote und es wäre mir bedeutend lieber, es ginge ohne. Aber da dies offensichtlich nicht der Fall ist, braucht es die Quote trotz allem und man sollte sie auch für Vorstände einführen. Damit Frauen endlich in entscheidenden Positionen mitmischen und zeigen können, welches Potenzial wirklich in ihnen steckt. Damit durch gemischte Teams in allen Hierarchieebenen die Qualität im Management verbessert wird. Sollte dann, dereinst in der Zukunft, ein 50:50- oder zumindest ein 70:30-Verhältnis zur Selbstverständlichkeit geworden sein, können wir ja überlegen, sie wieder abzuschaffen. Oder, sagen wir realistischer, meine, nein, eher deine Urenkelinnen können das dann tun.

Eine Frau soll froh sein, dass ich sie überhaupt einstelle. Wahrscheinlich wird sie in Kürze schwanger

Beim Gerichtspraktikum der jungen, österreichischen Juristen teilen sich die Praktikanten in zwei Gruppen. Die, die überlegen, Richter zu werden, und sich auf eine schwierige Übernahmeprüfung vorbereiten, und die anderen. Die einen bekommen in der Regel viel Arbeit zugeteilt und bemühen sich redlich. Die Mehrzahl der anderen sitzt meist ihre Zeit nur ab, um im Lebenslauf auf das absolvierte Praktikum hinweisen zu können. Ich gehörte zu den Ersteren. Das Büro teilte ich mir mit fünf von der anderen Sorte. Während ich also ein Urteil nach dem anderen verfasste, hatten meine samt und sonders männlichen Kollegen Zeit, über Gott und die Welt zu philosophieren.

„Wäre ich Personalchef", hörte ich eines Tages Björn sagen, „dann würde ich nie eine junge Frau einstellen. Die wird doch im Handumdrehen schwanger und fällt zumindest für ein Jahr aus." So lange dauerte damals die Elternzeit. Ich dachte, ich höre nicht richtig. Da arbeitete ich den lieben langen Tag, während viele Kollegen faul herumsaßen, und dann musste ich mir so etwas gefallen lassen?

Das schrie geradezu nach Widerspruch.

„Da wäre ich mir nicht so sicher", sagte ich, ohne von der Schreibmaschine (!) aufzusehen, in die ich meine Urteile und Verhandlungsprotokolle klopfte. „Es ist doch besser, eine gescheite, kompetente Frau zu haben, die vielleicht eine gewisse Zeit ausfällt, als ein Leben lang einen faulen, inkompetenten Idioten."

Ja, ich weiß, das war nicht wirklich eine charmante, herzliche Antwort, aber mir war in diesem Augenblick auch nicht charmant und herzlich zumute. ☺ Und der liebe Kollege war ja selbst alles andere als charmant und herzlich gewesen. Heutzutage würde ich mir selbstverständlich eine elegantere Antwort überlegen. Vor allem, weil mir die gute Beziehung zu Björn und den anderen Kollegen (den anwesenden und denjenigen, denen sie die Geschichte in der Gerichtskantine erzählen würden) wichtig war. Damals fanden zum Glück alle meine Antwort originell und nahmen sie nicht als Anlass für einen Streit. Aber auch nicht als Anlass, umzudenken.

Frauen werden schwanger. Das ist eine Tatsache. Wenn Frauen nicht mehr schwanger würden, würde die Menschheit aussterben. So einfach ist das. Hören wir also auf, uns für etwas zu entschuldigen oder zu rechtfertigen, was ein Naturgesetz ist. Oder noch besser, fangen wir erst gar nicht damit an.

Vaterschaftsurlaub, Elternteilzeit für Väter: Das sind schon Schritte in die richtige Richtung. Nicht nur, weil es wichtig ist, dass Väter und Babys die Chance haben sollen, von Anbeginn eine stabile Beziehung zueinander aufzubauen, indem sie sich eine Zeit lang intensiv miteinander beschäftigen. Sondern auch, weil Firmen sich nicht mehr darauf verlassen können, dass sich Schwangerschaften und die Zeit danach nur auf ihre weiblichen Mitarbeiter auswirken. Da geht natürlich noch mehr, aber wir sind auf dem richtigen Weg.

Sollte dir jemand mit der Schwangerschaftskeule kommen, dann kannst du mit folgender Tatsache kontern: Frauen stehen in der Regel viel treuer zum Unternehmen. Einer Frau, der man die Wiedereingliederung nach dem Mutterschaftsurlaub oder der Elternzeit so einfach wie möglich macht, wird sich dadurch erkenntlich zeigen, dass sie nicht daran denkt, die Firma schnell wieder zu verlassen, während viele Männer den Hut nehmen, sobald ein besseres Angebot winkt. Sei es mehr Geld oder eine interessantere Position.

OFT SIND WIR FRAUEN SELBST SCHULD, DASS WIR WENIGER VERDIENEN!

Frauen reden untereinander zu wenig über Geld.
Geld zu verdienen ist aber einfach geil.

Monika Gruber, bayerische Kabarettistin Quelle: Brigitte

✓ Mein wichtigster Tipp

Sorge dafür, dass du unabhängig bist, gerade auch finanziell. Das heißt nicht, dass du keine Beziehungen und Kooperationen eingehen solltest, aber habe die Kraft, für dich zu sorgen. Und achte darauf, womit du deinen Lebensunterhalt bestreitest – du musst dir dabei immer in den Spiegel schauen können.

Barbara Messer, Speakerin, Trainerin, Autorin und Coach

Unser Verhältnis zum Geld wird schon in unserer Kindheit geprägt. Auch wenn uns diese „Veilchen im Moose"-Sache stark an Omas Zeiten erinnert, so wird doch von vielen Mädchen auch heute noch Bescheidenheit erwartet. Man lobt sie, wenn sie brav, genügsam und sparsam sind. Jungen dagegen bekommen Bewunderung, wenn sie sich etwas trauen. Man sagt ihnen, du wirst einmal groß und stark und verdienst viel Geld. Schließlich musst du ja einmal eine Familie ernähren (und einen Porsche fahren). Du findest, das seien längst überkommene Klischees, die in den Sondermüll der Geschichte gehören, gemeinsam mit Korsett und Stützstrumpf? Da hast du völlig recht. Und trotzdem gibt es diese Denkweise auch heute noch, ebenso wie Korsett und Stützstrumpf. Diese heißen jetzt nur anders, nämlich Shapeware. ☺ Sie nehmen uns allerdings noch genauso die Luft und schränken den Bewegungsspielraum ein. Ebenso wie falsche Bescheidenheit. Auch wenn wir beide es nicht gutheißen, **es gibt immer noch eine Vielzahl überkommener Klischees, die man kleinen Mädchen so oft mit auf den Weg gibt, dass große Mädchen es gar nicht mehr wissen, dass sie sich ganz automatisch daran halten.**

Schau doch jetzt bitte mal deine Notizen an: Was hast du aufgeschrieben, als ich dich bat, deine Gedanken zum Thema „Geld" zu notieren? Steht da vielleicht:

Geld verdirbt den Charakter

Dann habe ich beim berühmten amerikanischen Schriftsteller John Steinbeck eine wundervolle Antwort für dich gefunden:

„Vielleicht verdirbt Geld tatsächlich den Charakter. Auf keinen Fall aber macht ein Mangel an Geld ihn besser."

Oder anders gefragt: Hältst du deinen Charakter wirklich für so schwach, dass ihn Geld verderben könnte? Dann ist allerdings Geld nicht dein Hauptproblem. Außerdem gibt es genügend Beispiele, dass Geld den Charakter nicht verdirbt. Denken wir nur an Bill Gates und Warren Buffett. Beide reich. Beide spenden Millionen für wohltätige Zwecke.

Geld allein macht nicht glücklich!

Ganz genau. Es gehören Gesundheit, Liebe, Freunde, sinnvolle Tätigkeiten und noch so manch anderes dazu. Aber: Kein Geld zu haben macht auch nicht glücklich. Geld hilft beim Glücklichsein. Auch hier lautet die entscheidende Frage: Was mache ich damit?

Ich habe von Studien gelesen, die meine Erfahrung bestätigen, nämlich dass Geld dann am glücklichsten macht, wenn wir es dazu nutzen, Erfahrungen zu sammeln. Und wenn wir es mit anderen Menschen teilen. Eine goldene Uhr kann die Erfahrungen, die ich auf Reisen durch fremde Länder mache, oder lustige Abende mit meinen Freunden niemals aufwiegen. Mag sie noch so edel sein.

Viel wichtiger als Geld ist mir, dass man mich mag!

Dir geht es nicht ums Geld, dir ist Harmonie am Arbeitsplatz wichtiger? Du willst dich mit deinen Vorgesetzten und Kollegen gut verstehen? Siehst du deine Kolleginnen als Freundinnen an? Du sagst: „Ich bin ja schließlich keine berechnende, eiskalte Karrierefrau, der es nur ums Geld geht!"?

Dann sage ich: Vorsicht, auf dich lauert eine Falle!

Frauen, die so denken, sind für Firmenchefs nämlich am praktischsten. Denn die machen Tag für Tag einen guten Job und man muss sie nur ab und zu loben: „Mathilde, du bist wirklich ein Schatz! Was wären wir ohne dich?", dann wird Mathilde strahlen und sich freuen und ihren Arbeitseinsatz noch einmal verdoppeln, um den nächsten Beweis von Zuneigung zu verdienen. Das ist für jeden Arbeitgeber billig.

Darf ich dir ein Geheimnis verraten? **Ob man dich mag oder nicht, hängt nicht von dem Betrag ab, den du verdienst.** Es kommt darauf an, wie du bist, wie du auf andere zugehst, welche Gemeinsamkeiten ihr habt, wie kollegial du dich verhältst. Wenn dich wirklich jemand nicht mag, weil du eine Gehaltserhöhung bekommen hast, dann ist diese Person neidisch. Wie wichtig sind dir Neider als

Freunde? Bist du wirklich bereit, ihnen zuliebe auf das zu verzichten, was du wert bist? Würden das wahre Freunde von dir erwarten?

Vorgesetzte von Frauen, die von allen geliebt werden wollen, haben es bei Gehaltsverhandlungen leicht: Sie brauchen ihnen nur zu unterstellen, sie wären „kalt", „unkollegial", „männlich", „karriere- oder selbstsüchtig", und schon beeilen sie sich zu versichern, dass sie ohnehin lieb, brav und bescheiden sind, und die Falle schnappt zu.

Dabei wäre es viel gescheiter und durchaus legitim gewesen, klarzustellen, dass das eine mit dem anderen nichts zu tun hat.

Ich kann mich nicht gut verkaufen!

Wenn du diese Aussage aufgeschrieben hast, dann kann ich dich beruhigen: Du sollst dich gar nicht verkaufen! Behalte dich ruhig, du wirst dich noch brauchen. ☺ Du hast etwas ganz anderes, was du zu verkaufen hast, nämlich deinen Einsatz, deine Leistungen, dein Wissen, deine Erfahrung und deine Erfolge. Wenn die gut sind, dann sind sie auch etwas wert. Und dann kannst du dafür auch etwas verlangen.

Ich muss gar nicht so viel verdienen, mein Mann verdient ohnehin gut

Oder die Argumente, die bei Männern beliebt sind: „Man muss einer Frau nicht mehr zahlen, die hat doch ohnehin einen Gatten, der für sie sorgt." Oder: „Es ist Aufgabe des Mannes, eine Familie zu ernähren!"

Denkst du so? Ehrlich?

Schau dich doch einfach mal in deinem Umfeld um: Wie oft sind es die Frauen, die eine Familie ernähren? Entweder gemeinsam mit dem Partner, sehr viele auch allein. Der Glaube, dass ein Ehemann die Garantie einer lebenslangen Versorgung darstellt, hat sich längst als trügerisch herausgestellt. Ich weiß aus eigener Erfahrung, wovon ich spreche:

Als ich 27 Jahre alt war, hatte ich eine gute Ausbildung abgeschlossen und in einem interessanten Job zu arbeiten begonnen. Mein

Mann war fünf Jahre älter als ich und hatte sich vor Kurzem mit einer kleinen Baufirma selbstständig gemacht. Unser Sohn war zwei, unsere Tochter noch nicht auf der Welt. Wir waren mitten im Hausbau. Die Darlehensraten waren hoch, der Zinssatz betrug damals, Mitte der 1980er-Jahre, heute unvorstellbare 14 Prozent. Wir waren eine glückliche Familie in einer heilen Welt. Das änderte sich von einem Tag auf den anderen, als mein Mann eine schlimme Diagnose bekam. Der Orthopäde überbrachte sie ihm mit folgenden Worten: „Ich habe eine gute und eine schlechte Nachricht für Sie. Die gute: Wir haben herausgefunden, woher Ihre Schmerzen im Fuß stammen. Die schlechte: Sie haben einen Gehirntumor."

Mit einem Schlag war in unserer heilen Welt nichts mehr so wie vorher. Von einem Tag auf den anderen wurde ich zur Hauptverdienerin, später zur Alleinverdienerin. Wie wäre es meinen Kindern und mir wohl bis zu und nach dem Tod meines Mannes ergangen, hätte ich mich darauf verlassen, dass wir alle ein Leben lang von ihm versorgt werden würden? Was wäre gewesen, hätte ich nicht eine fundierte Ausbildung absolviert und einen Beruf gehabt, der mir bereits zu Beginn meiner Laufbahn ein zumindest einigermaßen finanzielles Auskommen ermöglichte? Es stimmt schon, dass Geld nicht alles ist. Aber glaubt mir, ohne Geld ist alles noch viel, viel schwieriger.

Doch der Mann muss ja nicht gleich sterben, damit Frau froh ist, für ein geregeltes finanzielles Auskommen gesorgt zu haben, wie die nächste Geschichte beweist: Als ich etwa zehn Jahre alt war, begleitete ich meine Großmutter wieder einmal auf den Friedhof. Dort trafen wir eine Frau, die sich bei meiner Oma ausweinte. Normalerweise fand ich es immer furchtbar langweilig, wenn wir Bekannte trafen, dieses Gespräch verfolgte ich jedoch mit immer größer werdenden Ohren. Die Frau erzählte von ihrem Gatten, der sie schlug und auch sonst garstig zu ihr war, und meine Großmutter äußerte mitfühlende und aufmunternde Worte.

„Warum lässt sie sich denn nicht scheiden?", war meine erste Frage, als die Frau den Friedhof verlassen hatte.

„Wie stellst du dir denn das vor?", lautete die Antwort. „Die Mitzi hat ihr ganzes Leben den Haushalt geführt, sie verfügt über keine eigene Rente. Wovon soll sie denn leben? Sie kann sich ja nicht einmal einen ordentlichen Anwalt leisten."

Damals schwor ich mir etwas. Ich war schon immer gut darin, mir etwas zu schwören – manchmal sind solche Schwüre hilfreich, manchmal mache ich mir damit allerdings auch mein Leben nicht unbedingt leichter. Damals jedenfalls schwor ich mir, dass ich, wenn ich einmal groß sein würde, immer arbeiten würde. Ich wollte mir meine Eigenständigkeit bewahren, auch was finanzielle Dinge anging, damit es mir nicht so ergehen konnte wie der armen, alten Mitzi.

Es muss gar nicht etwas so Schlimmes passieren wie der Tod des Partners oder dessen gewaltsame Übergriffe. Es reicht schon, wenn er den Job verliert. Spätestens da würdest du einspringen müssen, damit ihr finanziell über die Runden kommt. Um wie vieles leichter fällt dir diese Aufgabe, wenn du bereits einen passenden Job hast und für gerechte Bezahlung gesorgt hast.

Jede Beziehung kann auch in die Brüche gehen. Wie ich höre, hat sich die Scheidungsrate seit den 60er-Jahren mehr als verdoppelt. Wer sich da in finanziellen Dingen auf seinen Mann verlassen hat, ist schnell verlassen. In vielerlei Hinsicht, aber auch finanziell. Zu den Hauptursachen von Scheidungen gehören übrigens neben Untreue und mangelnder Kommunikation auch die Streitereien ums Geld. Je weniger Geld da ist, desto mehr Anlass für Streitigkeiten gibt es.

Und dann ist es auch noch höchste Zeit, etwas anderes klarzustellen: **Es geht beim Gehalt nicht darum, wer wen zu ernähren hat. Es geht um gerechten Ausgleich für die eigene geleistete Arbeit.** Ganz egal, ob es irgendwo einen Partner gibt oder nicht. Es sagt ja auch keiner: „Fred kann ruhig wenig verdienen, der hat doch ohnehin eine Gattin."

Darum ist es wichtig und richtig, dass wir falsche Bescheidenheit über Bord werfen. Es geht nicht um das aggressive Stellen überhöhter

Forderungen, aber es geht auch nicht um feiges Kuschen. Es geht darum, dass wir Frauen, und zwar jede einzelne von uns, unser eigenes Schicksal selbst die Hand nehmen. Und zwar auch unser finanzielles Schicksal.

Geld ist doch nicht so wichtig!

Hast du das wirklich aufgeschrieben? Geld ist nicht wichtig? Dann fragen wir uns doch einmal: Wofür steht denn Geld?

Geld steht für Sicherheit, für Anerkennung, für Erfolg und dafür, dass wir das Leben selbstbestimmt gestalten können.

Bedeutet so gesehen der Satz „Geld ist mir nicht wichtig" in Wahrheit nicht: „Meine Lebensgrundlage ist mir nicht wichtig", oder aber auch: „Ich bin nicht wichtig"?

Das kann doch wohl nicht sein.

GELD FÜR DEIN MITTELALTER UND ALTER

Mittelalter – Zeitalter der Freiheit

„Mit 66 Jahren, da fängt das Leben an…" sang Udo Jürgens. Als die Platte (das waren so flache, schwarze Scheiben ☺) 1977 auf den Markt kam, war ich 20 und dachte: Was will der Alte? Vom „Rocken in der Diskothek" waren die 66-Jährigen damals so weit weg wie die heutigen 66-Jährigen von Mangas, Flashmobs oder all den Influencerinnen, die ihre künstlichen Fingernägel posten. Also war die Textzeile tatsächlich absurd.

Inzwischen bin ich zwar noch immer nicht 66, nähere mich dieser Zahl aber mit größeren Schritten, als mir lieb ist. Ich weiß, dass das Leben in diesem Alter nicht anfängt. Was allerdings in etwa in diesem Alter beginnt, ist ein neues Zeitalter der Freiheit, mit dem ich so nicht gerechnet hätte. Man ist, wenn man Glück hat, mit Anfang, Mitte 60 noch fit. Sowohl geistig als auch körperlich. Die Kinder sind aus dem Haus und stehen auf eigenen Beinen. Die Eltern, um die man sich gekümmert hat, sind uns meist bereits ins nächste Leben vorausgegangen und auch das Haustier, das man den Kindern zuliebe angeschafft hatte, ist tot. Man ist in Rente, Pension oder hat sein Geschäft geschlossen oder an Jüngere übergeben. Oder man arbeitet nur noch so viel, wie es einem Spaß macht. Endlich kann man tun, was man will. So frei war man seit dem Eintritt in den Kindergarten nicht mehr. Also seit langer, langer Zeit. Allerdings macht dieses Alter nur dann Spaß, wenn man sich keine Sorgen machen muss, dass das Geld nicht reicht. Wenn wir uns neben unserer Rente nicht auch noch einen Zuverdienst suchen müssen. Darum kommen wir zum nächsten wichtigen Thema:

Altersarmut

In ihrem Artikel zur Altersarmut in *Welt der Frauen* erzählt Chefredakteurin Dr. Christine Haiden von einem Gespräch mit einer Unternehmerin. Auf die Stellenausschreibung „Reinigungskraft" hätten sich auch vier Frauen über 60 beworben, die schon im Ruhestand waren. Diese Frauen müssten dazuverdienen, weil sie sonst nicht über die Runden kämen. Wenn Frauen zwischen 50 und 60 sind, so der Artikel, sucht der langjährige Partner oft ein neues Glück. Zum Kummer über das Scheitern einer Liebe käme bei vielen Frauen das bittere Erwachen: Sie hatten ihr Leben lang zugunsten der Familie beruflich zurückgesteckt und mit der Teilzeitarbeit die finanzielle Abhängigkeit vom Partner in Kauf genommen. Noch schlechter dran wären Frauen, die nicht verheiratet waren, daher im Todesfall keinen Versorgungsanspruch hätten und trotzdem wenig Rente bekämen, weil sie der Kinder zuliebe weniger oder nicht gearbeitet und so weniger in die Rentenkasse eingezahlt hätten. Darum sei es wichtig, schon in jungen Jahren für eine eigenständige Absicherung zu sorgen.

Du arbeitest in Teilzeit?

Verzichtest du deiner Familie zuliebe auf einen Fulltime-Job? Das ist natürlich dein gutes Recht und allein deine Entscheidung beziehungsweise die von dir und deinem Partner. Es gibt dabei allerdings drei wichtige Punkte, die du beachten solltest:

1. **Monatslohn**
    Wenn du statt 40 Stunden nur noch 20 Stunden in der Woche arbeitest, gehst du wahrscheinlich davon aus, dass du die Hälfte verdienst. Leider stimmt das nicht – in Wirklichkeit ist es oft viel weniger. Bitte aufpassen, nachrechnen und, wenn nötig, verhandeln.

2. **Altersversorgung**
    Ja, ich weiß, dass dir das noch ganz weit weg erscheint. Dennoch ist es wichtig, dass du das Thema bereits jetzt mit deinem Partner besprichst. Du steckst beruflich für die Familie zurück, damit er in Vollzeit arbeiten kann. Sobald die notwendigsten Ausgaben für deine junge Familie getätigt sind, sollte ein gewisser Betrag seines Einkommens in eine private Rentenvorsorge fließen. Nicht nur für ihn selbst, sondern auch für dich. Lasst euch beraten: Je früher ihr damit anfangt, desto geringer sind die benötigten monatlichen Zahlungen.

3. **Dauer der Teilzeittätigkeit**
    Vielleicht arbeitest du nach der Elternzeit nur 15 Stunden. Was planst du in zwei Jahren, in fünf, in zehn? Willst du dann wieder auf 40 Stunden kommen? Wissen das deine Vorgesetzten? Je früher sie Bescheid wissen, wann sie wieder voll mit dir rechnen können, desto besser können sie dich einplanen. Das wiederum erhöht deine Chancen, nicht dauerhaft in einer Teilzeitbeschäftigung festzustecken, sondern nach ein paar Jahren wieder in Vollzeit

weitermachen zu können, wenn deine Kinder größer sind und du das möchtest. Pensionsversicherungsexperten sprechen von der „Teilzeitfalle", raten spätestens ab dem vierten Lebensjahr deines Kindes wieder zur Vollzeit.

Du arbeitest in Vollzeit?
Ein kurzer Blick auf Rabenmütter

Bevor wir auch da über Geld sprechen, werfen wir einen kleinen Blick auf eine Umfrage, auf die sich die Zeitschrift *Emotion* im Mai 2019 bezieht. Deren Verlagsgründerin war schockiert, dass nur 22 Prozent aller Westdeutschen, und zwar egal ob Männer oder Frauen, dafür waren, dass eine Frau in Vollzeit arbeitet. Dieses tradierte Rollenbild, so schreibt Kasia Mol-Wolf, erschwert uns Frauen, unseren Weg zu gehen. Niemand stört sich an einem berufstätigen Vater, aber 78 Prozent an einer berufstätigen Mutter. Sie findet, es sei höchste Zeit, dass wir Frauen ermutigen, ihren eigenständigen Weg zu gehen. Und, so ergänze ich, dass wir ein Umfeld schaffen, das es ihnen erleichtert, Beruf und Kinder so zu verbinden, dass weder das eine noch das andere darunter leidet. Beim Thema Umfeldschaffen sind Politik und Unternehmen gefordert. Dem Appell, Frauen zu ermutigen, schließe ich mich hiermit gern aus vollem Herzen an. Auch ich möchte dich und jede andere Frau ermutigen, das Arbeitsmodell zu wählen, das am besten zu ihr oder dir passt. Und Arbeitgeber und Führungskräfte auffordern, die vielfältigen Fähigkeiten von Müttern zu nutzen und ihnen durch mehr Flexibilität vollen Einsatz zu ermöglichen. Die Möglichkeit zu tageweisem Homeoffice, flexible Arbeitszeiten oder auch geteilte Führungspositionen sind nur einige Ideen, die engagierten Müttern, aber auch den Unternehmen helfen, das volle Potenzial auszuschöpfen.

Eines sonnigen Samstags lud ein Unternehmer ein paar seiner wichtigsten Geschäftspartner zu einem Gartenfest ein, so auch mich. Er bat, man möge doch auch Gatten, Kinder und Hunde mitbringen.

Ich hatte seine Frau bereits ein paar Wochen davor kennengelernt, diese Begegnung ist mir nachhaltig in Erinnerung geblieben. Sie hatte mich mit den Worten begrüßt: „Mein Name ist Nina Müller, ich würde ja auch gern arbeiten und erfolgreich sein wie Sie, aber mein Gatte erlaubt es mir nicht."

Was, bitte, hätte ich darauf sagen sollen? Ich wollte damals weder dem Geschäftspartner in den Rücken fallen noch gegen meine Überzeugungen argumentieren und es ging mich in Wahrheit auch nichts an. Es war aber gar nicht notwendig, dass ich irgendetwas sagte, denn da sprach sie schon weiter. Wie sehr sie mich um meinen Job und meine Freiheit beneide, dass sie sich völlig umsonst durch ihr schwieriges Studium gekämpft habe, dass sie es zu Hause nicht mehr aushalte, aber ihre Kinder immer wieder neue Allergien entwickeln und sie daher immer weiter ans Haus gefesselt bleiben würde. Das Gartenfest fand in fröhlicher Atmosphäre statt. Als Witwe kam ich ohne Gatten. Meine Kinder, damals 14 und 11, freundeten sich mit dem Nachwuchs anderer Gäste an und Fredl Rauchberger, unser Hund, ließ sich davon abhalten, den Garten umzugraben. Eine Woche nach dem Fest traf ich den Unternehmer wieder: „Ich habe Ihre Kinder kennengelernt", sagte er und klang zutiefst überrascht. „Die sind ja gar nicht verwahrlost!"

Wann hat eine Mutter je ein so reizendes Kompliment gehört? ☺ Und doch spiegelt es schön das Vorurteil vieler Menschen wider: berufstätige Mutter = verwahrloste Kinder. Der Mann hat sich übrigens ein paar Jahre später scheiden lassen und eine Karrierefrau geheiratet.

Noch ein wunderbares Beispiel aus meinem Leben: Ich hielt wieder einmal einen Vortrag, diesmal bei einem reinen Männerklub. Da mein Mann an dem Abend so nett war, den Buchverkauf zu übernehmen, saß er an einem Tisch an der Seite. Ich habe keine Ahnung mehr, was das Thema war, über das ich sprach, aber es wird dich nicht verwundern, dass darin sicher Geschichten aus meinem Leben vorgekommen sein werden. Wir kamen zur anschließenden Fragerunde und ein

Mann wandte sich an meinen: „Sie Armer! Wenn Ihre Frau so viel gereist ist und Karriere gemacht hat, da ist wohl die ganze Arbeit mit den Kindern an Ihnen hängen geblieben! Ich hätte mir das nicht gefallen lassen."

Allseits zustimmendes Gemurmel.

Willkommen zurück in den 50er-Jahren! Im Weltbild knapp vor 2020 sollte es eigentlich selbstverständlich sein, dass sich Mütter und Väter gemeinsam und gleichberechtigt um das Familienleben kümmern. Lass dir bitte nichts anderes einreden, wenn du in Vollzeit arbeiten möchtest oder es bereits tust.

Jetzt kommen wir zu einer Besonderheit in meinem Leben: Ab der Grundschulzeit meiner Kinder war ich Witwe und so sagte mein Mann hinter dem Büchertisch: „Meine Frau war Witwe. Mich hat es damals noch gar nicht gegeben!" Ich präzisiere, gegeben hatte es ihn natürlich schon, aber nicht in unserem Leben. ☺

Und jetzt kommt das Besondere an meiner Besonderheit: Plötzlich waren alle still. Arbeitet eine Frau und hat sie einen Mann, haben die Kinder also auch einen Vater, ist sie eine Rabenmutter. Arbeitet eine Frau und ist der Mann tot, haben die Kinder also keinen Vater mehr, dann geht das in Ordnung. Wenn wir das Kindeswohl in den Vordergrund stellen, wie alle Kritiker behaupten, dann ist das höchst unlogisch, behaupte ich.

Du arbeitest in Vollzeit – jetzt reden wir über Geld

Auch als voll Berufstätige kannst du nicht früh genug an dein 66-jähriges Ich denken. Schenk ihm die Freiheit, die es dann braucht. Solange Frauen weniger verdienen, bekommen sie natürlich auch deutlich niedrigere Renten. Also: Wann hast du das letzte Mal eine Gehaltsverhandlung geführt? Wann hast du als Selbstständige das letzte Mal die Preise erhöht? Wenn du es schon nicht für dich tust, tu es für dein 66-jähriges Ich. Lies meine Tipps, die zum Thema „Verhandeln um Geld" noch kommen werden, und los geht's! Wie heißt es in der Werbung? *Heute schon an morgen denken!*

Von der Gehaltserhöhung, die du dann erreichst, oder wenn du es dir leisten kannst auch schon vorher, nimmst du dann am besten eine gewisse Summe und legst sie für deine Rente oder Pension an. Erkundige dich bei deiner Bank oder Versicherung nach einem passenden Produkt. Es gibt auch solche, bei denen du Zahlungen aussetzen kannst, wenn das Geld knapper wird, wenn du zum Beispiel in Mutterschutz gehst. Bereits 50 Euro im Monat, ja sogar 20, ergeben über die Jahre einen erfreulichen Betrag. Je früher du beginnst, desto weniger kostet es dich im Monat. Glaub mir: Du wirst es dir danken!

Habe ich dich überzeugt, dass Geld an und für sich nichts Schlechtes ist? Dass es immer darauf ankommt, was du damit machst? Sehr gut. Bevor wir uns einer Verhandlung um mehr Geld widmen, sprechen wir doch zuerst über das

ANFANGSGEHALT

✔ Mein wichtigster Tipp

für junge Frauen, die noch zur Schule gehen oder studieren: „Seid gut in Mathe! Wählt ein MINT-Fach, also Mathematik, Informatik, Naturwissenschaft oder Technik." Warum? Weil Männer, die ja oft noch die Jobs vergeben, dem Respekt zollen. Ich war gut in Mathe und habe tatsächlich, wenn auch nur im Nebenfach, Informatik studiert. Es war eine Qual, ich gebe es zu. Aber es hat sich bei Bewerbungsgesprächen ausgezahlt. Ich war eben nicht nur die Journalistin für die leichten Themen oder die Liebesromanautorin, sondern ich war die, die sich mit Zahlen auskennt. Ich habe immer mehr verdient als meine Kollegen (hier gendere ich mal ausdrücklich nicht) in gleicher Position.

Dr. Bettina Hennig, Klatschjournalistin und Bestsellerautorin

Ob du tatsächlich das verdienst, was du wert bist, hängt bereits damit zusammen, mit welchem Gehalt du in einem Unternehmen einsteigst. Ist es viel zu wenig, werden dich auch spätere Gehaltserhöhungen nur schwer dorthin bringen, wo du sein solltest. Frauen bekommen in der Regel niedrigere Einstiegsgehälter als Männer. Das ist zwar sachlich durch nichts gerechtfertigt, aber leider eine Tatsache.

Hier ein Beispiel aus meinem Bekanntenkreis: Lara und Florian waren seit der Grundschule miteinander befreundet und studierten gemeinsam Medizin. Sie sind beide gleich intelligent, gleich kompetent und sympathisch und hatten im Studium beide hervorragende Noten. Nach ihrem Abschluss bewarben sie sich im selben Krankenhaus. Beide wurden eingestellt. Allerdings bekam Florian ein Anfangsgehalt von einigen Hundert Euro mehr im Monat. Findet ihr das richtig und gerecht? Ich nicht.

Eine Studie der Carnegie Mellon University, Pittsburgh, untersuchte, warum in den USA Absolventinnen der Studienrichtung „Wirtschaft" im Durchschnitt circa 4.000 Dollar im Jahr weniger Einstiegsgehalt bekommen als ihre männlichen Kollegen. Das Ergebnis finde ich bemerkenswert, um nicht zu sagen erschütternd. Es lag nämlich nicht nur an den ungerechten Firmenchefs, die Männer bevorzugten. Es lag auch daran, dass 57 Prozent der Männer eine Verhandlung über ihr Einstiegsgehalt geführt hatten, wohingegen das nur bei sieben Prozent der Frauen der Fall war. Die anderen hatten sich mit dem zufriedengegeben, was man ihnen angeboten hatte.

Um zu überprüfen, ob dies auch für den deutschsprachigen Raum gilt, habe ich mich mit Firmenchefs und Personalverantwortlichen unterhalten. Und siehe da: Sie bestätigen dieses Ergebnis nicht nur, sie nutzen dieses Wissen im Berufsalltag auch aus, um geringere Löhne zahlen zu müssen. Obwohl manche eingestanden, dass sie es menschlich schade fänden, wie schlecht oder gar nicht die meisten Frauen um ihr Geld verhandelten.

Die Studie aus Pittsburgh beinhaltete allerdings auch eine erfreuliche Nachricht: Der Verhandlungserfolg an und für sich hat nichts mit dem Geschlecht zu tun. Jeder Teilnehmer der Studie, der über sein Geld verhandelte, erhielt jährlich im Durchschnitt 4.000 Dollar mehr als der, der nicht verhandelte. Dabei war es egal, ob es sich um einen Mann oder eine Frau handelte.

Das Thema „Geld" in deinem Vorstellungsgespräch

Du hast dich beworben und wirst zu einem Vorstellungsgespräch eingeladen? Herzlichen Glückwunsch, die erste wichtige Hürde ist geschafft. Du kannst also selbstbewusst zu diesem Meeting gehen. Nur bitte, tu dies erst, nachdem du dich gut vorbereitet hast. Das betrifft natürlich nicht nur, aber auch das Thema Geld. Denn du kannst sicher sein, wenn alles gut läuft, dann kommt unweigerlich die Frage des Verdienstes auf den Tisch und du wirst gefragt werden, welche Höhe du dir vorstellst. Es sei denn, du bewirbst dich bei einer Behörde oder einem großen Konzern mit einem starren Gehaltsschema. Aber selbst dann kannst du versuchen, ob du nicht doch mehr für dich herausholen kannst, wenn du nur weißt, wie.

Zuallererst solltest du herausfinden, wie viel andere Personen verdienen, die den Job machen, für den du dich bewirbst. Und schon ist ein Netzwerk wieder wichtig: Vielleicht hast du Kollegen aus der Ausbildung, mit denen du sprechen kannst. Vielleicht kennt jemand jemanden, der jemanden kennt, der dir zumindest einen ungefähren Betrag nennen kann. In Wirtschaftsmagazinen gibt es immer wieder Tabellen, die Gehälter vergleichen. Auch eine Recherche im Internet bringt einiges zutage. Wichtig:

MEINE LIEBLINGSWEISHEIT NUMMER 8:
Vergleiche dich nicht nur mit Frauen, vergleiche dich vor allem mit Männern.

Wenn du nicht weißt, was bezahlt wird, kannst du mit deinen Vorstellungen so weit danebenliegen, dass es im schlimmsten Fall mit der Einstellung nichts wird. Oder du läufst Gefahr, weit unter deinem

Wert einzusteigen. Ist das erst einmal geschehen, dann ist der Aufstieg ein viel mühsamerer, als wenn du gleich weiter oben begonnen hättest. Das ist wie beim Erklimmen eines Berggipfels. Musst du von Anfang an zu Fuß los, vielleicht sogar in zu kleinen Bergschuhen, wirst du viel langsamer vorwärtskommen, als wenn du für den ersten Teil des Weges die Seilbahn nehmen konntest. **Im Unterschied zum Berg ist bei Geld niemals der Weg das Ziel.**

Ein Wort zu den Gehaltsangaben in Stelleninseraten, die der Gesetzgeber verpflichtend vorschreibt. Nehmt diese Angaben als unteren Richtwert, der je nach Know-how und Erfahrung des einzelnen Bewerbers oder der einzelnen Bewerberin Luft nach oben hat.

Da fällt mir die etwas skurrile Geschichte von Berni ein. Das ist ein Freak, der nahezu seine gesamte wache Zeit vor dem Computer verbringt. Er heuerte bei einer kleinen IT-Firma an, ausschließlich deshalb, weil ihn die Aufgabe reizte. Der Lohn war schlecht und wurde, wenn überhaupt, nur unregelmäßig ausbezahlt. Eines Tages war es so weit. Er und seine Freundin wollten eine Familie gründen, er brauchte ein regelmäßiges und höheres Einkommen und Berni bewarb sich bei einem Konzern. Das Vorstellungsgespräch verlief erfreulich. Die Personalchefin fragte ihn nach seinen Gehaltsvorstellungen. Berni war mutig und schlug 20 Prozent auf den Betrag auf, den er (zumindest theoretisch) in seiner alten Firma bekommen hatte. Die Frau sah in der Gehaltstabelle nach, schüttelte den Kopf und sagte: „Tut mir leid, aber so wenig darf ich Ihnen nicht bezahlen." ☺

Berni bekam den Job. Was blieb, war das unbefriedigende Gefühl, beim Gehalt bei Weitem nicht alle Möglichkeiten ausgeschöpft zu haben.

Was darfst du verlangen?

Wenn du mich nun fragst, welchen Betrag du denn verlangen sollst, möchte ich dir für deine Verhandlungsvorbereitung folgende essenzielle Fragen stellen:

1. **Was kannst du?**

    Je kompetenter du bist, je mehr Erfahrung du hast, je mehr Erfolge auf dein Konto gehen, je mehr Hürden du schon gemeistert hast, desto selbstbewusster kannst du auftreten. Je mehr du also zu bieten hast, desto mehr kannst du dafür erwarten.

2. **Was sind deine Alternativen?**

    Bist du in einer ungekündigten Stellung? Werden Leute mit deiner Ausbildung und deinem Können auf dem Arbeitsmarkt gesucht? Als Fachfrau mit Topausbildung und Erfahrung, um die sich die Firmen reißen, kannst du auch im Verhältnis mehr verlangen als eine der Hilfskräfte ohne Erfahrung, die dem Unternehmen scharenweise die Tür einrennen.

3. **Was ist deine Ziellinie?**

    Erinnerst du dich? Über die Ziellinie haben wir bereits im Kapitel, in dem es ums Kleinmachen ging, ausführlich gesprochen.

    Der Betrag, den deine Recherche ergeben hat, wird dein realistisches Ziel sein. Welchen Betrag hältst du für möglich, wenn alles besonders gut läuft und du deinen neuen Arbeitgeber im Sturm eroberst? Damit hast du dein **Traumziel**. Vergiss nicht, auch das Traumziel muss gerade noch realistisch sein, denn sonst läufst du Gefahr, dass dein Gegenüber das Interesse an dir verliert oder du deine Glaubwürdigkeit. Um dir zu verdeutlichen, was ich damit meine, möchte ich dir folgendes theoretisches Beispiel nennen.

    Ich war ja viele Jahre lang als Verhandlungstrainerin im ganzen deutschsprachigen Raum unterwegs und hatte einen bestimmten Tagessatz. Nehmen wir einfach mal an, der wäre 1.000 Euro gewesen. Somit waren 1.000 mein realistisches Ziel. Nehmen wir weiter an, eines

Tages hätte mich Bill Gates angerufen, bekundet, mich buchen zu wollen, und nach meinem Tagessatz gefragt. Ich hätte vielleicht gedacht: „Wow, Bill Gates! Der hat jede Menge Kohle, bei dem verlange ich 5.000 Euro. Das kann er sich allemal leisten."

„Das ist mir zu viel", hätte er wahrscheinlich geantwortet. „Ich zahle keinesfalls mehr als 1.000 Euro."

Da 1.000 ohnehin mein realistisches Ziel gewesen wären, hätte ich antworten können: „Gut, ich mache es für 1.000."

Hätte Bill Gates mich gebucht?

Mit Sicherheit nicht. Ich hatte ein Traumziel angesprochen, das nicht realistisch war. Damit hätte ich meine Glaubwürdigkeit als Geschäftspartnerin verspielt und als Verhandlungstrainerin überdies auch noch meine Inkompetenz bewiesen. Das wäre also alles andere als ein kluger Schachzug gewesen. **Unsere Glaubwürdigkeit ist eines der höchsten Güter, die wir in unserem Leben haben.** Die setzen wir auch in Verhandlungen nicht aufs Spiel. Auch nicht dem lieben Geld zuliebe.

Bleibt noch die **Schmerzgrenze**, also jener Betrag, den du notfalls akzeptieren würdest, nur um diesen Job zu bekommen. Wie tief du diese Schmerzgrenze ansetzt, wird davon abhängen, wie gut deine Alternativen sind. Wenn du dringend zu Geld kommen musst, weil du deine Miete nicht bezahlen kannst und du Gefahr läufst, zwangsgeräumt zu werden, wird deine Schmerzgrenze weit unten liegen. Das ist ebenso der Fall, wenn das der einzige Arbeitgeber in deiner Region ist, der für dich infrage kommt, und du nicht pendeln oder wegziehen willst. Denn dann ist für dich ein sofortiger Job mit geringem Lohn besser als ein späterer mit mehr – beziehungsweise ein Job in der

Nähe mit weniger Gehalt besser als einer weiter weg mit mehr.

Dennoch kannst und solltest du natürlich versuchen, mehr als die Schmerzgrenze für dich herauszuholen. Wichtig ist, dass du bei der Schmerzgrenze ehrlich zu dir selbst bist. Schmerzgrenze heißt: bis hierher und nicht weiter. Wenn du dir als Schmerzgrenze 1.000 Euro gesetzt hast und sie dir 950 bieten und du den Job dennoch annimmst, dann war deine Schmerzgrenze nicht 1.000 Euro. Alles klar?

Sabine ist Geschäftsführerin eines deutschen Unternehmens, das zu einem amerikanischen Mutterkonzern gehört. Sie kontaktierte mich als Verhandlungscoach, weil das Gespräch mit ihrem amerikanischen Chef vor der Tür stand, in dem es um ihre Jahresprämie ging. Es war dafür weder eine genaue Höhe noch ein bestimmter Prozentsatz vertraglich vereinbart worden. Ich wollte ihre Ziellinie kennenlernen.

„Ich war so erfolgreich", erklärte sie mir, „da steht mir eine Prämie von 20.000 Euro zu. Das ist also mein realistisches Ziel." Dafür hatte sie gute Argumente, Fakten, die dieses Ziel untermauerten, und genaue Berechnungen vorzubringen. „Als Traumziel wären vielleicht 22.000 Euro gerade noch realistisch."

„Und Ihre Schmerzgrenze?", wollte ich wissen.

„Das sind die 20.000 Euro", fuhr sie auf. „Die stehen mir zu. Ich habe hart gearbeitet, ich kann entsprechende Erfolge vorweisen. Unter 20.000 gehe ich nicht!"

„Das heißt also", fragte ich weiter, „wenn Sie die 20.000 nicht bekommen, dann kündigen Sie?" Denn nichts anderes hieße hier Schmerzgrenze.

Sie sah mich mit großen Augen an: „Ich habe doch nicht den Verstand verloren! So einen tollen Job finde ich nie wieder! Ich kündige mit Sicherheit nicht."

Was ist also wirklich Sabines Schmerzgrenze? Ganz genau: null. Natürlich wird sie alles daransetzen, mehr zu bekommen, dennoch ist es gut und wichtig, dass sie ehrlich zu sich ist, damit sie sich auch im Verhandlungsgespräch, wenn es vielleicht heiß hergeht, zu nichts Unüberlegtem hinreißen lässt.

Das Thema „Geld" im Vorstellungsgespräch

Wann spricht man am besten über Geld? Wer beginnt mit diesem Thema? Und schließlich die spannende Frage: Wer nennt die erste Zahl?

Wenn alles gut läuft, dann wirst du zuerst dein Gegenüber von deinen Kompetenzen überzeugen können. Es ist wie bei einem Verkaufsgespräch: Beim Verkauf muss der andere dein Produkt wirklich haben wollen, dann ist er viel eher bereit, deinen Preis zu akzeptieren. Wenn du mir den Vergleich mit dem Tierreich gestattest: Zuerst muss man dem Esel die Karotte schmackhaft machen, erst dann hat er Interesse daran und ist bereit, etwas dafür zu tun.

Mach daher im Vorstellungsgespräch das, was du zu bieten hast, also deine Karotte, groß, rund und leuchtend! Das hat nichts mit Angeben zu tun. Das hat damit zu tun, dass du hinter deinem Können, deiner Leistung, deinem Wissen, ja auch hinter dir selbst stehst. **Wer soll dich einstellen wollen, wenn du dich nicht einmal selbst von dir überzeugen kannst?**

Über Geld wird am besten erst im letzten Drittel der Verhandlung gesprochen und in der Regel auch erst dann, wenn dein potenzieller zukünftiger Arbeitgeber damit beginnt. Natürlich kannst du, wenn er „Wir stellen Sie ein!" sagt, ohne vorher zu erklären, was du verdienen wirst, das Thema selbst zur Sprache bringen. Allerdings halte ich es für höchst unwahrscheinlich, dass das passiert.

Im Gegenteil, heutzutage platzen Bewerber viel zu schnell mit ihren Gehaltsvorstellungen heraus. So nach dem Motto: „Sag mir sofort, was du mir bietest, ich habe keine Lust, meine Zeit bei einem sinnlosen Bewerbungsgespräch zu vergeuden."

So läuft das aber in der Regel nicht.

Ein Bewerbungsgespräch dient neben dem Faktencheck auch zum ersten Aufbau von gegenseitigem Vertrauen. HR-Leute haben mir erzählt, wie sehr sie die vorschnelle Frage nach dem Geld abschreckt. Das finden sie ebenso ätzend, wie wenn auf die Erkundigung: „Haben Sie noch Fragen an mich?", solche Antworten kommen: „Wann kann ich denn frühestens Urlaub nehmen?" Oder: „Bekomme ich frisches Obst auf meinen Schreibtisch?"

Nehmen wir jetzt an, dein Gegenüber kommt von sich aus auf das Thema Gehalt zu sprechen und sagt so etwas: „Wie viel haben Sie sich denn vorgestellt?"

Alex, ein junger Maschinenbauingenieur, bewarb sich bei seiner Traumfirma, absolvierte ein aufwendiges Aufnahmeverfahren, schnitt dort sehr gut ab und wurde zu einem Gespräch geladen, um alles zu finalisieren. Die Atmosphäre war bestens, man sprach offen, scherzte, war auf einer Wellenlänge. Der Personalchef holte den Leiter der Fachabteilung dazu, bei dem Alex arbeiten sollte. Kurz: Der Arbeitsvertrag schien zum Greifen nah zu sein. Da kam eben jene Frage nach seinen Gehaltsvorstellungen. Alex hatte gelesen, dass es nicht ratsam war, die erste Zahl zu nennen. Er hatte jedoch leider nicht gelesen, was er stattdessen sagen sollte. Und darum antwortete er in seiner Not: „Das ist meine Privatangelegenheit."

Aus war's. Ende des Gesprächs. „Wir melden uns." Was sie nicht taten. Diese Antwort erschien ihnen doch allzu seltsam.

Wer nennt die erste Zahl?

Darüber sind sich die Experten nicht einig. Bis vor wenigen Jahren hieß die klare Antwort: „Lass den Arbeitgeber die erste Zahl sagen. Vielleicht ist sie höher als die, die du je verlangt hättest."

Heute ist das anders. Vor allem in Deutschland, wo sogar unbezahlte Praktika auf der Tagesordnung stehen, ist die Gefahr groß, dass die erste Zahl, die der potenzielle Arbeitgeber nennt, so gering ist, dass du von dieser Basis aus nie die Chance hast, zu deinem realistischen Ziel zu kommen. Denn selbst wenn sie dich wollen, würde dein Gegenüber dadurch das Gesicht verlieren, dass er einem zu großen Sprung zwischen seinem ersten Angebot und deinem tatsächlichen Gehalt zustimmt, und das wird er nicht zulassen.

Ein anderer Grund, die erste Zahl selbst zu nennen, kann in der erfreulichen Tatsache begründet liegen, dass man so jemanden wie dich braucht, aber am Markt nur ganz selten findet. Vielleicht hast du genau die richtige Ausbildung oder die speziellen Erfahrungen, die man händeringend sucht. Dann kannst du dir natürlich erlauben, dein gerade noch realistisches Traumziel selbstbewusst in die Verhandlung zu werfen.

Das heißt, es gibt keine allgemeingültige Antwort auf die Frage, wer die erste Zahl nennt. Am besten triffst du deine Entscheidung je nach Branche, deiner Recherche und deinen voraussichtlichen Chancen.

Wenn du die erste Zahl nennst,

beginnst du mit deinem Traumziel. Achte darauf, dass es wirklich gerade noch realistisch ist, sonst wirst du dich damit schwertun, es zu vertreten. Man wird dir deine eigene Unsicherheit anmerken. Das ist nicht gut. Beginne nicht, dich für diese Zahl zu rechtfertigen, nenne sie und schweige. Halte jedoch gute Gründe dafür in der Hinterhand, wenn man dich fragen wird: „Wie kommen Sie denn auf diesen Betrag?"

Von einem Preispsychologen habe ich erfahren, dass es immer besser ist, keine ganz runde Zahl zu nennen. Sagst du „24.000 Euro im Jahr", so wird man dich gleich in Tausenderschritten herunterhandeln. Sagst du 24.200, erhöhst du die Chance, dass es Hunderterschritte werden.

Kommuniziere klar, ob du brutto oder netto meinst, also ob die Steuern und Abgaben bereits abgezogen sind.

Dem Ratschlag einiger Kollegen eine „Von – bis"-Spanne zu nennen, kann ich nichts abgewinnen. Wenn du sagst: „23.000 bis 24.000 Euro im Jahr", dann wird die andere Person so tun, als habe sie die 24.000 nicht gehört und beginnen, dich von den 23.000 Euro herunterzuhandeln. Wenn du dich mit dieser Vorgehensweise dennoch wohler fühlst, dann mach das nur, wenn die 23.000 dein Traumziel sind und die 24.000 schon darüber liegen.

Wenn du willst, dass der andere die erste Zahl nennt

Wenn sie dich nach deinen Vorstellungen fragen und du, warum auch immer, keine Zahl nennen willst, dann stelle am besten eine Gegenfrage: „Sie haben sich sicher schon etwas überlegt. Wie hoch ist denn Ihr Angebot?"

Wenn du seine Vorstellung gehört hast, solltest du immer noch versuchen, mehr zu bekommen, auch wenn der Glücksfall eingetreten ist und du vielleicht sogar schon bei deinem Traumziel angelangt bist. Denke an die Studie aus Pittsburgh. Nur wer verhandelt, hat Chancen, mehr zu bekommen. Vor allem dann, wenn er oder sie auch mehr wert ist.

Niedriges Einstiegsgehalt mit Aussicht auf mehr

Was machst du, wenn man dir ein geringeres Einstiegsgehalt bietet, dieses jedoch mit der Aussicht verknüpft, dass du in einem Jahr oder nach Erreichen eines gewissen Erfolgs um XY Prozent mehr bekommen wirst? Wenn du den Job willst und ein Jahr mit dem Gehalt leben kannst, wirst du das Angebot wahrscheinlich annehmen. Sorge jedoch, wenn möglich, dafür, dass ihr klare, messbare Kriterien für die Erhöhung aufstellt, von denen du dir zutraust, dass du sie erfüllen kannst. Lass dir die Kriterien schriftlich geben. Weigert man sich – zieh deine Schlüsse daraus! Sollte man dir vorhalten, ob du denn kein Vertrauen in die Geschäftsleitung hättest, kannst du natürlich versichern, dass das Vertrauen da ist, du die Vereinbarung aber dennoch schriftlich möchtest, um dich selbst immer wieder daran zu erinnern und zur Leistung zu motivieren. Die schriftliche Vereinbarung gibt dir Sicherheit, auch wenn diese leider nicht zu 100 Prozent gegeben ist.

Mein Coaching-Klient Harry bekam als Abgänger der Wirtschaftsuni ein relativ niedriges Anfangsgehalt mit der fixen, allerdings nur mündlichen Zusage, nach Ablauf eines Jahres automatisch einen gewissen Prozentsatz mehr zu verdienen. Das Jahr ging vorüber, Harry war gut und erfolgreich, auf seinem Gehaltszettel zeigte sich keine Veränderung. Also ging er zum Personalchef, der diese Zusage gemacht hatte, und erinnerte ihn an sein Versprechen. Dieser arbeitete noch im Unternehmen – auch das ist ein Risiko bei mündlichen Vereinbarungen.

„Ich weiß, dass ich das versprochen habe", gab er unumwunden zu. „Sie bekommen trotzdem nicht mehr. Das mache ich öfter so. Was wollen Sie tun? Wollen Sie mich verklagen?"

Ist das nicht unglaublich? Ich hätte es schon schlimm gefunden, wenn er die Vereinbarung abgestritten hätte, aber zu sagen: „Ich weiß, aber ich halte mich trotzdem nicht daran!", ist mehr als dreist. Denn was sollte Harry machen? Wenn er beim Unternehmen bleiben wollte, konnte er natürlich keine Klage erheben. Das wäre bei einer mündlichen Zusage ohne Zeugen, die er also ohnehin nicht beweisen hätte können, auch sonst keine gute Idee gewesen.

Was der Personalleiter nicht wusste: Harry war in der Zwischenzeit im Unternehmen schon so gut vernetzt und für seine Leistungen anerkannt, dass er dafür sorgen konnte, dass die Geschäftsleitung von der Angelegenheit erfuhr. Kein seriöses Unternehmen vertraut auf einen Personalchef, der ein derartiges Verhalten an den Tag legt und damit das Vertrauen und die Motivation der Mitarbeiter zerstört. Ich weiß nicht, was genau geschah, ich weiß nur, dass der Personalleiter das Unternehmen einige Monate später verlassen hat. Harry ist noch immer dort und mit seinem Gehalt in der Zwischenzeit zufrieden. Auch ein schöner Beweis dafür, wie wichtig es ist, sich zu vernetzen und Kikeriki zu schreien. ☺

Falls du schon einen Job hast, aber mit deinem Gehalt nicht zufrieden bist, kommen wir jetzt ausführlich zum Thema

GEHALTSVERHANDLUNGEN

 **Mein wichtigster Tipp**

Nicht kneifen – kämpfen!

Schlimmstenfalls geht's schief und ich kriege vielleicht nicht, worum ich kämpfe. Aber anders kriege ich es fix nicht.

Susanne Schwanzer, Coaching & Consulting

Aus einer Studie der Internationalen Hochschule Bad Honnef weiß ich, dass sich Frauen selbst weitaus kritischer beurteilen, als es ihr Umfeld tut. Probandinnen stuften sich vor allem bei gewissen Kompetenzen wie Gesprächsführung und Verhandlungsgeschick eher niedrig ein, obwohl ihre Kollegen ihnen in diesen Bereichen hohe Kompetenz zugestanden. Die männlichen Teilnehmer neigten hingegen zur leichten Selbstüberschätzung. Diese hohe Selbstkritik der Frauen führt dazu, dass sie sich unsicher fühlen und bei Beförderungen und Gehaltserhöhungen nicht laut „Hier!" rufen. Kennst du die vier beliebtesten Sätze, mit denen wir Frauen uns selbst den Weg zu mehr Gehalt verbauen?

„Wenn ich mehr Geld verlange, bin ich in der schwachen Position, quasi eine Bittstellerin!"

Wenn du mit dieser Einstellung ins Gespräch gehst, wird man dir das ansehen und deine Prophezeiung „Ich habe ohnehin keine Chance!" wird sich spielend selbst erfüllen. **Der erste und wichtigste Mensch, den du davon überzeugen musst, dass du ein Anrecht auf mehr Geld hast, bist du selbst.** Wie du das am besten schaffst? Kauf dir ein hübsches Notizheft oder lege dir am PC eine Liste an und führe ein

Erfolgstagebuch

Wann immer dir etwas gelungen ist – aufschreiben. Wenn sich ein Kunde extra bei dir bedankt hat – aufschreiben. Wenn du für eine Kollegin eingesprungen bist – aufschreiben. Wenn du einen Schaden abgewendet hast – aufschreiben. Wenn deine Chefin dich gelobt hat – aufschreiben. Du wirst merken, dass dein Selbstbewusstsein immer weiter steigt, je mehr Beweise für deine Kompetenz du schwarz auf weiß vor dir siehst. Vor dem Gespräch kannst du entscheiden, über welche der Punkte du sprechen und was du eventuell zur Untermauerung vorzeigen möchtest.

Unternehmen sind nur so gut wie ihre Mitarbeiterinnen und Mitarbeiter. Also bist du keine Bittstellerin, sondern hast Anteil am Erfolg.

„Wenn ich mehr verlange, dann sinke ich in der Achtung meiner Chefs."

Aber nein, da ist eher das Gegenteil der Fall. Wenn du dich nämlich nicht selbstbewusst für deine eigenen Belange einsetzt, wie sollen dann deine Vorgesetzten wissen, dass du dich selbstbewusst für die Interessen der Firma einsetzt? Wenn du mit den Chefs gut verhandelst, erkennen sie, dass du auch mit anderen gut verhandeln kannst. Wie heißt es so schön: „Einen guten Mitarbeiter erkennt man daran, dass er sich so verhält, als sei er selbst Unternehmer!" Kein Unternehmer arbeitet jahrelang fürs gleiche Geld, vor allem dann nicht, wenn sich der Umsatz verbessert, der Arbeitsumfang vergrößert oder er eine Leistungssteigerung vorzuweisen hat.

„Die Konjunktur ist zu schlecht."

Anzunehmen, dass es keine Gehaltserhöhung geben kann, wenn die Konjunktur der Branche schlecht ist, stimmt so nicht. Viel wichtiger als die allgemeine Konjunktur ist die Ertragslage deiner Firma. Und natürlich deren Zukunftsaussichten. Angenommen, deinem Unternehmen geht es wirtschaftlich nicht gut, darfst du dann trotzdem mehr Geld verlangen? Natürlich. Gerade in schwierigen Zeiten braucht jedes Unternehmen gute Leute. Motivierte Leute. Und gute, motivierte Leute sind etwas wert.

Wenn du nicht genau weißt, ob die Situation deiner Firma eine längst fällige Gehaltserhöhung zulässt, dann sei einfach einmal wachsam. Was machen deine männlichen Kollegen? Bekommen sie trotzdem mehr? Eine Prämie? Einen Bonus? Dann lass deine Bedenken fallen und los! Männer sind hier ein guter Indikator. Wenn mehr Geld für gute Männer da ist, dann gibt es auch Geld für gute Frauen. Nur, die fragen meist nicht danach. Sollte eine Gehaltserhöhung in diesem Jahr nicht möglich sein, sollte dich nichts davon abhalten, bereits für das kommende Jahr zu verhandeln und dir das Ergebnis sicherheitshalber schriftlich bestätigen zu lassen.

„Mein Chef weiß, dass ich gut arbeite. Er wird eines Tages von sich aus eine Gehaltserhöhung anbieten."

… und so sagt das Märchen … wartete sie bis zu ihrem Lebensende vergeblich. Sollten dir deine Vorgesetzten doch eines Tages von sich aus etwas mehr anbieten, dann ist das auch nur kurz ein Grund zur Freude. Meist wäre vielleicht deutlich mehr Geld zu holen gewesen, wenn du verhandelt hättest.

Was ich in meiner Karriere gern früher gewusst hätte

Dass man mit guter Arbeit allein irgendwann nicht mehr weiterkommt. Auf dem Weg nach oben wird die Luft dünner, es geht um die Verteilung von Macht, übrigens auch und gerade bei flachen Hierarchien. Und wenn man Gestaltungsmacht haben möchte, muss man darum kämpfen. Das habe ich spät gemerkt – aber zum Glück nicht zu spät.

Dr. Alexandra Borchardt, Universität Oxford

BEI GEHALTSVERHANDLUNGEN GEHT ES NICHT UM GELD, ES GEHT UM GERECHTIGKEIT

Gehörst du auch zu den Personen, denen es unangenehm ist, über Geld zu sprechen? Besonders dann, wenn du es für dich selbst einfordern sollst? Warum ist das so? Gerade wir Frauen sind doch oft stolz auf einen ausgeprägten Gerechtigkeitssinn. Wir steigen für andere auf die Barrikaden, warum so selten für uns selbst? Ist es wirklich gerecht, dass der gleich kompetente Kollege mehr bekommt, nur weil er danach gefragt hat? Findest du es gut, dass jemand sogar für schlechtere Arbeit mehr verdient als du, nur weil er öfter das Maul aufreißt? Vergiss bitte nicht: Die Gewissheit, ungerecht behandelt zu werden, kann uns das Wichtigste nehmen, was wir in unserem Arbeitsalltag haben: unsere Motivation und vor allem auch die Freude an unserem Job.

Wie ich schon erzählt habe, frage ich gern Führungskräfte und Personalchefinnen aus den unterschiedlichsten Branchen, ob es stimme, dass Frauen auch deshalb weniger verdienen, weil sie sich scheuen, über ihr Gehalt zu verhandeln.

Kürzlich antwortete einer frei heraus: „Das ist vollkommen richtig. Und wenn doch eine kommt, brauche ich nur zu sagen: ‚Nein, wo denken Sie hin!‘, und sie macht einen Rückzieher. Das ist einerseits menschlich schade, andererseits zahle ich sicherlich keinen Cent mehr, wenn es nicht sein muss. Ich vergleiche es gern mit einem Boxkampf: Bei Männern läutet das erste Nein die erste Runde der Verhandlung ein, bei den meisten Frauen bedeutet es oft bereits das Ende!“

Ich wiederhole es gern noch einmal: Eine Gehaltsverhandlung ist ein Geben und ein Nehmen. Du kommst nicht als Bettlerin und erflehst eine kleine Spende. Du hast etwas zu bieten. Deine Arbeitsleistung und deinen Erfolg hast du bereits in die eine Waagschale geworfen – jetzt gehört mehr Geld in die andere, um die Waage wieder ins Gleichgewicht zu bringen. Wofür steht unser Lohn, Gehalt, Honorar? Es steht für den gerechten Ausgleich für unsere Arbeit.

DIE GRUNDVORAUSSETZUNGEN FÜR EINE GEHALTSERHÖHUNG

Erinnerst du dich an das Beispiel von Janna? Sie wollte eine Gehaltsverhandlung führen, der Vorgesetzte kannte sie nicht und dachte, sie wolle sich bei ihm vorstellen. Wie gesagt, ein schöner Beweis meiner Lieblingsweisheit: **Eine Gehaltsverhandlung fängt nicht erst beim Gehaltsgespräch an, sondern am ersten Arbeitstag.** Du kannst noch so tüchtig und fehlerfrei arbeiten, du kannst noch so gute Ideen haben, wenn niemand deine Arbeit und deine Leistungen kennt, werden auch deine Gehaltswünsche nicht erfüllt. Auch hier gilt:

Schrei Kikeriki, damit man auf dich aufmerksam wird, lange bevor du Gehaltsgespräche führst, indem du

- möglichst gut vorbereitet in Meetings gehst, damit du dort interessierte Fragen stellen und auf Fragen anderer kompetent antworten kannst. Das ist natürlich besonders wichtig, wenn dein Chef anwesend ist, aber nicht nur. Du könntest auch einer anderen Führungskraft auffallen und diese könnte sich dann beim Chef positiv über dich äußern. Das wäre ein gelungenes „Spiel über die Bande".

- herausfindest, was deiner Chefin besonders wichtig ist und das vorrangig bearbeitest. Vielleicht kannst du ihr auch einen Extrawunsch erfüllen? Erledige Tätigkeiten, die deinem Chef nützen, und stelle sicher, dass er davon erfährt.

- wie es die Amerikaner nennen, die Extrameile gehst. Tu etwas, das über deinen Arbeitsbereich hinausgeht. Etwas, das du gut kannst, dir Spaß macht UND den Vorgesetzten positiv auffällt. Ich habe mir neben meiner Rechtstätigkeit einen Namen mit außergewöhnlichen Firmenfeiern und meiner Initiative für eine hausinterne Firmenzeitung gemacht. Diese ungewöhnliche Mischung blieb keinem verborgen.

- dir verkneifst, Lob oder Anerkennung kleinzureden oder abzuwimmeln. Mit „Aber das war doch selbstverständlich!" oder „Ich mache doch nur meine Arbeit" oder gar „Da habe ich einfach Glück gehabt!" wertest du nicht nur deine eigene Leistung ab, sondern nimmst auch dem, der dir die Anerkennung ausgesprochen hat, jegliche Lust, das in Zukunft noch einmal zu tun. Bedanke dich lieber und zeige deine ehrliche Freude. Vergleiche es mit einem Geschenk. Wenn du deiner Freundin etwas schenkst, dann willst du auch, dass sie sich freut. Und nicht, dass sie dir das Geschenk mit den Worten zurückgibt: „Das ist doch nicht nötig!"

- die dir entgegengebrachte Anerkennung in deinem nächsten Gehaltsgespräch nutzt. „Ich freue mich, dass Ihnen aufgefallen ist, dass …" oder „Es hat mich sehr gefreut, als sie gesagt haben …" ist ein perfekter Einstieg ins Gehaltsgespräch.

- überlegst, wie du es sonst noch schaffen kannst, dass sich Dritte deinem Chef gegenüber lobend über dich und deine Leistung äußern, du also gezielt über die Bande spielen kannst.

- sonst noch positiv auffällst. Nur Leute, die es positiv in die Erinnerung des Vorgesetzten geschafft haben, haben eine Chance auf mehr Geld. **Zu deinen Leistungen zu stehen hat nichts mit Prahlerei zu tun.** Angeber mag man nicht. Selbstbeweihräucherung ist jedem zuwider. Aber wenn ich etwas geschafft habe, dann will ich auch, dass das bemerkt wird.

- sicherstellst, dass nicht andere deine Lorbeeren ernten. Ich kann mich noch gut erinnern, wie ich wieder einmal ein Urteil in Händen hielt, das bestätigte, dass wir ein Verfahren vor dem Handelsschiedsgericht in Peking gewonnen hatten. Die Verhandlungen waren hart gewesen und ich war entsprechend stolz.
„Na", meinte ein Geschäftsführer, als er das Urteil las, „da hatten wir aber einen besonders guten Richter."
Jetzt hätte ich das mit Bescheidenheit hinnehmen und mich insgeheim ärgern können. Stattdessen habe ich erwidert: „Richtig, und ich habe gut verhandelt!"
Er stockte kurz, so als hätte ich ihn auf eine Idee gebracht, und sagte dann: „Das stimmt allerdings, Frau Rauchberger."

Glaube mir, das war ein guter Boden, um über eine Prämie zu verhandeln. Diesen Boden hätte ich nicht gehabt, hätte ich nicht Kikeriki gerufen und die Ehre dem Richter überlassen. Und es war mir nicht im Geringsten peinlich. ☺

- erkennst, dass Tadel ebenfalls die Grundlage zukünftiger finanzieller Verbesserungen sein kann. Nimm jede Kritik von Entscheidungsträgern ernst – auch wenn sie nur beiläufig in einem Nebensatz ausgesprochen wurde. Richte dich danach und sorge dafür, dass auffällt, dass du dich danach gerichtet hast.

Dazu fällt mir Jenny ein, eine junge Coaching-Klientin. Ihre strenge Chefin hatte sie zu sich bestellt und verkündet, sie sei mit ihrer Arbeit zwar durchaus zufrieden, es ginge ihr aber gegen den Strich, dass Jenny stets beleidigt das Gesicht verziehe, wenn man sie kritisiere. Das solle sie doch bitte unterlassen, denn Mitarbeiter, die nicht kritikfähig seien, könne sie in ihrem Unternehmen nicht gebrauchen. Natürlich hat Jenny sofort wieder beleidigt das Gesicht verzogen. ☺ Wir haben dann im Coaching einen anderen Gesichtsausdruck geübt, den sie für die nächste Kritik bereithalten konnte. Allein dieser kleine Trick nahm ihr viel Druck von den Schultern. Jetzt brauchte sie sich nicht mehr länger vor dem nächsten Tadel zu fürchten, denn sie hatte ja jetzt ein geeignetes Mittel, um zu reagieren. Doch Jenny tat noch mehr: Nach ein paar Tagen ging sie zu ihrer Chefin, gestand, dass ihr ihre Mimik gar nicht bewusst gewesen sei, und bedankte sich für die Offenheit. „Ihre ehrliche Kritik hat mir geholfen, auch in schwierigen Situationen professioneller aufzutreten."

Das hatte die Chefin nicht von Jenny erwartet. Sie freute sich über den Dank und … es dauerte nicht lange und sie übergab ihr die Leitung eines wichtigen Projekts. So war die Kritik der Boden für einen Karrieresprung.

Was ist besser als nichts?

Der Chef, mit dem Silvia ein Gehaltsgespräch führte, reagierte wenig entgegenkommend: „Was haben Sie sich denn vorgestellt? Doch nicht etwa mehr als 100 Euro?"

Silvia hatte das Doppelte erhofft, wollte ihn aber nicht verärgern und beteuerte rasch: „Nein, nein, ich will auf keinen Fall unbescheiden sein!" Sie einigten sich auf 70.

Denkst du jetzt: „Na ja, besser als nichts"?

Stimmt nicht. Denn zum einen ist Silvia mit dem Ergebnis, mit sich selbst und auch mit dem Chef unzufrieden. Das trübt ihre Motivation. Trotzdem erwartet der Chef Dankbarkeit. Sie steht in seiner Schuld und kann zumindest ein Jahr lang, in manchen Unternehmen auch zwei, nicht wieder mit dem Wunsch nach einer Gehaltserhöhung vorsprechen. Die 70 Euro haben ihr für lange Zeit den Weg zu mehr versperrt.

Wie viel darf's denn mehr sein?

Geh nur in ein Gehaltsgespräch, wenn du einen guten Grund dafür hast. So haben sich zum Beispiel deine Leistungen nachweisbar verbessert, du hast einen besonderen Gewinn erzielt oder Schaden vom Unternehmen abgewendet, besondere Kunden gewonnen, ein tief greifendes Problem gelöst, größere Verantwortung oder ein weiteres Aufgabengebiet übernommen. Dann heißt die Devise: **Nicht kleckern, klotzen!**

Wie besprochen ist es wichtig, dass du deinen Marktwert kennst.

Wenn du dann auch noch gut argumentierst – zu den Argumenten kommen wir noch –, sollten sieben bis zehn Prozent Erhöhung möglich sein. Mir wurden aber auch schon Ausnahmefälle von 15 Prozent berichtet. Es fällt übrigens vielen leichter, in Prozenten zu sprechen. Besonders wenn dein Gehalt ohnehin schon angenehm hoch ist, könnten nackte Zahlen bei dir sonst vielleicht Skrupel auslösen und bei deinem Gegenüber Schweißperlen. ☺ Wenn du nach deinem Wunsch gefragt wirst, nenne also entweder den Prozentsatz oder einen Betrag und dann – wichtig! – schau dein Gegenüber an und schweige. Nicht rechtfertigen, nicht abschwächen, die Stille aushalten.

Mein wichtigster Tipp

Für alle Arten von Verhandlungen gilt:

Rechtfertigungen schwächen dich. Stattdessen ist es besser, Rückfragen zu stellen oder auch mal den Mut zur Pause zu haben.

Gertrude Schatzdorfer-Wölfel, Alleineigentümerin und geschäftsführende Gesellschafterin ihrer Gerätebaufirma. Als taffe Verhandlerin bekannt.

Ich muss heute noch grinsen, wenn ich an ein Gehaltsgespräch denke, das ich einmal als Mitarbeiterin geführt habe. Zum Glück konnte ich sicher sein, dass mich mein Chef sehr schätzte, andererseits wusste ich aber auch, dass er sehr sparsam war und freiwillig keinen Cent mehr als unbedingt notwendig herausrücken würde. Wir sprachen über meine Arbeit und schließlich sagte er: „Also gut, Frau Rauchberger, wie viel mehr haben Sie sich denn vorgestellt?"

Ich wusste, es war egal, was ich sagte, er würde mich vehement herunterhandeln. Also nannte ich keine Zahl, sondern sagte mit ernstem Tonfall: „Ich vertraue darauf, dass Sie wissen, was ich Ihnen wert bin!"

Er stutzte und erbat Bedenkzeit.

Ich wusste, dass ich ihn in eine schwierige Lage gebracht hatte. Einerseits wollte er sparen, andererseits wollte er mich aber auch nicht vor den Kopf stoßen. Zwei Tage später unterbreitete er mir sein Angebot. Es war höher, als ich je zu verlangen gewagt hätte. ☺

Wie du die Tatsache nutzt, dass Frauen schlechter bezahlt werden

Dass du dich als Frau nie mit weniger zufriedengeben solltest, als deine männlichen Kollegen bekommen, nur weil es eine allgemein bekannte Tatsache ist, dass wir Frauen weniger verdienen, haben wir schon besprochen. Andererseits können wir das Wissen, dass man uns Frauen oft geringere Einstiegsgehälter bezahlt, zu unseren Gunsten nutzen. Unser Chef hat sich mit unserer Einstellung Geld gespart – jetzt ist es Zeit, dass wir aufholen. Fordern wir, was wir wert sind – ohne „Frauenrabatt".

Orientiere dich niemals nach unten

Denk nicht: „Die Marie verdient noch weniger als ich, also kann ich zufrieden sein." Oder: „Es wäre ungerecht, wenn Marie künftig weniger verdienen würde als ich, also halte ich meinen Mund." Nein, denke stattdessen: „Josef verdient mehr als ich. Dort will ich hin."

Es stimmt schon, dass Geld an sich selten glücklich macht. Glücklich macht, wenn daraus ein selbstbestimmtes Leben entsteht. Oder wie es der deutsche Philosoph Erich Fromm formulierte:

„Sein ist wichtiger als Haben, aber um sein zu können, müssen wir auch etwas haben."

Über meinen Vorgesetzten Heinrich habe ich dir ja schon viel Nettes erzählt. Es gelang mir mit der Zeit, mir als Rechtsexpertin einen so guten Namen zu machen und auch sonst so positiv aufzufallen, dass ich auch beim Vorstand bekannt und anerkannt war. Nach einem Meeting mit der höchsten Führungsebene nahm mich einer der Chefs zur Seite. „Es ist faszinierend, Heinrich und Sie zu beobachten", sagte er. „Allein die Körpersprache sagt mehr als tausend Worte."

Ich hätte nie gedacht, dass andere merken könnten, wie wenig ich ihn leiden konnte, aber meine Zermürbung hatte bereits einen Punkt erreicht, an dem mir das nicht mehr unrecht war. Im Gegenteil. Da hielt es der Oberchef, von dem ich wusste, dass er mich mochte, für angebracht, zu sagen: „Ich will klarstellen, dass ich den Kollegen Heinrich ebenso schätze wie Sie."

Das war *seine* Art, mich in die Schranken zu weisen. Ich sollte ja nicht annehmen, dass er mich bevorzugen würde. *Meine* Art ist es, mir Sätze im Wortlaut zu merken und dort wieder anzubringen, wo sie mir hilfreich erscheinen. Also sagte ich beim nächsten Gehalts-gespräch, als ich gefragt wurde, welche Erhöhung ich mir denn wünschen würde: „Das Gehalt von dem Kollegen, den wir genau so schätzen wie mich." ☺

Allein der Gesichtsausdruck des Chefs war es wert. Ich bekam nicht genauso viel, denn Heinrich war älter und immerhin mein Vorgesetzter. Doch ich näherte mich mit immer größeren Schritten.

Eine Gehaltserhöhung kann der Firma Geld sparen helfen

Das klingt nur auf den ersten Blick unlogisch. Werden gute Leute auf die Dauer unter ihrem Wert bezahlt, sinkt die Motivation und damit ihre Leistung. Sie werden fehleranfälliger und sehen ver-steckte Chancen am Wegesrand nicht mehr. Das alles kostet das Unternehmen Geld. Wenn die Mitarbeiter dann nach einiger Zeit der Frustration ihren Hut nehmen, also kündigen, dann kostet das das Unternehmen noch mehr Geld. Inserate müssen geschaltet werden, das kostet einen ordentlichen Betrag. Einstellungsgesprä-che müssen geführt werden, das kostet Zeit, Geld und Nerven. Die oder der Neue muss eingearbeitet werden, das kostet Zeit, viele Nerven und viel Lehrgeld, weil man ja alle Anfangsfehler einkal-kulieren muss. Und dann dauert es noch Jahre, bis der Neue so gut ist, wie du warst … Für einen Firmenchef ist daher eine Gehalts-erhöhung oft der einfachste und billigste Weg, die Firma am Lau-fen zu halten. Ist das nicht ein guter Grund, deine Skrupel endlich über Bord zu werfen?

Wann ist der richtige Zeitpunkt?

Jedes Jahr steht in Unternehmen ein bestimmter Budgettopf für Gehaltserhöhungen zur Verfügung. Finde heraus, wann bei deiner Firma die Budgetplanung stattfindet. Wer als Erster und am lautesten danach schreit, bekommt zuerst. Frauen überlegen oft viel zu lange, dann ist der Topf schon aufgebraucht.

Wann im Jahr?

Wenn bekannt geworden ist, dass es der Firma gut geht (wenn zum Beispiel eine erfreuliche Bilanz veröffentlicht wurde, die Firma einen Preis gewonnen hat, ein großer Kunde oder eine vielversprechende Sparte dazukamen ...), oder wenn deine Leistung gerade Früchte getragen hat, ist der beste Zeitpunkt. Zum Jahresende und knapp vor einem Betriebsurlaub ist meist keine allzu gute Zeit dafür.

Wann am Tag?

Erfahrungsgemäß sind die Tage Montag und Freitag am schlechtesten geeignet. Am Montag muss der Chef das Wochenende verarbeiten und die Woche planen. Am Freitag muss er die Woche verarbeiten und das Wochenende planen. Am Abend will er nach Hause.

Ob der Vormittag geeigneter ist oder der Nachmittag, kommt auf den Einzelfall an. Vielleicht hast du schon bemerkt, wann dein Chef im Allgemeinen besser drauf ist. Oder du hast einen guten Draht zu seiner Assistentin, etwas, das sowieso eine gute Idee ist. Sie kann dir auch dabei helfen, einen Termin kurzfristig zu verschieben, wenn der Chef eine Katastrophe zu verdauen hat und du mit deinem Anliegen sicher auf taube Ohren stoßen würdest.

Wer mehr verdient, verlangt mehr und bekommt mehr

In einer Studie der „University of New York" in Buffalo stellte man 200 Studenten und Studentinnen vor verschiedene Aufgaben mit unterschiedlichem Schwierigkeitsgrad. Anschließend konnten die Teilnehmenden ein Honorar einfordern, egal, ob sie die Aufgabe gemeistert hatten oder gescheitert waren. Das spannende Ergebnis: Bei sachgemäß erledigter Arbeit verlangten beide Geschlechter etwa gleich viel. Konnten sie die Aufgabe nicht lösen, gaben sich die weiblichen Testpersonen mit rund der Hälfte zufrieden. Männer dagegen hielten an ihren Gehaltswünschen fest. Für sie war das Honorar Ausgleich für ihre Bemühungen und nicht für den Erfolg.

Entscheidend für die geforderten Summen war auch, ob und wie viel Geld die Studenten verdienten, die neben dem Studium arbeiteten. Wer nebenher in einem schlecht bezahlten Job tätig war, verlangte weniger. Es hatte ungefähr den gleichen Effekt, wie eine Frau zu sein. Wer dagegen nebenher viel verdiente – in der Regel waren das Männer –, verlangte auch im Experiment mehr Geld.

Was ist deine beste Alternative?

Da im Wort „Gehaltsverhandlung" das Wort „Verhandlung" steckt, gelten natürlich die Regeln des Verhandelns und ich möchte dir zwei Bücher ans Herz legen: den Klassiker „Das Harvard-Konzept"[L] von drei amerikanischen Autoren und, falls du noch nicht genug von mir bekommen kannst, noch einmal „Schlagfertig war gestern!"[L].

Eine der wichtigsten Grundlagen, um in einem entscheidenden Gespräch selbstsicher auftreten zu können, ist es, seine Alternativen zu kennen. Darum solltest du dir in der Vorbereitung darüber unbedingt Gedanken machen. Stell dir vor, du möchtest eine Gehaltserhöhung von 150 Euro im Monat. Dann solltest du dafür nicht nur gute Gründe und Argumente haben, du solltest auch darauf vorbereitet sein, was du tust, wenn man deinen Wunsch ablehnt. Darum frage dich in der Vorbereitung nach deinen Alternativen auf zwei verschiedenen Gebieten: zuerst einmal am Arbeitsmarkt und dann, was statt der 150 Euro für dich ein anderer guter Ausgleich wäre.

Deine Chancen am Arbeitsmarkt

Zur ersten Alternative: Es liegt, wie bereits erwähnt, auf der Hand, dass eine gefragte Spezialistin in einer boomenden Branche am Arbeitsmarkt bessere Chancen hat als eine ungelernte Kraft ohne Erfahrung. In Gehaltsverhandlungen ist es selten klug, zu drohen: „Wenn Sie mir nicht mehr zahlen, dann gehe ich!" Dennoch reicht das Wissen allein, dass ich Alternativen habe, aus, dass ich selbstbewusster und damit auch überzeugender auftrete.

Je besser meine beste Alternative ist, so das „Harvard-Konzept", desto erfolgreicher werde ich verhandeln können. Wenn ich weiß, dass mich die Firmen X und Y (wahrscheinlich) jederzeit einstellen würden, strahle ich diese Sicherheit aus. Wenn du dich nicht aktiv anderweitig beworben, aber dennoch ein Angebot bekommen hast, kannst du das auch durchblicken lassen: „Ich möchte natürlich gern hierbleiben, aber eine Firma versucht mich abzuwerben und würde mir deutlich mehr zahlen. Was würden Sie an meiner Stelle tun?"

Wenn nicht 150 Euro, was dann?

Zur zweiten Alternative: Viele gehen in eine Gehaltsverhandlung, um 150 Euro mehr zu bekommen, und überlegen sich nicht, was sie tun können, wenn der Wunsch abgelehnt wird. Kommt von Chefseite ein endgültiges „Nein!", kennen sie oft nur zwei Möglichkeiten: drohen oder gehen. Beides ist nicht zielführend. Überlege dir im Vorfeld lieber für dich passende Alternativen zu den 150 Euro mehr im Monat. Da fällt mir zum Beispiel ein: eine einmalige Prämie, Bonus, Provision, Handy, Firmenauto, Betriebsrente, Weiterbildung, Firmenparkplatz, Homeoffice, bezahlte Freizeit ... der Fantasie sind keine Grenzen gesetzt.

Gefährliche Argumente und ihre Auswirkungen

Hier eine bunte Sammlung von Argumenten, die ich in den letzten Jahren gehört habe, und mein knackiger Senf dazu. Beginnen wir mit etwas besonders Beliebtem:

- *„Wir haben uns eine Eigentumswohnung gekauft." / „Wir haben ein Haus gebaut."*
  Tut mir leid, das Argument zündet nicht. Der Hausbau war schließlich ganz allein eure Entscheidung. Dein Chef ist nicht dazu verpflichtet, deine Wohnung zu bezahlen. Im schlechtesten Fall denkt er, du hättest dich übernommen und kannst mit Geld nicht umgehen.

- Aus diesem Grund ist ein *„Ich brauche mehr Geld, um meine Schulden abzubezahlen"* besonders gefährlich.

- *„Wenn ich mehr verdiene, werde ich in Zukunft mit vollem Einsatz arbeiten!"*
  Wie bitte? Da drängt sich doch die Frage auf: Hat sie bisher nicht mit vollem Einsatz gearbeitet? Und dafür soll ich ihr auch noch eine Gehaltserhöhung geben?

- *„Fritz Berger verdient 322 Euro mehr als ich."*
  Jetzt wird die Chefin stutzig: Wieso weiß sie, was Berger verdient? Hat sie herumgeschnüffelt? Spricht sie etwa mit anderen Kollegen über Gehälter und bringt Unruhe in die Firma? Ist sie ein Neidhammel, der Berger den gerechten Lohn nicht gönnt? Alles keine Gründe, sie auch noch zu belohnen.

- *„Ich bin jetzt 45." / „Ich bin schon drei Jahre in der Firma."*
  Alter oder Zeitdauer sind keine guten Argumente. Beides sagt nichts über deine Leistung aus. Im Gegenteil, sie verleiten den Chef vielleicht dazu, innerlich zu denken: „Gibt's nicht eine Jüngere, Billigere?"

- *„Die Firma kann sich einen neuen Anbau leisten und größere Dienstautos für die Führungskräfte. Da werden doch wohl für mich läppische 150 Euro mehr drin sein!"*
  Auweh, auch keine gute Idee! Das riecht zu stark nach Kritik und Kritik bringt mit Sicherheit keine Extraeinnahmen.

- *„Jetzt, da wir hier bei der Weihnachtsfeier so nett beisammensitzen, wäre eine gute Gelegenheit, über mein Gehalt zu sprechen …"*
  Auch nicht gut. Der Chef wird befremdet sein, sich vielleicht sogar überrumpelt fühlen und sich hüten, noch einmal nett mit dir beisammensitzen zu wollen.

- *„Der Meier und der Müller arbeiten viel weniger als ich und bekommen dennoch mehr!"*
  Das ist unkollegial und schlecht fürs Team. Außerdem: Nur wer selbst auf keine eigene Leistung verweisen kann, hat es nötig, andere schlechtzumachen.

- *„Wenn Sie mir nicht mehr zahlen, dann gehe ich!"*
  Und tschüss! Erpressen lässt sich niemand gern. Auch wenn du noch so gut und wichtig bist: Die Angst, klein beizugeben und dadurch vielleicht das Gesicht zu verlieren, ist in den meisten Fällen größer als die Angst, dich zu verlieren.

All diese Argumente werfen ein schlechtes Licht auf dich. Ein schlechtes Licht bringt nicht mehr Geld, und zwar auf lange, lange Sicht – wenn es sich nicht auch sonst noch negativ auf dich und deine Stellung im Betrieb auswirkt.

So führst du ein überzeugendes Gehaltsgespräch

- Meine liebsten Einstiegsfloskeln? „Frau Müller, Sie wundern sich sicher nicht, dass ich um diesen Termin gebeten habe." Oder: „Herr Meier, Sie haben sich sicher schon gefragt, wann ich endlich komme, um über meine Gehaltsanpassung zu sprechen."
  Das geht natürlich nur, wenn die Chance besteht, dass er das zumindest für nicht vollkommen ausgeschlossen gehalten hat. Ein Wirtschaftspsychologe hat mir übrigens

geraten, besser von „Gehaltsanpassung" als von „Gehalts-erhöhung" zu sprechen.

- Warte die Antwort ab. Ich hoffe für dich, du hast so gut vorgearbeitet, wie wir das in diesem Buch besprochen haben, und diese fällt nicht gar zu entmutigend aus.

- Lass dich jedenfalls nicht beirren, sondern sprich über deinen Einsatz, der dem Unternehmen Geld gespart oder zusätzliches Geld gebracht hat. Oder wie du Kollegen dabei geholfen hast, dies zu tun.

- Erzähle vor allem von den Hürden, die du bewältigt hast. „Wissen Sie noch, damals der Ziegelstein über der Haustür? Wie ich hinaufgeklettert bin ..."

- Wie lauten deine geplanten oder umgesetzten Spar-ideen? Falls dein Chef nicht ohnehin Bescheid weiß, nenne Zahlen.

- Gibt es etwas, das du vorzeigen kannst, um dein Ziel leichter zu erreichen? Ein Bild, eine Grafik oder ein Diagramm ist in der Regel überzeugender als viele Worte.

- Sprecht über deine Kontakte, besondere Geschäfte, neue Kunden, kreative Ideen und alle zusätzlichen Leistungen, die über das Übliche hinausgehen, für das du ohnehin bezahlt wirst.

- Oder ihr unterhaltet euch über deine zusätzliche Mehr-arbeit, deine Spitzenleistung oder die Verantwortung, die du zusätzlich übernommen hast. Über deine zusätz-liche Qualifikation und wie sie dem Unternehmen nützt.

- Wichtig! Halte keinen Monolog, sondern gib deinem Vorgesetzten immer wieder die Möglichkeit, dir zuzu-stimmen und Anerkennung auszusprechen. Wenn du vor lauter Angst vor Kritik oder mangelnder Zustimmung deine Trümpfe herunterratterst, nimmst du ihnen damit viel von ihrer Wirkung.

- Positive Rückmeldungen sind wichtig, da du darauf deine Gehaltsforderung aufbauen kannst. Du leistest bereits mehr – jetzt wird die Entlohnung daran angepasst.

Allein bei dem Wort „Gehaltsverhandlung" stellen sich bei dir die Nackenhaare auf?

Ich habe gelesen, dass manche Frauen allein schon deshalb nicht gern verhandeln, weil sie beim Wort „verhandeln" schweißnasse Hände und ein ungutes Gefühl im Magen bekommen. Ich kann das nicht verstehen, denn für mich ist das Wort „verhandeln" gleichbedeutend mit „miteinander reden" und „etwas vereinbaren". Im Gegensatz zu Wörtern wie „Kettensägenmassaker" oder „Blinddarmdurchbruch" kommt da bei mir gar kein Gefühl hoch. ☺ Und wenn, dann ein positives. Denn nur wenn ich verhandle, kann ich auch etwas erreichen. Und das will ich ja, denn sonst kann ich es sein lassen. Wenn dir allein beim Wort „Gehaltsverhandlung" angst und bange wird, dann führe einfach keine. Ersetze das Wort durch „Gehaltsgespräch". Ihr redet miteinander und du fragst nach mehr Geld. Schon klingt es nicht mehr schlimm, oder? Denn fragen wird man ja noch dürfen.

Denk immer daran: Was soll dir denn passieren? Wenn dir dein Vorgesetzter nicht mehr bietet, bietet er dir eben nicht mehr. Wenn deine Forderung nicht im Bereich des Unrealistischen ist, wird er dir deine Frage nicht krummnehmen. Gehaltsverhandlungen gehören zu seinem Job. Das nimmt er nicht persönlich. So wie es zu seinem Job gehört, dass er zuerst einmal „Nein" sagt. Das wiederum nimmst du bitte nicht persönlich.

Du denkst immer noch: „Geld zu verlangen ist mir unangenehm. Außerdem will ich nicht geldgierig erscheinen"?

Geldgierig? Es geht um deine finanzielle Ausstattung und die deiner Familie! Wenn du zumindest einen triftigen Grund für eine Gehaltserhöhung hast, dann bist du nicht geldgierig, sondern gerechtigkeitsliebend und treusorgend.

„Wegen der läppischen 150 Euro mehr im Monat mache ich doch keinen Zirkus!"

Wer so denkt, beweist, dass sie nicht nachgedacht hat. Ein kleines Rechenspiel gefällig? Ein Plus von 150 Euro im Monat ergibt ein Plus von 1.800 Euro im Jahr bei 12 Gehältern und 2.100 Euro bei 14 Gehältern. Das sind zwischen 54.000 und 63.000 Euro in 30 Jahren. Da habe ich noch gar keine Zinsen berücksichtigt. Gelingt eine Erhöhung von 150 Euro alle zwei Jahre, ergibt das nach 30 Jahren mehr als sagenhafte 500.000 Euro. Mit halbwegs annehmbaren Zinsen veranlagt, könnten daher die Gehaltserhöhungen ein Mehr von fast einer Million ergeben. Immer noch läppisch?

Du hast noch immer Skrupel, ein Gehaltsgespräch zu führen? Dann kommt jetzt mein ultimativer Tipp für dich:

Führe das Gehaltsgespräch nicht für dich selbst

Wir Frauen sind im Allgemeinen viel mutiger, die Interessen anderer durchzusetzen als unsere eigenen. Wir verteidigen unsere Kinder wie Löwinnen, lassen nicht zu, dass man unsere Liebsten beleidigt und werfen uns auf die Schienen, sollte es jemand wagen, über unsere Freundinnen herzuziehen. Für diese Erkenntnis brauchen wir keine Studien, obwohl es welche gibt, das kennen wir von uns selbst und durch das Beobachten von Frauen rings um uns herum. Zugegeben, auch die beste Freundin kann schlecht deine Gehaltsverhandlung für dich übernehmen, das musst du schon selbst erledigen. Mach dir dabei doch einfach klar, dass du gar nicht nur für dich selbst verhandelst. Du tust es für deine Familie, deine Zukunft, dein 66-jähriges Ich, deinen Hund, deine Katze, dein Hobby, deine Reiselust, deine wohltätigen Zwecke. Allein diese Vorstellung hat schon vielen geholfen, endlich ihre berechtigten Forderungen anzumelden.

Das Geheimnis lautet: Einfach machen!

Dieser Satz scheint nur auf den ersten Blick trivial zu sein, denn: Die meisten Vorhaben scheitern am fehlenden Start. Mit guten

Gründen und der richtigen Vorbereitung steht deiner Zielerreichung in einer Gehaltsverhandlung viel weniger im Weg, als du jetzt vielleicht befürchtest. Und außerdem: Was kannst du dabei verlieren? Nichts. Eben. Wenn du nach mehr fragst, hast du vielleicht eine 50-prozentige Chance, es zu bekommen. Fragst du nicht, liegt die Chance bei nahezu null Prozent.

MEINE 9. GOLDENE ERKENNTNIS

DU SOLLST NICHTS ALS GEGEBEN HINNEHMEN!

DU SOLLST NICHTS ALS GEGEBEN HINNEHMEN!

Wie schön, dass ich euch in diesem Kapitel diese, meine absolute Lieblingsweisheit vorstellen darf. Eigentlich nenne ich sie „Du sollst nichts annehmen!". Um jedoch das Missverständnis zu vermeiden, ich würde hier von Geschenken, einem Verlobungsring oder Bestechungsgeldern sprechen, liefere ich dir am besten meine englische Übersetzung dazu: „Don't take anything for granted."

Also: Du sollst nichts als gegeben hinnehmen. Wir haben uns bereits über die selbsterfüllende Prophezeiung unterhalten. Wenn du schon vorweg „weißt", dass du eine Prüfung nicht schaffen wirst, dann stehen die Chancen gut, sie wirklich zu versemmeln. Wenn du schon davon ausgehst, dass du keine Gehaltserhöhung bekommen wirst, brauchst du dich nicht zu wundern, wenn du ohne mehr Geld, dafür aber mit mehr Frust das Büro deines Chefs verlässt. Doch mein „Du sollst nichts als gegeben hinnehmen" geht über die selbsterfüllende Prophezeiung hinaus.

Sachen gibt's, die gibt's gar nicht! Ich bin eben dabei, dieses Kapitel zu schreiben und habe mein Handy lautlos gestellt, weil ich mich ja voll auf diese Aufgabe konzentrieren will. Machst du das auch manchmal? Sehr empfehlenswert. ☺ In einer Pause stelle ich fest, dass mehrere Anrufe in Abwesenheit eingegangen sind, einer von einer unbekannten Nummer. Als ich zurückrufe, meldet sich eine Dame vom *Kurier*, einer der größten österreichischen Tageszeitungen.

„Auweh, das fehlt mir gerade noch zu meinem Glück", denke ich genervt. „Warum habe ich bloß zurückgerufen, ohne die Nummer zuerst zu googeln? Ich will mit Sicherheit kein weiteres Abonnement."

Nahe dran, etwas Knappes von mir zu geben, entscheide ich mich doch für ein freundliches: „Ich habe gesehen, dass Sie mich angerufen haben?"

„Ja", sagt die Dame ebenso freundlich, „wir wollten Sie fragen, ob Sie uns wieder für ein Interview zum Thema Gehaltsverhandlungen zur Verfügung stehen?"

Siehst du, das meine ich mit „Du sollst nichts annehmen". Hätte ich „Ich sag Ihnen gleich, ich will kein weiteres Abo. Unterlassen Sie diese Anrufe!" ins Telefon geknurrt, hätte man mich sicher nie mehr wieder für so ein Interview kontaktiert.

Eigentlich wollte ich ja mit zwei ganz anderen Beispielen beginnen: Städtetrip nach Tel Aviv. Freunde hatten uns ein kleines Restaurant empfohlen, das wir uns keinesfalls entgehen lassen dürften, und so machten wir uns am zweiten Tag auf den Weg dorthin. Bereits als wir um die Ecke bogen, sahen wir das Namensschild. Wir sahen aber auch eine Schlange wartender Menschen darunter. Ein Kellner in Schwarz trat ins Freie, sprach mit den ersten in der Reihe und schüttelte dann bedauernd den Kopf, bevor beide auf ihre Uhren blickten.

„So ein Mist", ärgerte ich mich. „Alles voll. Wir hätten reservieren sollen! Jetzt haben wir keine Chance, einen Tisch zu ergattern."

„Sollen wir es woanders versuchen?", fragte mein Mann und griff schon nach dem Handy, um sich nach etwas Passendem in der Nähe umzusehen. Währenddessen gingen wir weiter in Richtung Restaurant, um zumindest einen Blick auf die ausgehängte Speisekarte zu werfen. Da trat der Kellner abermals ins Freie. „Table for two?", rief er über die Köpfe hinweg. Keiner meldete sich. Wir sahen uns an und konnten es nicht glauben.

„Yes!", rief mein Mann und wir folgten dem Kellner ins Lokal. An der Schlange vorbei. Es waren alles Gruppen, die auf größere Tische warteten.

Du sollst nichts annehmen. Solange du nicht sicher weißt, dass du keine Chance hast, versuche es trotzdem.

Um die nächste Geschichte zu verstehen, muss man wissen, dass wir in Österreich zwei Bahnbetreiber haben. Die staatliche ÖBB mit ihren meist roten Waggons und die private Westbahn mit Wagen in Blau-Grün. Die Tickets des einen gelten nicht in den Zügen des anderen. Meine Cousine und ich fahren jedes Jahr zwei Tage nach München und diesmal hatten wir prompt den Tag erwischt, an dem die meisten Züge der Deutschen Bahn wegen Streiks ausfielen, so auch unserer. Wir fuhren mit unserem ÖBB-Ticket von Linz nach Salzburg, mit dem Gottvertrauen, dort irgendeinen Zug nach München zu ergattern. Und siehe da, es standen doch tatsächlich Waggons am Nebengleis, auf denen die Aufschrift „Meridian" prangte. Allerdings in blau-grüner Farbe. Der Zug war der einzige, der in den nächsten Stunden nach München fahren würde, und auch wenn er in jedem noch so kleinen Ort haltmachte, schien er die bestmögliche Alternative zu sein.

„Schade um unser ÖBB-Ticket", sagten wir. „Das gilt nur in der Deutschen Bahn. Jetzt müssen wir im Zug ein neues kaufen."

Wir stiegen ein und fuhren ab. Die Schaffnerin kam. Ich wollte soeben „Zwei Mal bis München" sagen, als ich ihr, einer Eingebung folgend, die ÖBB-Fahrkarten Linz-München hinhielt. Sie stempelte sie und ging weiter. Anscheinend gehört Meridian zur Deutschen Bahn und somit waren unsere Tickets gültig. Der Grundsatz „Du sollst nichts annehmen!" hatte sich wieder einmal bewahrheitet.

NIMM NICHT AN, DASS ALLES, WAS GESCHIEHT, MIT DIR ZU TUN HAT

Jedes Jahr zur Winterzeit lassen zwölf junge Paare ihre kleinen Kinder bei den Großeltern und fahren mit einem Kleinbus nach Tirol, um gemeinsam ein verlängertes Wochenende zu verbringen, Ski zu laufen und ausgiebig zu feiern. Da Melanie das Busfahren schlecht verträgt, sitzen sie und ihr Freund Sven immer in der ersten Reihe. Bisher hatten immer Tanja und Jörg hinter ihnen Platz genommen, doch diesmal ist das Paar eine Reihe zurückgerutscht. Ja, mehr noch, man hat die Sitzreihe überhaupt frei gelassen und dort einen Sack mit Skischuhen abgestellt. Als sich Melanie während der Fahrt umdreht, um Tanja etwas zu erzählen, ist sie fassungslos. Die nächste halbe Stunde (Sven kommt es vor, als wären es die nächsten zehn Stunden) stellt sie Mutmaßungen an, was ihre Freundin dazu veranlasst haben könnte, ihre Nähe zu meiden. Hatte sie etwas Falsches zu ihr gesagt? Hatte Sven etwas Falsches gesagt? War ihm nicht auch aufgefallen, dass Tanja bereits bei der Begrüßung eher kühl gewesen und die Umarmung nur zurückhaltend ausgefallen war? Was konnte ihr Tanja denn übel genommen haben? Musste sie sie gleich so offensichtlich schneiden? Man konnte doch über alles reden. „Und sieh nur, wie gut sie sich mit Clara unterhält. Was will sie mir denn damit beweisen?", flüstert sie Sven zu, der es schließlich nicht mehr aushält: „Das ist mir zu dumm. Jetzt frage ich sie einfach."

Melanie versucht, ihn am Ärmel zurückzuhalten: „Bleib da! Wie sieht denn das aus? Dann denkt sie bestimmt …" Doch Sven hört sie nicht mehr.

„Warum sitzt ihr denn diesmal nicht hinter uns?", fragt er die Freunde, während Melanie vor Verlegenheit in ihrem Sitz versinkt.

„In der Reihe ist die Lüftung kaputt", erklärt Jörg und zeigt auf die Überkopfdüsen. „Da zieht es unangenehm und Tanja ist ohnehin schon etwas erkältet."

Kommt dir diese Szene bekannt vor? Ich bin mir sicher, du hast sie so oder so ähnlich auch schon erlebt. Der Hammer von Paul Watzlawick[L] hatte wieder einmal zugeschlagen. ☺

Die Geschichte mit dem Hammer sagt dir nichts? Dann muss ich sie dir erzählen. Sie stammt aus dem Buch „Anleitung zum Unglücklichsein"[L] und geht in etwa so:

Die Geschichte mit dem Hammer

Es war einmal ein Mann, der wollte ein Bild aufhängen. Er hatte zwar einen Nagel, aber keinen Hammer. Also beschloss er, sich den des Nachbarn auszuborgen. Auf dem Weg zu dessen Tür kam er ins Grübeln. „Vielleicht will mir der Nachbar den Hammer nicht leihen? Gestern hat er mich nur flüchtig gegrüßt. Vielleicht hat er etwas gegen mich. Was soll er denn gegen mich haben? Ich habe ihm doch nichts getan! Also, ich würde jedem den Hammer borgen. Warum er nicht? Der bildet sich noch glatt ein, ich sei auf ihn angewiesen. Bloß weil er einen Hammer hat und ich nicht. Jetzt reicht's mir wirklich." Er läutete, der Nachbar öffnete, doch bevor er „Guten Tag" sagen konnte, schrie ihn der Mann schon an: „Behalten Sie Ihren Hammer!"

Nicht alles, was jemand tut, nicht tut, sagt, nicht sagt, hat etwas mit dir zu tun. Oder um genauer zu sein: viel weniger, als du annimmst. Ja, mehr noch, die meisten Leute merken gar nicht, dass du auf die Idee kommen könntest, die Gründe für ihr Verhalten bei dir zu suchen. Tust du es trotzdem, machst du dir völlig grundlos das Leben schwer. Und läufst Gefahr, dass du den dritten Personen, mit denen du deine Befürchtungen und Vermutungen diskutierst, mit der Zeit damit auf die Nerven gehst.

EINFACHE MITTEL, UM NICHT GLEICH DEN HAMMER ZU SCHWINGEN

Es gibt einfache Mittel, erst gar nicht in solche Grübeleien zu verfallen. Das erste ist ganz einfach:

Frage die Person, warum sie tut, was sie tut

Aber, bitte, wertfrei. Ohne Tadel, Vorwurf, Unterstellung oder gar Beschimpfung. Also nicht:

„Was ist denn los? Sag es doch einfach, wenn dir an mir etwas nicht passt!" – Tadel.

„Weißt du, wie gemein es von dir ist, dass du meine Nähe meidest!" – Vorwurf.

„Du redest wohl lieber mit Clara. Ist das jetzt deine neue beste Freundin, oder was?" – Unterstellung.

„So warst du ja schon immer, du untreue Seele!" – Beschimpfung.

Auch die viel gelobte Ich-Botschaft, mit der du deine Gefühle ausdrückst, ohne den anderen direkt anzugreifen, ist hier verfrüht und daher (zumindest noch) fehl am Platz.

„Ich bin richtig sauer, dass du nicht hinter mir sitzt!" – Ich-Botschaft.

Bevor du also künftig vor dich hinzugrübeln beginnst, verschaffe dir Gewissheit. Wie wir bei der Hammer-Geschichte gesehen haben, birgt das Grübeln nämlich so manche Gefahr in sich. Ein Gedanke kommt zum anderen und schon beginnst du, dir immer mehr einzureden und einzubilden, und deine Reaktion steht schließlich in keinem Verhältnis mehr zu dem Schmerz oder dem Unbehagen, den du am Anfang verspürt hast. Du hast einen kleinen Luftballon zu einer riesengroßen Sache aufgeblasen. Dich zu vergewissern geht sehr gut mit einer einfachen Warum-Frage: „Warum sitzt du denn nicht hinter mir?"

Vergiss bitte nicht, dass du eine Frage stellst, weil du etwas wissen möchtest. Nicht um damit eine verbale Ohrfeige zu verteilen.

Darum ist dein Tonfall auch freundlich und interessiert, nicht vorwurfsvoll.

Statt einer ausdrücklichen Frage kannst du auch einfach sagen, was du festgestellt hast, und ein imaginäres Fragezeichen an den Satz hängen: „Ihr sitzt ja dieses Jahr gar nicht hinter uns?"

Bring den Grübelballon zum Zerplatzen

Falls du dir, aus welchem Grund auch immer, nicht durch eine Frage direkt Gewissheit verschaffen kannst, dann lass den kleinen Luftballon deines Vor-dich-hin-Grübelns zerplatzen, solange er klein und der Schaden, den er anrichten kann, noch gering ist. Wie du das am besten machst?

Überlege dir mindestens zehn weitere Gründe, warum der andere so reagiert hat, wie er reagiert hat. Zehn Gründe, die nichts mit dir zu tun haben.

Der Herr Direktor runzelt die Stirn? Du denkst, das macht er wegen einer deiner Bemerkungen, deines Kleidungsstils oder weil du ihn wegen einer bestimmten Angelegenheit in seiner Tätigkeit unterbrechen musstest?

Es kann genauso gut sein, dass er wegen der Angelegenheit, die du ihm zu sagen hattest, die Stirn runzelte, es also um die Sache ging und nicht um dich. Er hat Bauchschmerzen, sich an etwas Unangenehmes erinnert, Ärger mit dem Nachbarn, der Mutter, dem Finanzamt. Oder er kann einfach nicht anders. Du siehst, es gibt jede Menge Möglichkeiten.

Du fürchtest, du könntest dennoch der Grund für sein Runzeln sein? Dann überlege dir, ob du dich nicht einfach vergewissern kannst. Was ist an „Herr Direktor, ich sehe, Sie runzeln die Stirn?" so gefährlich?

Wenn er dann sagt: „Ich habe gerade an etwas anderes gedacht", oder: „Hat nichts mit Ihnen zu tun", dann freu dich und glaub ihm. Mit weiteren Zweifeln: „Kann es nicht doch sein, dass ich …", machst du weder ihm noch dir das Leben leichter.

Da fällt mir eine Szene ein, in der ich selbst beinahe einen Grübelballon hätte aufsteigen lassen. Es war in einem Verhandlungstraining in Wien; ein Notar von Mitte 50 war unter den Teilnehmern. In manchen Seminargruppen ist es wie in vielen Schulklassen: Es gibt eine Leitfigur. Wenn diese einen Witz macht, lachen alle. Wenn diese etwas gut findet, finden es die anderen auch gut. Wenn sie etwas nicht mag, dann finden es die anderen auch ganz doof. Hier war der Notar so eine Leitfigur. Ich trage die „3-R-Regel" vor, eines meiner Lieblingstools, mit der man auch in schwierigen Situationen elegant zum roten Faden des Gesprächs zurückfindet, als ich bemerke, dass der Notar immer wieder den Kopf schüttelt. Nicht nur ich war irritiert, sondern auch die anderen. Sie schauten von ihm zu mir und wieder zurück und überlegten sich offensichtlich, ob sie mir weiter zuhören, geschweige denn glauben sollten. Ich wusste daher, dass ich das Kopfschütteln nicht einfach ignorieren durfte. Wisst ihr, was mein erster Impuls war? Am liebsten hätte ich den Notar angeschnauzt: „Was passt Ihnen denn jetzt schon wieder nicht? Ihre Wichtigtuerei ist so lästig. Wenn Ihnen das Seminar nicht gefällt, dann gehen Sie doch nach Hause!"

Das habe ich aber natürlich nicht gemacht. Erstens bin ich viel zu sehr Profi, um mich zu solchen Ausbrüchen hinreißen zu lassen, und als Verhandlungstrainerin hätte ich damit erst recht meine Glaubwürdigkeit verloren. Zweitens bin ich ein viel zu zielorientierter Mensch. Meine Ziele waren, dass die Teilnehmenden den größtmöglichen Nutzen aus der Veranstaltung ziehen, mich gern weiterempfehlen und dass mein Auftraggeber, ein namhaftes Seminarinstitut, mich auch in Zukunft zu seinen Lieblingstrainern zählt. All das hätte ich mir mit einem Ausbruch vermasselt. Und drittens hätte ich mich ohnehin nicht getraut. ☺

Also habe ich durchgeatmet (wie gesagt, immer gut) und das gemacht, was ich dir hier rate (auch immer gut): Ich habe freundlich ausgesprochen, was ich festgestellt habe. Wert- und tadelfrei. „Herr X, Sie schütteln den Kopf?"

Gebanntes Schweigen in der Gruppe. Das Herz klopfte mir bis zum Hals.

„Ja", sagte der Notar. „Weil ich soeben erkannt habe, was ich bisher immer falsch gemacht habe."

Puh! Alles gut gegangen. Befreites Auflachen in der Runde und ich hatte wieder die volle Aufmerksamkeit.

„Ja", wirst du jetzt vielleicht einwenden, „aber es hätte auch ganz anders ausgehen können. Er hätte auch „Das ist doch alles Schwachsinn!" antworten können."

Das ist natürlich richtig. Aber dann hätte ich zumindest gewusst, dass ihm tatsächlich etwas nicht passt, und nein, ich hätte nicht (sofort) widersprochen und gesagt, dass das kein Schwachsinn wäre, sondern ihn zuerst gefragt, wo genau der Schwachsinn liege.

Es ist nämlich viel leichter, etwas generell zu verurteilen, als sich Gedanken zu machen, was einem konkret Anlass zur Kritik gibt. Und auf diese Kritik hätte ich dann entsprechend reagieren können.

Apropos Schwachsinn:
Ich spielte mein erstes Kabarettprogramm „Männer essen Mars. Frauen Karotten" in Leipzig. Der Saal lag nicht in vollkommener Dunkelheit, wie das üblicherweise der Fall war, und so konnte ich das Publikum nicht nur hören, sondern auch gut sehen. In der ersten Reihe saß ein beleibter Mann mit ausdrucksloser Miene, der alle paar Minuten ziemlich laut das Wort „Schwachsinn!" von sich gab. Zum Glück ließen sich die anderen von ihm nicht die Stimmung verderben. Alle bis auf eine, nämlich ich. Mir fiel es zunehmend schwerer, mein Programm mit Leichtigkeit und ehrlichem Vergnügen durchzuziehen. Im Unterschied zur eben geschilderten Seminarsituation, wo nur zwölf Leute anwesend waren, hielt ich es hier nicht für sinnvoll, meinen Vortrag zu unterbrechen, um mit einem einzelnen Zuschauer in eine Diskussion einzutreten, und damit die vielen anderen im Saal, die den Mann zum Großteil gar nicht mitbekommen hatten, zu irritieren.

Im Anschluss an die Vorstellung gab es die Möglichkeit, meine Bücher zu erwerben und signieren zu lassen, und plötzlich stand der Mann mit einem Stapel Bücher vor mir. „Es war ein Vergnügen!“, sagte er anerkennend. „So ein Schwachsinn. Großartig!“

Manchmal werden Komplimente mit Worten ausgedrückt, mit denen man nicht gerechnet hat. ☺

> You will continue to suffer if you have an emotional reaction to everything that is said to you. True Power is sitting back and observing things with logic. True power is restraint. If words control you that means everyone else can control you. Breath and allow things to pass.
>
> *Warren Buffett, US-amerikanischer Großinvestor,*
> *Unternehmer und Mäzen*

Meine zugegebenermaßen etwas freie Übersetzung:
Du wirst immer leiden, wenn du dir alles, was man zu dir sagt, zu Herzen nimmst. Die wahre Power ist es, sich zurückzulehnen und Dinge logisch zu betrachten. Wenn dich Worte beeinflussen, bedeutet das, dass dich jeder beeinflussen kann. Atme durch und lass den Kelch an dir vorübergehen.

Die Idee zu diesem Buch trage ich schon lange in meinem Hirn und in meinem Herzen mit mir herum. Ich habe mir immer wieder neue Themen überlegt, über die ich schreiben könnte, andere verworfen, Gedanken pointiert zusammengefasst. Dann kam die Idee, auch andere erfolgreiche, bewundernswerte Frauen zu Wort kommen zu lassen. Nur: Würden sich diese die Zeit nehmen, mitzumachen? Würden sie die Offenheit besitzen, aus ihrem Leben zu plaudern und ihre Erfolgsgeheimnisse mit uns zu teilen? „Die haben doch sicher alle viel zu viel um die Ohren“, sagte meine eine innere Stimme, bevor die „Du sollst nichts annehmen“-Stimme siegte und ich meine Fragen losschickte. Siehe da: So gut wie alle waren bereit, freuten sich, sagten, es sei ihnen eine Ehre, ein besonderes Anliegen.

Das Leben ist bunter, wenn man sich nicht immer selbst einen Riegel vorschiebt, sondern es einfach einmal versucht.

Was sollte denn schiefgehen? Wenn ich keine Rückmeldungen bekommen hätte, dann hätte ich zumindest das gute Gefühl gehabt, es versucht zu haben.

MEINE **10.** GOLDENE ERKENNTNIS

GUT IST BESSER
ALS PERFEKT

GUT IST BESSER ALS PERFEKT

Karin war nicht nur Ärztin aus Leidenschaft, sie war auch ganz aus dem Häuschen vor Freude, als sie eingeladen wurde, bei einer wichtigen Fachtagung der Universität einen Vortrag zu halten. Ich hatte ihr bei der Vorbereitung geholfen und versprach, an besagtem Abend in der Uni vorbeizuschauen. Leider begann ihr Vortrag bereits, während ich noch mein Seminar in einem anderen Stadtteil beendete, und so kam ich erst zu den letzten Worten ihres Vortrags in der Uni an. Es gab großen Applaus, schnell war Karin umringt von Menschen, die mit ihr sprechen wollten. Es dauerte geraume Zeit, bis ich zu ihr durchkam. „Herzlichen Glückwunsch!", ich umarmte sie freudig. „Das scheint ja perfekt gelaufen zu sein. Bist du zufrieden?"

„Es war schrecklich!", flüsterte sie mir ins Ohr. „Ich habe mich zwei Mal verhaspelt. Und sieh nur: Seit heute Morgen habe ich diesen Riesenpickel auf der Nase."

Ich frage dich: Wer sagt, dass sich eine Ärztin nicht verhaspeln darf, wenn Sie eine gute Stunde lang spricht? Und wer bitte sagt, dass sie dabei eine makellose Schönheit zu sein hat? **Wer redet uns ein, dass wir immer und überall, rundherum und durch und durch perfekt sein müssen?** Zwei Verdächtige fallen mir da sofort ein: die Werbung und manche Frauenmagazine.

Apropos Werbung und Frauenmagazine: Da gab es vor Jahren die Radiowerbung eines solchen Magazins, die ich heute noch im Ohr habe: „Sie sind berufstätig? Mutter? Ehefrau? – Ist das alles?"

Ja, freilich ist das alles! Was sollen wir denn sonst noch sein? Astronautin?

WIR ALLE MÜSSEN POWERFRAUEN SEIN? ICH WILL ABER NICHT!

Natürlich weiß ich, worauf diese Werbung abzielt. Man will uns einreden, was wir neben dem Mutter-Sein, Ehefrau-Sein und Berufstätig-Sein noch alles sein, können und machen müssen, wie wir auszusehen haben und was wir am besten essen sollen. Im Magazin steht dann, wie das geht. Kurz: Wir alle sollen Powerfrauen werden.

Eine Powerfrau, so habe ich erfahren, ist eine Frau, die alles macht, die alles kann, die alles weiß, und zwar bei Tag und bei Nacht. Und immer perfekt.

Wenn jemand zu mir sagt: „Frau Rauchberger, Sie sind eine Powerfrau", dann wehre ich mich mit Händen und Füßen dagegen. Die meisten sind dann erstaunt, sie hätten es doch nur nett gemeint. Ich aber will mir dieses Etikett nicht aufdrücken lassen. Es ist unmöglich, alles perfekt zu machen, und außerdem macht es mir auch keinen Spaß, es zu versuchen. Im Gegenteil: **Es bereitet mir diebische Freude, damit Erfolg zu haben, nicht perfekt zu sein.** Oder auch:

erfolgreich zu sein, obwohl ich nicht perfekt bin. Bei den vielen verschiedenen Aufgaben, die ich immer schon erledigen wollte, und all dem, was noch unfreiwillig dazukam, hätte ich für Perfektionismus gar keine Zeit gehabt. ☺

Mein Schlüsselerlebnis war ein Seminar namens „So bekommen Sie Ihr Berufs- und Privatleben unter einen Hut", das ich in Frankfurt am Main besuchte, als ich so um die 30 war. Ich hatte damals zwei kleine Kinder, einen Fulltime-Job, einen schwer kranken Ehemann, den ich zu Hause betreute, und schrieb an meinem ersten Roman. In der Nacht. Auf der Schreibmaschine. Ich weiß noch, dass ich außerdem gerade eine Tischdecke bestickte, die wohlmeinende Freunde meiner Schwiegermutter geschenkt hatten, damit sie etwas Sinnvolles zu tun hätte. Sie wollte die Decke zwar auflegen, aber nicht sticken, also hatte sie sie mir in die Hand gedrückt.

Die Trainerin teilte Packpapierbogen aus und gab jeder Teilnehmerin einen dicken Stift in die Hand. Wir sollten einen Kreis mit 24 Spalten zeichnen, für jede Stunde des Tages eine. Dann ging es darum, all unsere üblichen Aktivitäten einzutragen.

„Kann ich bitte einen zweiten Bogen haben", höre ich mich noch heute fragen: „Ich bekomme nicht alles in einen Kreis."

„Nein, denn auch dein Tag hat nur 24 Stunden", antwortete die Trainerin. Ich weiß noch, wie fassungslos ich über diese Tatsache war. ☺

Ich begriff, dass die Zeit nicht dafür ausreichte, dass ich alles machen konnte, was man von mir verlangte. Es war an der Zeit, dass ich selbst entschied, was mir wirklich wichtig war, und die Prioritäten entsprechend setzte. Außerdem war es Zeit, dass ich Mut zur Lücke bewies. Wenn man, so wie ich, vieles unter einen Hut bringen will, dann ist es unmöglich, in allen Belangen perfekt zu sein. So entdeckte ich das Paretoprinzip für mich, das ich dir in Kürze vorstellen werde. Aber zuerst zurück zum Thema „Powerfrau" und meiner Frage an dich:

Was ist man, wenn man alles perfekt machen will?

Grenzenlos überfordert. Langsam. In der Vielfalt der Möglichkeiten eingeschränkt. Pingelig. Schnell an seinen Grenzen. Ständig übermüdet. Gefährdet, ins Burn-out zu schlittern.

Und das soll toll und erstrebenswert sein?

Es gibt sogar einen knallharten Beweis dafür, dass es weder toll noch erstrebenswert ist. Ich sage nur ein Wort: Männer. Männer wollen doch bekanntlich alles sein, was toll ist. Kennst du einen einzigen Mann, der gern eine Powerfrau wäre? Hast du je von einem Mann diese Worte gehört: „Ich wäre so gern eine männliche Powerfrau!"? Oder auch: „Ich bin ein Powermann!"?

Nein? Also ist es nicht toll und erstrebenswert. Beweisführung abgeschlossen. ☺

Powerfrau. Was ist das eigentlich für ein Wort? Eine höchst seltsame deutsch-englische Mischung. Vorn englisch, hinten deutsch. Andersherum würde es „Kraftwoman" heißen. Aber das würden sich die wenigsten von uns als erstrebenswert einreden lassen.

EIN BLICK HINTER DIE PERFEKTIONSFALLE

Werfen wir einen Blick hinter die Kulissen der Perfektionsfalle, die uns in einen Kreislauf zwingt, den wir nie als Siegerinnen verlassen können.

Beginnen wir beim Aussehen

Hast du eine Zeitschrift zur Hand? Die Homepage deiner liebsten Influencerin? Ein Hochglanzmagazin? Wie sehen Frauen dort aus? Makellos? Übergewichtig nur, wenn es sich um das „Vorher"-Bild einer Diät handelt oder um einen Ulla-Popken-Katalog? Seht nur, Sharon Stone hat mit Ende 50 keine einzige Falte, Madonnas Oberschenkel sind immer noch dellenlos. Fitnessstudio, Skalpell, Weichzeichner und Computerprogramme sei Dank. Frauen haben perfekt auszusehen. Mick Jagger dagegen kann ohne blöde Kommentare alt werden. Der kann zu dem Faltenwurf stehen, den er sich mit über 70 redlich verdient hat. Seine dicken Lippen gelten immer noch als sexy. Seine Ex-Frau Jerry Hall jedoch soll gefälligst so perfekt aussehen wie vor 30 Jahren.

Aber auch da tut sich schon etwas. Damit meine ich nicht, dass auch immer mehr junge Männer dem ungesunden Perfektionswahn verfallen. So habe ich von einem 20-Jährigen gehört, der sich Silikonkissen in seine Unterschenkel implantieren hat lassen und sich dann darüber wunderte, dass ihm die Wunden bei jedem Schritt höllisch wehtaten. Ob seine aufgepolsterten Waden den beabsichtigten sexy Effekt hatten, lasse ich mal dahingestellt.

Nein, ich meine ein Gerichtsurteil aus England. Ein Kosmetikkonzern hatte Plakate mit dem Gesicht von Julia Roberts aufgehängt, auf denen sie sich anscheinend selbst kaum wiedererkannte. Die Bilder waren so sehr geschönt worden, dass ein Gericht die Werbung verbot. Mädchen und Frauen, so entschieden die Richter, sollen keinem Schönheitsideal nacheifern, das es gar nicht gibt. Das Leben hat eben keinen Weichzeichner.

Ob ich nicht auch manchmal mit meinem Aussehen hadere? Aber natürlich. Seit meinem 14. Lebensjahr bin ich auf Dauerdiät. Mal nur Gemüse, mal nur Eiweiß, mal nur Pralinen, immer Jo-Jo-Effekt. Was ich jedoch gelernt habe? Ich lasse mir von ein paar Kilos zu viel nichts in meinem Leben vermiesen. Ich steige auf die größten Bühnen, ich stelle mich dem kritischsten Publikum, ich mache alles, was ich für richtig, wichtig und witzig halte. Das war nicht immer so, das musste ich auf die harte Tour lernen.

Als ich Mitte 30 war, läutete eines Tages mein Telefon. Sigi, mein bester Freund aus Schultagen, war nach England ausgewandert. Nun war er überraschend für einen Nachmittag in unserer Heimatstadt und wollte mich gern treffen. Ich freute mich so, ihn zu hören – damals gab es noch keine Handys, mit denen man laufend in

Kontakt hätte sein können, und „Ferngespräche" nach England waren zu teuer. Ich hätte mich nur allzu gern mit ihm getroffen, allerdings war ich zu dem Zeitpunkt mit meinem Aussehen so gar nicht zufrieden. Meine Haare hätten dringend einen neuen Schnitt vertragen und meine Taille ein paar Kilo weniger. Also sagte ich unter einem fadenscheinigen Vorwand ab und schwor mir, wenn Sigi das nächste Mal nach Linz käme, würde ich ihn sicher treffen. Das war dann auch so. Allerdings lag er im Sarg. Sigi war einer der ersten AIDS-Toten.

„Er hat bei seinem letzten Besuch schon schlimm ausgesehen", flüsterte mir eine andere Trauernde beim Begräbnis zu und mir wäre fast das Herz stehen geblieben. Sigi wollte mich noch ein letztes Mal sehen, obwohl es ihm schon sehr schlecht ging, und ich hatte abgesagt. Wegen meiner Frisur! Am allerschlimmsten ist der Gedanke, dass er vielleicht angenommen hat, ich habe ihn nicht treffen wollen, weil er an AIDS litt.

Damals schwor ich mir: Nie mehr lasse ich mich von meinem Aussehen davon abhalten, etwas zu tun, was mir wichtig ist oder mir und einem lieben Menschen Freude bereitet. Und ehrlich: Wenn ich seither mit allem gewartet hätte, bis ich die perfekte Figur habe, bevor ich etwas in Angriff nehme, dann wäre ich noch immer im Wartesaal. Mein Leben wäre bisher nicht so bunt und abwechslungsreich verlaufen und ich hätte es überhaupt nicht meinen Talenten entsprechend geführt.

Seien wir ehrlich: Es sind nicht nur die Medien und die Werbung, die uns unter Druck setzen. Den meisten Druck machen wir uns selbst. Wir Frauen haben viele Talente, darunter auch das, uns das Leben schwer zu machen. Wir wollen in vielem immer besser sein, als es oft überhaupt möglich ist, und sind dann entsprechend frustriert, wenn es uns nicht gelingt. Dann fühlen wir uns als Versagerinnen. Und nehmen einen neuen Anlauf. Was für ein Teufelskreis, oder sollte ich besser sagen: Teufelinnenkreis?

Männer und die Perfektion

„Augenblick", wirst du jetzt vielleicht sagen, „auch Männer streben nach Perfektion." Und da hast du natürlich recht. Das tun sie, allerdings nicht in jedem Lebensbereich! Kommen wir wieder auf einen typischen Mann zurück, bleiben wir am besten bei den Ausnahmesportlern Felix Neureuther oder Marcel Hirscher. Natürlich tun die alles, um in ihrem Job die Besten der Besten zu sein. Sie wollen perfekte Skirennläufer sein und sind es auch. Wenn auch nur eine Tausendstelsekunde irgendwo liegen geblieben ist, dann ärgern sie sich grün und blau. Aber damit hat es sich wahrscheinlich schon mit dem Streben nach Perfektion. Oder glaubst du, die beiden plagt darüber hinaus der Ehrgeiz, sagen zu können: „Ich backe den besten Gugelhupf im ganzen österreichischen und süddeutschen Raum"? Oder glaubst du, sie verkünden mit stolzgeschwellter Waschbrettbrust: „Meine Fenster putze ich so sauber, dass man sich darin spiegeln kann"? ☺ Eben.

Was ist dagegen typisch weiblich? Wir können unseren Job noch so gut machen, noch so viel arbeiten, kreieren, organisieren, managen, uns als Mütter, Töchter, Schwiegertöchter oder Ehrenamtliche engagieren, wir werden immer Ecken in unserem Leben finden, mit denen wir nicht zufrieden sind. Und sei es, weil die Bügelwäsche liegen geblieben ist. Die kreist dann durch unseren Kopf und alles Erledigte tritt in den Hintergrund. Das ist doch perfekt blöd, oder?

Die perfekte Frau und ihre Freundin

Perfektionismus treibt seltsame Blüten. So habe ich gelesen, dass perfekte Frauen nur eine einzige Freundin haben können. Du fragst dich jetzt wahrscheinlich, warum? Ganz einfach: Für mehr haben sie keine Zeit. Hier eine Zusammenfassung des Artikels, so wie ich ihn in Erinnerung habe, ergänzt um meine eigenen Kommentare, die den Schluss zulassen könnten, dass ich das Gelesene nicht übertrieben ernst nehme.

Werfen wir einen Blick auf eine perfekte Woche einer perfekten Frau: Am Sonntag wird für die nächsten sieben Tage vorgekocht. Schließlich haben wir als treusorgende Partnerinnen und Mütter dafür zu sorgen, dass unsere Lieben nur vitaminreiche, frische Nahrung zu sich nehmen. Oder, wage ich hier zu ergänzen, dass diese zumindest bereitsteht – ob sie dann gegessen wird, ist wieder eine andere Frage. Daher haben wir am Sonntag keine Zeit für eine Freundin. Am Montag ist Elternabend in der Schule oder sonst irgendetwas, was wir für oder mit dem Kind unternehmen wollen oder müssen. Die Zeitungen sind sich übrigens nicht einig, ob wir eine Rabenmutter sind, wenn wir arbeiten, weil wir unser Kind dadurch vernachlässigen. Oder ob wir eine Rabenmutter sind, wenn wir zu Hause bleiben, weil wir damit unser Kind zur Unselbstständigkeit erziehen und mit unseren Erwartungen überfordern. **Ist das nicht schön? Wie wir es machen, ist es falsch. Das heißt, wir können es so machen, wie wir es für richtig halten.**

Am Dienstag müssen die Beine enthaart und die Nägel lackiert werden. Das ist wichtig. Unser Umfeld hat Anspruch darauf, dass wir uns stets perfekt adrett zurechtgemacht präsentieren. Am Mittwoch geht es ins Fitnessstudio, man muss schließlich etwas für einen perfekten, jugendlichen Körper tun. Außerdem soll die Allgemeinheit nicht für unser Bandscheibenleiden oder unsere Cellulite büßen müssen. Am Freitag erwartet der Liebste Sex. Gerade neulich habe ich wieder gelesen, dass wir Frauen schuld sind, wenn eine Ehe scheitert, weil wir zu sehr damit beschäftigt sind, uns selbst zu verwirklichen. Also bitte, vergiss den Freitag nicht. ☺ Am Samstag muss man sich auch wieder einmal in Gesellschaft blicken lassen, sonst glaubt noch jemand, dass mit uns etwas nicht stimmt. Bleibt der Donnerstag für die Freundin.

Wenn nicht diese ganze perfekte Zeitkonstruktion in sich zusammenfällt, weil ein Kind krank wird oder wir Überstunden machen müssen. Ich habe übrigens mehr als eine Freundin. Ich halte mich selten an Statistiken und perfekt will ich, wie gesagt, ohnehin nicht sein.

Der Kuchen für den Elternabend

Eine dieser Freundinnen, Mary, habe ich vor ein paar Tagen zufällig vor dem Supermarkt getroffen. Sie hatte eine geschwollene Wange, drei dicke Einkaufstüten in der Hand und den Autoschlüssel zwischen den Lippen. Sie sah nicht wirklich glücklich aus. Ich nahm ihr den Schlüssel aus dem Mund und fragte sie, wie es ihr denn ginge. Darf ich dir Mary kurz vorstellen? Sie hat zwei Söhne, 11 und 13 Jahre alt, und ist alleinerziehend. Ihr Mann hat sie vor drei Jahren verlassen. Sie brachte mich auf den aktuellen Stand dieses Tages. Ausnahmsweise hatte sie nur bis 16.00 Uhr gearbeitet, war dann zum Zahnarzt geeilt und mit einem Zahn weniger weiter zum Supermarkt. Nun hieß es, ab nach Hause, denn: „Ich muss dringend einen Kuchen backen. Heute Abend findet in Paulis Schule ein Elternabend statt."

„Wofür brauchst du denn den Kuchen?", fragte ich verständnislos.

„Na, für den Elternabend. Alle bringen etwas mit."

Ich half ihr, die Einkäufe im Kofferraum zu verstauen. „Du stehst vor einem Supermarkt", sagte ich. „Geh zurück und kauf irgendeinen. Spar Zeit und Nerven! Du wirst dich doch nicht in die Küche stellen, nur damit wildfremde Menschen etwas Selbstgebackenes aufessen."

Der Widerspruch kam umgehend: „Das kann ich nicht machen. Ich habe ohnehin so ein schlechtes Gewissen, weil ich berufstätig bin. Pauli wünscht sich, dass ich einen selbst gebackenen Kuchen mitbringe. Du kennst mich doch, ich will, dass meine Kinder glücklich sind."

Da war ich kurz sprachlos. Ich will auch, dass meine Kinder glücklich sind. Aber seit wann, bitte schön, hängt das Glück eines Kindes von einem selbst gebackenen Kuchen für den Elternabend ab? Das Kind wünscht sich etwas Selbstgebackenes zum Geburtstag? Herzlich gern. Aber für den Elternabend? Da ist es doch nicht einmal dabei! Ich vermute, hier machte sich Mary den Druck wieder einmal selbst. In Wirklichkeit war es ihrem 13-Jährigen völlig egal, was wildfremde Eltern essen. Und falls nicht, kann sie ihm sicher erklären, dass sie ihre Zeit lieber sinnvoller nutzt, und er wird es verstehen. Und falls er das nicht versteht? Dann ab mit ihm in die Küche! Er soll schleunigst lernen, wie man Kuchen backt. Dann kann er in der Zukunft sämtliche Elternabende mit Selbstgebackenem versorgen. Außerdem hätte Mary damit einen wertvollen Beitrag für sein künftiges Leben geleistet. Der Mann kann backen.

Hast du einen Sohn? Dann denke bei seiner Erziehung am besten immer an eine Person, nämlich an deine zukünftige Schwiegertochter. Du wirst merken, dass du den Jungen zu mehr Selbstständigkeit erziehen wirst. Und du ersparst dir damit in einigen Jahren eine schlechte Nachrede. ☺

Zurück zum Kuchen. Hier ein hilfreicher Tipp, den mir eine Mutter von fünf Kindern mit auf den Weg gegeben hat.

„Ich habe beim besten Willen nicht die Zeit, Torten für sämtliche Elternabende zu backen", vertraute sie mir an. „Also kaufe ich einen Kuchen, dazu eine Tüte bunte Streusel oder eine Rolle Schokolinsen. Damit verziere ich das Backwerk, und zwar so unprofessionell wie möglich. Dann sagen alle: ‚Den können Sie nur selbst gemacht haben!'"

Hihi. Zeit gespart, Geld gespart, Applaus verdient.

Diesen Tipp habe ich im letzten Jahr in einem Vortrag an junge Bäuerinnen weitergegeben und plötzlich herrschte eine seltsame Unruhe im Saal. Ich ging ihr auf den Grund und fand ihn in einer meiner Vorrednerinnen, die sich mit versteinertem Gesicht erhoben hatte. Sie hatte den Zuhörerinnen ins Gewissen geredet, dass sie als Bäuerinnen Vorbild zu sein hätten und daher nur selbst gebackene Torten als Geschenke und für Veranstaltungen infrage kämen.

Du kannst dir sicher vorstellen, dass das eine unangenehme Situation war. Eine, die sich allerdings nicht vermeiden lässt, wenn mehrere Redner aufeinanderfolgen und ich nicht den ganzen Tag anwesend sein kann, um zu hören, was sie sagen. Die Teilnehmerinnen sahen gespannt von ihr zu mir und wieder zurück. Dabei ist die Antwort einfach: Wenn für dich das Tortenbacken dasselbe ist wie für Marcel oder Felix das Skifahren, es also zu den wichtigen Dingen deines Berufs gehört oder deine Herzensangelegenheit ist, dann wirst du selbstverständlich alles immer selbst backen und das Kunstwerk mit Liebe und millimetergenauer Präzision verzieren. **Ist es das nicht, lass dir nicht einreden, das müsste so sein.**

Perfekt Wasser trinken – ein Selbstversuch

Natürlich habe ich auch schon zahlreiche Versuche hinter mir, perfekt sein zu wollen. Eine Ernährungsberaterin hatte anhand meiner Körpermaße errechnet, ich müsse täglich mindestens drei Liter Wasser trinken. Also startete ich mit den besten Vorsätzen, das Trinken perfekt zu erledigen. Du wirst jetzt wahrscheinlich sagen, dass das wohl nicht so schwer sein könne und ich es daher nicht ausdrücklich erwähnen müsse. Hast du eine Ahnung!

Zuerst solltest du wissen, dass ich um 7.00 Uhr frühstücke, um etwa halb eins zu Mittag und gegen 19.00 Uhr zu Abend esse. Da dieselbe Ernährungsexpertin zu zwei Zwischenmahlzeiten geraten hat, kommt am Vor- und Nachmittag jeweils ein Stück Obst dazu. So weit, so gut. Nun soll man jedoch eine halbe Stunde vor, während und nach einer Mahlzeit nichts trinken. Das verdünnt die Magensäfte und macht die Verdauung alles andere als perfekt. Wann bitte bleibt mir Zeit für meine drei Liter Wasser? Am Abend und in der Nacht? Die Kosmetikerin meines Vertrauens schüttelte energisch den Kopf: „Auf keinen Fall! Wasser ab 18.00 Uhr getrunken setzt sich im Gesicht ab. Wollen Sie wirklich aufgeschwemmt aussehen?"

Um Himmels willen, nein, so viel war mir mein perfektes Wassertrinken auch wieder nicht wert. Also bemühte ich mich, die kurzen Pausen zwischen den Mahlzeiten zu nutzen, um die drei Liter in mich hineinzuschütten.

„Ganz schlecht", nun war es die Internistin, die den Kopf schüttelte, „große Mengen auf einmal getrunken, lassen den Bluthochdruck in die Höhe schnellen."

Wann bitte schaffe ich bloß die blöden drei Liter? Du siehst, die einfachsten Dinge des Lebens werden kompliziert, wenn man etwas perfekt machen will.

FEHLER MACHEN AUSDRÜCKLICH ERLAUBT

> Wenn ich mein Leben noch einmal leben könnte, würde ich die gleichen Fehler machen. Aber ein bisschen früher, damit ich mehr davon habe.
>
> *Marlene Dietrich* Quelle: zitate.net

Was ich besonders spannend finde? Ich wollte von den anderen erfolgreichen Frauen wissen, welche Worte ihnen am Anfang ihrer Karriere geholfen haben, und war neugierig darauf, zu erfahren, was sie wiederum anderen Frauen raten. Womit ich nicht gerechnet habe, ist, wie viele Tipps sich mit dem Thema „Fehler machen" auseinandersetzen. Der Grundtenor ist bei allen der gleiche – Fehler sind menschlich und erlaubt. Es ist allerdings ausschlaggebend, wie du damit umgehst.

Der wertvollste Rat in meinem Berufsleben

kam von meiner ersten Chefin.

Ich hatte einen Fehler gemacht, war kurz versucht, ihn zu vertuschen, beichtete ihn schweren Herzens dann aber doch. Darauf sagte sie: „Sie werden im Laufe Ihrer Karriere noch viele Fehler machen. Es war richtig, dass Sie mich sofort informiert haben, und es ist wichtig, dass Sie aus dem Fehler lernen."

Jetzt bin ich selbst Führungskraft und halte es ebenso. Ich schaffe ein Klima, in dem man sich traut, Fehler einzugestehen. Aber auch mir ist es wichtig, dass Fehler, wenn möglich, nicht zwei Mal passieren.

Gabriele Schallegger, Finance Director, Uncoated Fine Paper

Einen Fehler zu machen ist also keine Schande. Blöd ist allerdings, wenn uns derselbe Fehler ein zweites Mal passiert. Vor allem dann, wenn wir das hätten verhindern können.

> Fehler ein zweites Mal zu machen
> ist Zeitverschwendung.
>
> *Franziska von Hardenberg,*
> *Unternehmensgründerin Bloomy Days*

Jeder Mensch macht Fehler. Zumindest die Menschen, die etwas tun. Aber auch nichts zu tun kann oft ein Fehler sein. Manche Fehler haben große, negative Folgen, andere wiederum sind nicht so schlimm. Dennoch ist es in jedem Fall wichtig, dass du dir überhaupt eingestehst, dass dir ein Fehler unterlaufen ist. Denn nur so kannst du die Ursachen erkennen, die Auswirkungen abschätzen, eine Lösung überlegen, mit den Geschädigten richtig kommunizieren und verhindern, dass der Fehler ein weiteres Mal passiert. Sich Fehler einzugestehen, nicht nach Ausreden zu suchen und daraus auch noch zu lernen, ist ein Zeichen von Erwachsensein. Etwas, das so manche auch bis ins hohe Alter nicht lernen. Vielen erscheint es verlockender, sich heimlich fortzuschleichen und zu hoffen, dass einem niemand auf die Spur kommt. Oder sie ziehen es vor, anderen die Schuld in die Schuhe zu schieben oder das eigene Versagen kleinzureden.

> Einen Fehler durch eine Lüge zu verdecken heißt, einen
> Flecken durch ein Loch zu ersetzen,
>
> *sagte angeblich schon Aristoteles.*

Wenn uns ein Fehler unterläuft, dann ist auch unsere Wortwahl mitentscheidend, ob unser Umfeld diesen Fehler verzeiht.

Wie gut erinnere ich mich an Jutta, die ins Verhandlungscoaching kam, weil ihr ein folgenschweres Versehen unterlaufen war. Sie hatte eine Lieferung, auf die ein Kunde in Belgien ungeduldig wartete, zu dessen Filiale nach Frankreich geschickt. Die Aufregung war groß, der Besteller und auch Juttas Chef entsprechend ungehalten.

„Als ich ins Büro des Geschäftsführers gerufen wurde, wollte ich ihn eigentlich beruhigen und begann mit: ‚Regen Sie sich nicht auf, …‘", erzählte mir Jutta. „Ich kam gar nicht dazu, hinzuzufügen, dass ich schon eine Lösung gefunden hatte, um die Sache wieder ins Lot zu bringen, denn da begann er schon, herumzuschreien."

Ich kann nicht sagen, dass mich das gewundert hat.

Wie geht es denn dir damit, wenn du verärgert bist und der Verursacher sagt: „Regen Sie sich nicht auf!"? Wird dein Ärger dadurch kleiner?

Sicher nicht. So ein Satz klingt wie ein Verbot, Emotionen haben zu dürfen. Juttas Chef hatte das Gefühl der Verärgerung trotzdem, dazu brauchte er Juttas Erlaubnis nicht. Das nächste Mal sollte sie sich besser als Allererstes entschuldigen.

Eine Entschuldigung ist ein Zeichen von Stärke

„Eine Entschuldigung ist ein Zeichen von Schwäche", höre ich immer wieder. Darauf antworte ich: „Das Gegenteil ist der Fall! Sich zu entschuldigen ist ein Zeichen von Stärke."

Wem ist es denn in der Kindheit leichtgefallen, Fehler zuzugeben? Um wie vieles einfacher war es, bei einer eingeschlagenen Fensterscheibe wegzulaufen, zu bestreiten, dass man überhaupt in der Nähe war, dem Fußball die Schuld zu geben oder andere Kinder in die Sache hineinzuziehen? Die meisten von uns mussten erst lernen, zu den eigenen Fehlern zu stehen – etwas, was viele Menschen bis heute nicht können. Eine Entschuldigung ist also auch ein Zeichen von Erwachsensein.

Natürlich sollte die Entschuldigung nicht in eine langatmige Rechtfertigung ausufern, die niemandem etwas bringt. Ein schlichtes „Es tut mir leid!" öffnet die Tür für ein Gespräch zur Lösungsfindung. Ein „Regen Sie sich nicht auf!" schließt sie.

Damit der Chef die Ursache für ihr fehlerhaftes Verhalten besser versteht, sollte Jutta einen kurzen Grund dafür nennen und dann sofort die Lösungsmöglichkeiten präsentieren. Auf diese Weise wäre das Gespräch bei Weitem weniger emotional verlaufen und Jutta hätte die Chance gehabt, zu verhindern, dass man ihr das Missgeschick dauerhaft anlastet.

Auch Führungskräfte sind nicht frei von Fehlern

Einer der größten Fehler, den du als Führungskraft machen kannst, ist es, dir die Aura der Unfehlbarkeit geben zu wollen und vielleicht sogar ein Klima zu schaffen, das deinen Mitarbeitern nicht erlaubt, dich auf einen Fehler hinzuweisen. Denn damit wirst du selbst nicht darauf aufmerksam und kannst nicht gegensteuern. Ja, mehr noch, du läufst Gefahr, dass du denselben Fehler immer und immer wieder begehst. Dann wird es nicht nur richtig teuer, sondern es untergräbt auch deine Autorität. Wer hat schon Lust, unter einer Chefin zu arbeiten, deren Fehler die Arbeit behindern oder das Ergebnis verschlechtern?

Führung, so sagte mir auch die Marketingexpertin Katja Kienzl, hat nichts mit Perfektion zu tun, sondern mit der Fähigkeit, authentisch und nahbar zu sein und auch den Umgang mit Fehlern und das Lernen aus Fehlern vorzuleben.

 Der wertvollste Rat in meinem Berufsleben

kam von Professor Dr. Manfred Winterheller.

Mitarbeiter und Mitarbeiterinnen haben ein Recht auf Führung. Führung in Form von Fordern und Fördern stellt sicher, dass man die Potenziale hebt, den Mitarbeitern die entsprechende Wertschätzung entgegenbringt und den Unternehmenserfolg sichert.

Eveline Pupeter, CEO und Eigentümerin von Emporia Telecom

Der Mythos vom Multitasking

Wisst ihr, was ein weiterer großer Unterschied zwischen Männern und Frauen ist? Wir Frauen sind stolz darauf, multitaskingfähig zu sein, während Männer stolz darauf sind, sich auf eine Sache ganz und gar konzentrieren zu können.

Ein Blick zurück in die Steinzeit

Mir schwebt da ein Bild vor meinem geistigen Auge. Stell dir vor, es wäre gerade Steinzeit. Der Mann, nennen wir ihn Karl, geht auf die Jagd. Er steht einem Ur-Rind gegenüber. Jetzt braucht er seine volle Konzentration. Er weiß, er muss das Wild erlegen, sonst verhungern er, die Frau, das Kind und der Ur-Hund. Also bewährt sich sein Tunnelblick. Nichts anderes sehen, nichts anderes hören, an nichts anderes denken, Steinschleuder zücken, schießen. Glaubst du, dass es in dieser Situation einen Sinn gehabt hätte, mit Steinzeit-Karl eine Diskussion über Kindererziehung zu beginnen? Nein, aussichtslos. Beim Steinzeitmenschen, männlich, ging nur eins nach dem anderen: anpirschen, konzentrieren, zielen, Wild erlegen, heimschleppen, sich zurücklehnen, stolz sein, Applaus kassieren.

Die Steinzeit-Frau war in der Zwischenzeit auch nicht untätig. Sie hat sich um das Lager gekümmert und die Kinder betreut, Getreide angepflanzt, das Feuer geschürt, Wasser vom Bach geholt und hatte dann immer noch keine Zeit, sich zurückzulehnen; denn schon kam der Mann mit dem Wild nach Hause und sie musste das Fell trocknen und Steinzeitleberknödel kochen.

Findest du es auch interessant, wie viel sich davon aus der Steinzeit in unsere heutigen Tage herübergerettet hat? ☺ Auch der heutige Mann kann sich meist nur auf eine Sache konzentrieren. Auf das allerdings voll und ganz, mit all seinen Sinnen. Hast du schon einmal versucht, mit einem Kollegen ein anderes Projekt zu besprechen, während er auf seinen Bildschirm starrte? Oder mit deinem Schatzi über ein Geburtstagsgeschenk für seine Mutter oder die Noten der Kinder zu reden, während im Fernsehen Fußball lief?

Oder „Tatort"? Dann weißt du, was ich meine. Lass es sein, es ist sinnlos. Sei froh über seinen Tunnelblick. Ohne den wären wir in der Steinzeit ausgestorben. ☺

Wir Frauen hingegen sind stolz darauf, viele Aufgaben gleichzeitig erledigen zu können. Wir kochen und gehen dabei in Gedanken die Tagesordnung für das Meeting am nächsten Tag durch. Wir beaufsichtigen die Kinder bei den Hausaufgaben, hören mit einem Ohr Radio und achten mit dem anderen auf das Summen der Waschmaschine. Wir stellen die Kleidung für die kommende Abendveranstaltung zusammen und denken an die To-do-Liste für die nächste Woche. Wir freuen uns über unsere Multitaskingfähigkeit, da sie doch unsere Effizienz und unsere Produktivität erfreulich steigert. Dass wir uns oft ausgepowert fühlen, bringen wir damit nicht immer in Zusammenhang.

Auch ich war so eine Vertreterin der „Stolz auf mein Multitasking"-Fraktion, bis mich die Nachricht ereilte, Studien in Utah und Harvard hätten ergeben, dass die gleichzeitige Arbeit an mehreren Aufgaben zu einem erheblichem Konzentrations- und Leistungsverlust führe. Neurobiologisch, so war in dem Artikel von *Zeit online* zu lesen, gibt es gar kein Multitasking. Das Gehirn kann sich nur auf eine, maximal zwei komplexe Tätigkeiten gleichzeitig konzentrieren. Sonst wechselt es einfach rasant hin und her. Musik hören und dabei denken – geht. Auto fahren und Handy am Ohr – schon viel schwieriger. Auto fahren und simsen – brandgefährlich, da sich das Gehirn nur auf eines von beiden konzentrieren kann. Beides wird daher zu Recht bestraft.

Wer im Büro ein Telefonat führt und gleichzeitig mitschreibt, tut nicht wirklich beides zur selben Zeit. Vielmehr wechselt das Hirn auch dabei ständig zwischen beiden Tätigkeiten hin und her. Das Ergebnis: Man bekommt nur die Hälfte mit. Wenn wir uns auf eine Sache konzentrieren, werden andere Sinneswahrnehmungen ausgeblendet. So ist es problemlos möglich, zu bügeln und dabei mit einer Freisprecheinrichtung zu telefonieren. Die eine Tätigkeit wird quasi ausgeblendet oder läuft als Routine automatisch ab. Kommt aber eine weitere komplexe Aufgabe dazu, sinkt die Hirnleistung drastisch. Die Fähigkeit, rasch hin und her zu wechseln, hängt übrigens auch vom Alter ab: Kinder und ältere Leute haben damit größere Schwierigkeiten. Das Erstaunliche an unserem Gehirn ist aber, dass seine Leistungsfähigkeit trainierbar ist. Somit lässt sich auch das Multitasking üben.

Seit ich das weiß, denke ich mir, dass ein bisschen weniger Hin und Her oftmals gar nicht schlecht wäre. In gewissen Situationen ist der Tunnelblick gescheiter. Dann heißt es: Tür zu, Störungen draußen lassen, sich voll und ganz auf eines konzentrieren.

Wenn 100 Prozent nicht genügen

Gehörst du vielleicht zu denen, denen 100 Prozent noch immer zu wenig sind? Willst du gern perfekter als perfekt sein? So wie meine ehemalige Kollegin Lore, eine Frau mit einer mehr als 40-Stunden-Woche und zwei Kindern, die regelmäßig in der Nacht zum Freitag die Wohnung putzt, weil am nächsten Tag ihre Putzfrau kommt? „Wie sieht denn das aus, wenn sie hereinkommt und es bei uns unordentlich ist?", stöhnt sie dann immer.

Bist du eine, die stolz verkündet: „Meine Fußböden sind so sauber, dass man darauf essen kann"?

Dann frage ich dich: Wozu? Wer will schon vom Fußboden essen? Machst du es, damit „die Leute" nicht dumm reden? Das hatten wir schon: Leute, die schlecht reden wollen, reden schlecht, da kannst du machen, was du willst. Sagst du, die anderen sind dir ohnehin nicht wichtig, du tust es, um deinen eigenen Ansprüchen gerecht zu werden? Damit dein schlechtes Gewissen endlich einmal schweigt? Das zeigt uns, dass ein schlechtes Gewissen nicht immer der beste Ratgeber sein muss. Denn wohin führt dieses Streben nach Perfektion? Ins Hamsterrad. In das ständige Gefühl von Überforderung. Und schließlich ins Ausgebranntsein. Kein Wunder also, dass viele Magazine das Thema Perfektionismus auf der Gesundheitsseite behandeln.

Wenn wir aufhören, es zu probieren

Weißt du, was, abgesehen von der Überforderung, die größte Gefahr dabei ist, immer perfekt sein zu wollen? Die Gefahr, etwas gar nicht zu versuchen, in der Angst, es ohnehin nicht perfekt zu schaffen. Dann nehmen wir einen Auftrag nicht an, weil ja etwas schieflaufen könnte. Dann trauen wir uns nicht, uns ins Rampenlicht zu stellen, weil eine Frage auftauchen könnte, die zeigt, dass wir doch nicht in allen Details sattelfest sind. Da trauen wir uns nicht, uns für Stellen und Funktionen zu bewerben, die uns interessieren würden und vielleicht auch besser bezahlt wären, nur weil es jemanden geben könnte, der für diese perfekter geeignet sein könnte. Wir wagen es nicht, auf den Tisch zu hauen, obwohl wir im Recht wären, weil wir fürchten, damit die Zuneigung zu verlieren. Von wem auch immer. Wir schweigen bei Diskussionen, weil wir fürchten, nicht schlagfertig genug zu sein. Apropos Schlagfertigkeit:

Reden wir ganz kurz über Schlagfertigkeit

Kennst du das auch? Jemand sagt etwas zu dir und du weißt beim besten Willen nicht, was du darauf erwidern sollst. Aber dann, kurz darauf oder auch zwei Stunden später, da fällt sie dir ein, die perfekte Antwort. Aber dann ist es leider dafür zu spät. Du ärgerst dich und denkst: „Ach, wäre ich doch nur ein wenig schlagfertiger!"

Wenn du mein anderes Sachbuch noch nicht kennst, wird dich meine Ansicht vielleicht überraschen: **Die viel gepriesene Schlagfertigkeit ist in Gesprächen und Verhandlungen nicht notwendig, oftmals sogar kontraproduktiv.** Immer wieder treffe ich Leute, die glauben, dass derjenige der bessere Verhandler sei, der die schärferen Gegenschläge austeilt oder die originelleren Wortmeldungen von sich gibt. Sie merken gar nicht, wie sehr sie sich damit selbst schaden.

„Haben Sie den Buchtitel ‚Schlagfertig war gestern!' gewählt, weil Sie selbst nicht schlagfertig sind?", wurde ich von einem Journalisten gefragt. Er staunte, als ich sagte, dass das Gegenteil der Fall sei. Ich halte mich für einen ziemlich schlagfertigen Menschen, der sogar die Gabe hat, dass ihm passende Antworten oft rechtzeitig einfallen. Trotzdem schlucke ich sie, vor allem wenn es hoch hergeht, immer öfter hinunter. Das war nicht immer so. Mit Schrecken denke ich an so manche Situation zurück, in der ich eine schlagfertige Antwort gegeben habe und stolz darauf war. Allerdings nur kurz, nämlich bis ich feststellte, dass ich die Einzige war, der sie gefiel. Das ist so ähnlich, wie wenn man einen Witz erzählt und man die Einzige ist, die lacht.

Darum habe ich bessere und elegantere Wege aufgeschrieben, zum Ziel zu kommen.

LIEBLINGSWEISHEIT NUMMER 9:

Eine Verhandlung ist kein Originalitätswettbewerb.

Die perfekte Suche nach dem perfekten Partner

Interessanterweise macht das Streben nach Perfektion im Berufsleben nicht halt. Nein, das geht auch ins Privatleben hinein. Nehmen wir einfach mal das Thema Partnersuche. Bist du Single und suchst gerade? Falls du deinen Schatz schon gefunden hast oder gar nicht finden willst, dann hast du sicher eine Freundin, auf die das zutrifft. Anfang unseres Jahrtausends habe ich den Roman „Vom Internet ins Ehebett"[L] geschrieben. Die Geschichte finde ich immer noch unterhaltsam, allerdings ist es faszinierend, mitzuerleben, wie sehr sich unser Umgang mit dem Internet seither geändert hat. Geblieben ist jedoch die spannende Frage, ob eine Frau über 35 wirklich eher vom Tiger gefressen wird, als dass sie den Mann fürs Leben findet. Diesen aufbauenden und motivierenden Satz liest man immer wieder mal in einer Zeitschrift. Ich wollte dem Wahrheitsgehalt dieser Aussage auf den Grund gehen. Also habe ich intensiv recherchiert, dabei meinen zweiten Mann kennengelernt und kann dich beruhigen: Der Satz ist nachweislich falsch. ☺

Bei meiner Recherche traf ich auf Lucy, 36, beruflich erfolgreich, aber einsam. Nachdem sie alles Mögliche versucht hatte, um einen passenden Mann zu finden, probierte sie es im Internet. Immerhin lernte bereits damals jede Fünfte ihren Zukünftigen auf diese Weise kennen, inzwischen soll es schon jede Dritte sein. Sie ging also auf eine Singleseite und las die Anzeigen der Männer. Tinder und die Wischerei nach rechts und links gab es damals noch nicht. Eine dieser Anzeigen klang besonders sympathisch, doch der Mann suchte eine schlanke Frau. Lucy trug Kleidergröße 42, fühlte sich nicht schlank genug und schrieb ihm nicht. Der nächste sympathisch Wirkende suchte eine Frau um die 30, da fühlte sich Lucy zu alt. Dann war da auch noch die Anzeige, in der ein interessanter Mann eine Tennispartnerin suchte. Lucy spielte gern Tennis. Aber auch gut genug für diesen Mann? Was, wenn das ein Profi war? Was, wenn sie sich unsterblich blamierte? Also schrieb Lucy an Männer, die ihr bei Weitem weniger sympathisch waren, deren niedrigere Ansprüche sie jedoch perfekt zu erfüllen glaubte. Was hat es ihr gebracht? Unzählige unerfreuliche Dates mit unzähligen unpassenden Männern. Eines Tages wurde es ihr zu dumm und sie stellte selbst eine Anzeige auf die Singleseite: *Suche einen Mann um die 40, groß, schlank, sportlich, der gern ins Theater und ins Kino geht und schon etwas von der Welt gesehen hat.*

Diese Zeilen las Tobias. Er war ohne Zweifel ein Mann. Damit hatte er seiner Ansicht nach das Hauptkriterium erfüllt. ☺ Trotz seiner 51 Jahre fand er, dass er locker für um die 40 durchgehen könne. 1,75 m bezeichnete er als groß genug. Er hatte keinen Zweifel, dass er schlank war, denn das war er immer schon gewesen. Den kleinen Bierbauch konnte er notfalls einziehen. Ob Tobias sportlich war? Sicher! Er fuhr im Winter Ski, schwamm im Sommer im Meer und ab und zu traf er sich mit einem Freund auf dem Tennisplatz. Ins Theater ging er zwar nicht, dafür umso öfter ins Kino. Da er beruflich die Länder des ehemaligen Ostblocks bereist hatte, hatte er schon allerhand von der Welt gesehen. Und den Rest konnten sie ja gemeinsam erkunden. Tobias beschloss, er sei der perfekte Mann für Lucy. Die beiden trafen sich und sind seit 14 Jahren ein Paar.

Der kritische Blick auf sich selbst

Was lernen wir daraus? Männer und Frauen haben nicht nur unterschiedliche Anlagen in der Konzentration, sie haben meist auch unterschiedliche Ansichten von perfekt. Vor allem dann, wenn es um die eigene Person geht. Männer sind mit ihrem Aussehen viel öfter zufrieden. Durch den weniger kritischen Blick auf sich selbst trauen sie sich auch mehr zu.

Als ich vor vielen Jahren nach Hause kam, stand ein Freund meines Sohnes im Vorzimmer und begutachtete sich im Spiegel. Er muss ungefähr 18 Jahre alt gewesen sein. Ein paar kleine Mitesser auf der Stirn, die Nase etwas zu groß, aber alles in allem ein durchaus gut aussehender junger Mann. Ich war neugierig, wie er sich beurteilte, und fragte ihn das.

„Um ehrlich zu sein", antwortete er, „ich habe mir gerade gedacht: Wenn ich einen schönen Mann sehen will, dann brauche ich nur in den Spiegel zu schauen."

Denkst du gerade: Man muss doch realistisch bleiben! Aber sicher. Allerdings stellt sich die Frage: Was ist denn das: realistisch? Seit vielen Jahren beschäftigen sich die Menschen mit diesem Thema oder wie Paul Watzlawick[L] fragte: „Wie wirklich ist die Wirklichkeit?"

Hast du schon einmal eine 16-Jährige beobachtet, die sich im Spiegel betrachtet? Du wirst vielleicht denken: „Ein hübsches Mädchen."

Was denkt die Jugendliche? „Ich habe Oberschenkel wie ein Elefant. Meine Nase ist zu lang und wenn ich meine Haut betrachte, könnte ich heulen."

Sie hätte genauso gut denken können: „Ich habe strahlende Augen, lange Wimpern und meine Freundinnen beneiden mich um meinen Busen." Beides wäre gleich realistisch gewesen.

Oder lass dir doch einfach mal von verschiedenen Menschen ein und dasselbe Ereignis schildern. Du wirst merken, dass die einzelnen

Berichte stark voneinander abweichen können. Auch wenn jeder die beste Absicht hat, dir die „Wahrheit" zu erzählen, und dich nicht bewusst anlügt.

In der Mittagspause eines Seminars marschierte ich mit der Gruppe zu einem Restaurant, in dem ein Tisch für uns reserviert war. Auf unseren Weg dorthin kamen wir an einer Werbewand vorbei. Nach ein paar Schritten sagte eine Teilnehmerin lächelnd: „Was für ein nettes Plakat. Entzückend!"

Eine andere blieb verwundert stehen: „Was, bitte, war an diesem Plakat entzückend?"

„Na, das kleine Kind am Arm der Mutter!"

„Da war kein kleines Kind. Da stand: ‚Washington für 399 Euro'."

Wir gingen zum Plakat zurück und, siehe da, da war ein hübsches Kind am Arm der Mutter und daneben stand der Reisepreis. Wer von den beiden war also realistisch? Natürlich beide. Sie hatten lediglich unterschiedliche Teile der Wirklichkeit wahrgenommen.

Die Metapher von der Taschenlampe in der Dunkelheit

Stell dir vor, du befändest dich in einem großen, dunklen Raum und mit dir dein Aussehen, deine Talente, deine Stärken und Schwächen sowie alle deine Charaktereigenschaften. Du hast eine Taschenlampe in der Hand, um genau dorthin zu leuchten, wohin du dein Augenmerk lenken willst. Wo leuchtest du hin? Auf deine Stärken oder auf deine Schwächen? Sich auf seine Stärken zu konzentrieren und sich gut zu finden ist genauso realistisch, wie sich in Grund und Boden zu verurteilen. Nur bei Weitem lustiger und motivierender.

> Wenn es einen Glauben gibt, der Berge versetzen kann, so ist es der Glaube an die eigene Kraft.
>
> *Marie von Ebner-Eschenbach*

Lust auf einen Selbstversuch?

Nimm das nächste Blatt Papier und schreibe deine zehn größten Stärken auf. Ja, jetzt gleich. ☺

Nun bin ich gespannt. Ist es dir leichtgefallen, zehn Stärken aus dem Ärmel zu schütteln, oder hattest du damit Mühe? War es dir unangenehm oder wäre es dir sogar leichter gefallen, hätte ich nach deinen zehn größten Schwächen gefragt? In dem Fall wünsche ich mir, du würdest den Lichtstrahl deiner Taschenlampe ein klein wenig verschieben. Denn Menschen, die sich auf ihre Stärken konzentrieren, ergreifen mehr Chancen. Auch dort, wo sie eigentlich keine haben.

Stärken kennen – Chancen ergreifen

In einem der großen Unternehmen, für die ich gearbeitet habe, wurde eine Stelle im mittleren Management intern ausgeschrieben. Neben den nötigen Fachkenntnissen waren perfekte Englischkenntnisse ebenso verlangt wie perfekte Kenntnisse in einem ganz speziellen Computerprogramm. Ich zeigte Mona die Anzeige, sie war sofort Feuer und Flamme: „Das ist ja genau der Job, auf den ich seit Jahren warte! Dass ich die geforderten Fachkenntnisse habe, steht außer Frage. Die PC-Kenntnisse habe ich auch." Sie seufzte: „Aber meine Englischkenntnisse, die sind allerdings alles andere als perfekt. Die habe ich seit dem Abitur kaum mehr gebraucht. Da belege ich wohl besser noch einen Intensivkurs, bevor ich mich bewerbe."

Als Monas Sprachkurs zu Ende war, war die Stelle längst besetzt. Zähneknirschend musste sie zur Kenntnis nehmen, dass ein Kollege den Job bekommen hatte, der ihr in puncto Fachkompetenz nicht im Geringsten das Wasser reichen konnte. Er hatte allerdings gewusst, wie man eine Chance nutzt.

Hören wir auf damit, zu warten, bis wir perfekt sind, bevor wir etwas in Angriff nehmen. Nehmen wir etwas in Angriff und vertrauen wir darauf, mit einer Aufgabe zu wachsen. Auch hier gefällt mir die 80:20-Regel, die wir in Kürze noch genauer besprechen werden. Bist du zu 80 Prozent qualifiziert, dann los! Den Rest kannst du dir während deiner neuen Tätigkeit aneignen. Denn natürlich ist es wichtig, immer besser werden zu wollen. „Lebenslanges Lernen" ist ja nicht ohne Grund ein oft zitiertes Schlagwort. Ich mag bloß den Ausdruck nicht. „Lebenslang" erinnert mich immer an eine Haftanstalt. ☺ Lernen ist die Basis für Entwicklung und Verbesserung. Und dafür, glücklich und erfolgreich zu sein.

✓ Mein wichtigster Tipp

Schulen Sie so früh wie möglich Ihr Auftreten. Lernen Sie gut sprechen, sich ordentlich anzuziehen, sich gut zu bewegen, damit Sie immer, wenn Sie es wollen, positiv auf andere Menschen wirken können. Wir leben in einer kommunikativen Zeit, in der Sie diese Fähigkeiten mehr denn je brauchen. Lassen Sie sich nicht täuschen – ALLE erfolgreichen Menschen bilden sich immer weiter. Nicht alle werden es Ihnen sagen.

Ingrid Amon, Stimmexpertin, Bestsellerautorin

Außerdem noch ein ganz praktischer Tipp, was das Lernen betrifft:

 Der wertvollste Rat in meinem Berufsleben

kam von einem Uni-Professor in einer Einführungsvorlesung.

„Wiederholen Sie am Abend den Tag und am Samstag die Woche." Wenn man das konsequent macht, hat man schon viel für eine nachfolgende Prüfung gelernt.

Dr. Claudia Schoiber-Ceconi, Wirtschaftsprüferin,
Steuerberaterin, Mediatorin

Die Nachteile von Perfektionismus knackig zusammengefasst

- Perfektionismus ist eine Karrierefalle: Statt Anerkennung und Beförderung gibt es Kritik und die Karrierebremse.

- Perfektionismus ist ein Energiefresser: Statt perfekt zu sein, ist man ausgebrannt, frustriert und krankheitsanfällig.

- Perfektionismus ist ein Beziehungskiller: Statt mit anderen in Harmonie zu leben, ist man schnell als pingelige Querulantin verschrien.

- Frauen, die perfekt sein wollen, haben keinen Spaß am Sex. Ja, das habe ich in einer Studie gelesen. Ist es ein Wunder? Erstens sind sie sowieso zu müde. Und zweitens würde, wenn es heiß herginge, die perfekte Frisur durcheinandergeraten. Und manche Stellung macht zwar Spaß, aber leider auch ein Doppelkinn. ☺

ICH LIEBE DAS PARETOPRINZIP

Das Paretoprinzip, auch die 80:20-Regel genannt, ist für alle Menschen hilfreich, die viel schaffen wollen und daher auf Perfektion pfeifen. Also auch für mich. ☺

Der italienische Ökonom Vilfredo Pareto entdeckte bereits im Jahr 1897 eine spannende Gesetzmäßigkeit: Vieles auf der Welt wird im Verhältnis 80:20 aufgeteilt. Damals gehörten zum Beispiel 80 Prozent des italienischen Bodens 20 Prozent der italienischen Bevölkerung. Die große Mehrheit, nämlich 80 Prozent, mussten sich die restlichen 20 Prozent teilen. Ökonomen können dir unzählige Beispiele aufzählen, wo diese Regel auch heute noch gilt. So machen die meisten von uns mit 20 Prozent unserer Kunden 80 Prozent des Umsatzes.

Für uns ist allerdings die Erkenntnis besonders spannend, dass Menschen mit 20 Prozent ihrer Leistung und Energie 80 Prozent des Erfolgs erzielen. Stell dir vor, du schreibst einen Bericht, erstellst eine Präsentation oder pflanzt Blumen ins Gartenbeet. Mit einiger Erfahrung bist du in nicht allzu langer Zeit damit fertig und lieferst ein gutes Ergebnis. Mit 20 Prozent des Aufwands hast du eine Leistung erbracht, die zu 80 Prozent perfekt ist. Ich denke, das kannst du gut nachvollziehen.

Aber reicht dir das?

Nein, viele von uns wollen ganze 100 Prozent erreichen. Also folgt der Feinschliff. Man beginnt, etwas an der Ausdrucksweise zu ändern, damit stimmt allerdings der Satzbau nicht mehr und man muss ganze Absätze umschreiben. Verschiedene Möglichkeiten des Zeilenabstands oder der Schriftarten werden durchprobiert, weitere fünf Personen um ihre Meinung gefragt, die dann natürlich diskutiert werden muss. Dann mischen wir mehr Rot in den blauen Farbton und vielleicht noch etwas Gelb dazu, um das Erscheinungsbild perfekt hinzubekommen. Wir sehen uns zur Sicherheit Demovideos auf Youtube an, richten die Blumen mit dem Lineal noch einmal neu aus und entfernen auch noch den letzten Schatten von Unkraut. So brauchen wir weitere 80 Prozent der Zeit und Energie für die restlichen 20 Prozent. Wenn wir mit unserem Perfektionsstreben in Wahrheit nicht alles nur schlimmer gemacht haben und wieder von vorn beginnen müssen.

Da stellt sich doch die berechtigte Frage: Warum reichen uns die 80 Prozent nicht, die wir mit 20-prozentigem Einsatz erreichen? Warum nutzen wir den verbleibenden Teil unserer Kraft und Zeit nicht lieber für andere Dinge, die uns wichtig sind, anstatt sie fürs Zurechtfeilen zu verwenden?

Da kam in einem Seminar empörter Protest von Bodenleger Willi: „Ich kann doch den Teppichboden nicht schief in den Raum hineinlegen und sagen: ‚Passt so! Zu 80 Prozent erledigt, fertig!' Ich kann mich doch mit einer so schlechten Arbeit nicht einfach zufriedengeben."

Natürlich hat Willi recht. Das Paretoprinzip rechtfertigt keine schlechte Arbeit. Ein unsachgemäß in den Raum gelegter Teppichboden erfüllt allerdings die geforderten 80 Prozent bei Weitem nicht. Etwas anderes ist es allerdings zum Beispiel mit den Sockelleisten. Muss da der Farbverlauf im Holz auf den Millimeter genau stimmen? Braucht es die auch hinter den Schränken oder kann man sich das aufwendige Tüfteln und Friemeln ersparen?

Du hast die Wahl. Willst du eine Sache zu 100 Prozent perfekt machen, brauchst du 100 Prozent der Zeit und deiner Energie dafür. **Wenn es dir das wirklich wert ist, dann mach es so!**

Behalte aber bitte immer im Kopf, dass du dann weniger Zeit und Energie für etwas anderes hast. Willst du mehrere Sachen schaffen, dann erledige sie jeweils zu 80 Prozent und sei damit zufrieden. Es ist dann zwar in deinen Augen nicht ganz perfekt, aber es muss nicht einmal sein, dass das sonst jemandem auffällt. Die Milchmädchenrechnung, die ich für mich aufgestellt habe, führt zu einer meiner weiteren Lieblingsweisheiten.

MEINE LIEBLINGSWEISHEIT NUMMER 10:

In der Zeit, in der ich eine Sache zu 100 Prozent erledige, schaffe ich fünf Sachen zu 80 Prozent.

Da ich vielfältige Interessen habe, hilft mir das Paretoprinzip, alle meine Vorhaben unter einen Hut zu bekommen.

Ostern in meiner Großfamilie bedeutet, wir brauchen 60 Eier. Diese nicht bereits gefärbt im Supermarkt zu kaufen, gehört für mich zu den 80 Prozent. Daher mache ich das selbst. Gemäß Anleitung auf der Packung soll man immer zwei Eier in einem hohen Gefäß, das man mit Farbe, Wasser und Essig gefüllt hat, fünf Minuten ziehen lassen. Das würde bei 60 Eiern also eine Färbezeit von 150 Minuten bedeuten. Ganze zweieinhalb Stunden für ein perfektes Ergebnis. Mehrmaligen Farbwechsel und Topfreinigung dazwischen noch gar nicht mitgerechnet. Also, entschuldige bitte, aber da pfeife ich doch auf Perfektion! Ich färbe mit mehr Wasser immer fünf Eier auf einmal und die nur zwei Minuten lang. Das ergibt alles in allem eine Färbezeit von einer halben Stunde. Lange genug für Eier, denen man doch einen Tag später ohnehin den Kopf einschlägt. Da nutze ich die gewonnene Zeit lieber für anderes. Und das Lustige? Alle finden meine pastellfarbenen Eier besonders schön. ☺

DIE BEEINDRUCKENDE LEBENSGESCHICHTE DER INY KLOCKE

✓ Konzentrieren wir uns auf unsere Begabungen. Bringen wir diese Stärken in Teams ein. Alleingänge von Alpha-Typen sind out. Frauen in Führungspositionen rate ich: Vergessen Sie sich selbst nicht. Gesund bleiben und Spaß haben, das ist das Wichtigste.

Dr. Elisabeth Denison, Partnerin und Strategiechefin von Deloitte Deutschland

Quelle: OÖN

Diese Geschichte zeigt, was passieren kann, wenn man trotz aller Widerstände weiter für seine Träume kämpft und schließlich die eigenen Träume um ein Vielfaches überflügelt.

Der Name Iny Klocke sagt dir nichts? Warte ab, bis du ihr Pseudonym erfährst. Um die Spannung zu erhöhen, enthülle ich es erst ein wenig später. ☺

„Bereits mit zwölf Jahren hatte ich den Wunsch, ein Buch, das ich selbst geschrieben habe und auf dem mein Name steht, im Buchladen liegen zu sehen", erzählte sie mir. „Mir erschien dieser Wunsch aus eigener Kraft erfüllbar."

Doch zu Hause verbot man ihr, das Schreiben auch nur zu üben. Mit 27 Jahren, sie hatte inzwischen das Abitur nachgeholt und einen anderen Beruf ergriffen, entschloss sie sich, ihren lang gehegten Traum endlich zu verwirklichen. Jetzt war es allerdings ihr damaliger Lebensgefährte, der ihr Steine in den Weg legte. Doch Iny wollte sich nicht mehr aufhalten lassen: „Ich habe mich daraufhin von ihm getrennt und mich nach Menschen umgeschaut, die ebenfalls schrieben und mit denen ich mich austauschen und von denen ich einiges lernen konnte. Diese Leute fand ich in einem Fantasy-Klub."

Mit einem Klub-Mitglied namens Elmar, der in ihrem Leben noch eine wichtige Rolle spielen sollte, korrespondierte sie anderthalb Jahre übers Schreiben, bevor sie sich das erste Mal begegneten. Inzwischen hatte ein anderes Mitglied den Auftrag bekommen, eine Anthologie für den Heyne-Verlag zusammenzustellen. Er gab Iny die Chance, eine Geschichte dazu beizusteuern. So kam es, dass sie zwei Jahre später tatsächlich die erste professionelle Veröffentlichung, an der sie selbst mitgeschrieben hatte, in Händen halten konnte. Doch das war ihr nicht genug. Gemeinsam mit Elmar fuhr sie zur Frankfurter Buchmesse, um nach weiteren Möglichkeiten zur Veröffentlichung zu suchen. Und tatsächlich, „gegen alle Wahrscheinlichkeit", wie es Iny ausdrückte, bekamen sie Aufträge für Erzählungen und Kurzgeschichten.

„Der Herausgeber hat uns dann so getriezt, dass Elmar und ich lernten, zusammenzuarbeiten, um den Vorstellungen dieses Menschen gerecht zu werden."

Etwas, das ihnen heute noch zugutekommt, da sie ihre Romane gemeinsam verfassen. Bis Elmar und sie, inzwischen längst ein Ehepaar, allerdings zum Erfolgsduo Iny Lorentz wurden, vergingen nach Inys erster Story noch ganze 21 Jahre. Dazwischen lag eine Zeit voller kleiner Erfolge und viel Frust. Sie blieben in ihren Brotberufen und verfassten Heftromane. Der Traum, einen Roman als Buch zu veröffentlichen, blieb. Nicht nur bei Verlagen stießen ihre Manuskripte auf Ablehnung, auch kein Literaturagent wollte sie unter Vertrag nehmen. Noch der achte Agent, an den sie sich gewandt hatten, meinte, sie sollten das Schreiben lieber sein lassen. Dann kam die neunte, Lianne Kolf – und der Rest ist Geschichte. Bis jetzt haben Iny und Elmar über 60 Bücher in verschiedenen Genres geschrieben. Am erfolgreichsten sind ihre historischen Romane, die sie unter dem Pseudonym Iny Lorentz veröffentlichen. Ich sage nur: „Die Wanderhure". Diese wanderte bereits millionenfach durch die ganze Welt.

Danke, liebe Iny, für deine Lebensgeschichte! Ich hätte mir keine bessere ausdenken können, um alle Facetten, die wir in diesem Buch besprochen haben, zusammenzufassen.

Was wir aus Inys Geschichte lernen können

1. Überlege dir, wofür du brennst, und halte an deinen Träumen fest! Auch wenn dir so mancher Stein vor die Füße rollt oder um die Ohren geschleudert wird. Iny drückte es so aus: „Nicht aufgeben! Lass dich nicht einschüchtern von den vielen dummen Sprüchen, die du an den Kopf geknallt bekommst."

2. Lass dich von deiner Kindheit nicht abhalten, als Erwachsene deinen Weg zu gehen.

3. Lerne, übe, lerne, übe, um in dem, was du wirklich willst, gut zu werden. So richtig gut. Dazu Iny an angehende Autorinnen: „Es ist keine schlechte Idee, literarische Workshops zu besuchen. Aber nimm nicht alles ernst,

was dort gelehrt wird, sondern folge lieber den eigenen Gefühlen. Und dazu üben!"

4. Lass dich von Fehlern nicht entmutigen. Scheitern und Weitermachen ist Teil des Erfolgs. Wenn man mir Prügel in den Weg legt, denke ich an die Worte meiner Großmutter: *„Man weiß nie, wozu es gut ist."*
Im Fall von Iny und Elmar bedeutet das: Wäre ihr erster gemeinsamer Herausgeber nicht so lästig gewesen, hätten sie vielleicht nie gelernt, ihre Arbeitsweisen so aneinander anzupassen, dass sie wie Zahnräder ineinandergreifen. Vielleicht hätte jeder weiter seine eigenen Storys verfasst. Den Erfolg erreichten sie jedoch nur Hand in Hand.

5. Umgib dich mit den richtigen Leuten, die dich voranbringen und ermutigen. Darum sage ich auch gern noch einmal: Augen auf bei der Partnerwahl! Und Hirn ein! ☺

6. Suche dir Leute, mit denen du dich austauschen kannst. Hiermit lade ich dich herzlich in meine Facebook-Gruppe „Frau Rauchberger schreit Kikeriki" ein. Gedankenaustausch, Diskussion, Spaß und immer wieder neuer Input von mir. Hast du Lust?
Sei Teil eines lebendigen Netzwerks!
Nur durch den Fantasy-Klub bekam Iny den Auftrag zur ersten Story und lernte Elmar kennen. Schöner kann man nicht beweisen, wie wichtig ein Netzwerk ist.

7. Lass dir von niemandem einreden, dass du es nicht schaffen wirst oder den Erfolg nicht wert bist. Gib nicht auf! Nimm in Kauf, dass auch Träume Schattenseiten haben, und lass dich nicht entmutigen. Bei Iny und Elmar war erst die neunte Agentur, die sie kontaktierten, die richtige.
„Wenn es ans Veröffentlichen geht, muss man vieles wissen, was mit dem eigentlichen Schreiben nichts zu tun

hat", nennt Iny ein weiteres Beispiel. „Die Buchbranche ist eine Welt für sich, in der Ansichten und Emotionen mehr zählen als Logik und Realität. Als Autor muss man sensibel sein und ein Gespür für die kleinen Nuancen des Lebens entwickeln, um Ideen in Erzählungen zu verwandeln. Aber wenn man es mit Agenten und Verlagen zu tun bekommt, sollte man eine Haut wie ein Panzernashorn entwickeln."

8. Bleib auch nach dem ersten Erfolg am Ball und lege nach.
   Iny: „Ein gutes Manuskript können viele schreiben – auch wenn sie oft jahrelang am Text feilen. Doch die meisten Verlage suchen Autoren, die regelmäßig gute Geschichten abliefern." Mit einmal ist es also nicht getan.

9. Wenn du dir etwas zutraust, dann träume nicht nur, sondern mach! Lerne! Übe! Auch wenn es zwischendurch mühsam und nicht lustig ist. Wenn du scheiterst, versuche es erneut. Hol dir die richtige Hilfe. Die zwölfjährige Iny träumte einen Traum. Auch wenn es viele Jahre gedauert hat – die erwachsene Iny lebt ihn.

10. Lass dich nicht durch Streben nach Perfektion davon abhalten, etwas zu versuchen. Und lass dich nie davon abhalten, deine Erfolge zu genießen.

Man muss aus der Zeit, solange man lebt, das Beste machen. Damit man, wenn es einen einmal erwischt, sagen kann: Ich habe nichts versäumt, verbrodelt oder nicht getan, was ich gern gemacht hätte. Diese Freiheit zu haben, ist das Wichtigste.

Niki Lauda, österreichische Formel-1-Legende Quelle: ORF

Zum Abschluss mein Wunsch an dich: Mach dir ab heute das Leben leichter. Pfeif auf die Perfektion. Überlege dir lieber, was dir in deinem Leben wirklich wichtig ist. Wenn du 88 Jahre alt bist und auf dein Leben zurückblickst, woran willst du dich da erinnern? Sicher nicht daran, dass man von deinem Fußboden essen konnte. Träume nicht länger, sondern mach es einfach. Konzentriere dich auf das Wesentliche und lass alles andere weg, egal, was die Leute sagen. Und vergiss nie: **Es gibt nichts Besseres als etwas Gutes.**

In diesem Sinne: Mach's gut!

GÄSTELISTE

HIER STELLE ICH DIR MEINE GÄSTE VOR, DIE IN DIESEM BUCH AUS IHREM LEBEN ERZÄHLEN UND UNS IHRE WERTVOLLSTEN TIPPS VERRIETEN

Ingrid Amon

gilt als die profilierteste Stimmexpertin im deutschsprachigen Raum. 20 Jahre Sprecherin und Moderatorin beim ORF. 40 Jahre Trainerin für Stimme, Sprechtechnik, Rhetorik und Präsentation. Präsidentin des Netzwerks der Europäischen Stimmexperten Stimme.at. Ausgezeichnet mit dem Excellence Award. www.iamon.at

Margit Angerlehner

Mode im Maß der Zeit, Damenkleidermachermeisterin und Modedesignerin, die zweifache Mutter ist Vizepräsidentin der OÖ

Wirtschaftskammer und Vorsitzende von „Frau in der Wirtschaft".
www.margit-angerlehner.com

Sabine Asgodom

Keynote-Speaker, Coach, Inhaberin der Asgodom Inspiration Company GmbH, wurde für ihr berufliches und ehrenamtliches Engagement mit dem Verdienstkreuz am Bande der Bundesrepublik Deutschland ausgezeichnet, Bestsellerautorin.
www.asgodom.de

Dr. Alexandra Borchardt

Director of Leadership Programmes, Reuters Institute for the Study of Journalism an der University of Oxford, stellvertretende Vorsitzende des Ausschusses „Experts on Quality Journalism in the Digital World" beim Europarat in Straßburg, Autorin, Keynote Speaker.
www.alexandraborchardt.com

Irene Gunnesch

war als Kulturredakteurin die erste Frau in der knapp 150-jährigen Geschichte der OÖ Nachrichten, die ein Ressort leitete. Künstlerin, Sängerin, fanatische Social Networkerin.

Dr. Susi Haslinger

Kinderärztin mit Passion und in Pension mit einem Faible für Farben und Literatur.

Dr. Bettina Hennig

Klatschjournalistin, Liebesromanautorin und Verfasserin des Bestsellers „Ich bin dann mal vegan".
www.bettina-hennig.de

Eva Huber-Stockinger

Partnerin einer Rechtsanwaltskanzlei, Wirtschaftsmediatorin, zweifache Mutter.
www.hep-co.at

Katja Kerschgens

PlanBMentorin und Redenstrafferin; rockt auch im Rollstuhl als Rednerin die Bühne; für alle, die einen Plan B brauchen.
www.katja-kerschgens.de

Katja Kienzl

Manager Product Management and Product Marketing der Infineon Technologies Austria

Iny Klocke

verfasst mit ihrem Ehemann Elmar Wohlrath Romane in den unterschiedlichsten Genres. Gemeinsam sind sie „Iny Lorentz", deren historische Romane wie „Die Wanderhure" sich millionenfach in aller Welt verkaufen.
www.inys-und-elmars-romane.de

Dr. Verena Majer

Geschäftsführerin ihres Maschinebauunternehmens, zweifache Mutter.
www.majer.co.at

Barbara Messer

ist eine der wenigen weiblichen CSP – Certified Speaking Professionals – Deutschlands. Bachelor of Business Administration, Altenpflegerin, Speakerin, Trainerin, Autorin, Coach.
www.barbaramesser.de

Roswitha Minardi

hat mit 50 erfolgreich den Sprung aus einer Führungsposition in die Selbstständigkeit geschafft, integral-systemische Organisationsentwicklerin.
www.minardi.at.

Elisabeth Motsch

Stil- und Image-Expertin, Speaker, Trainerin, Coach, berät seit über 25 Jahren Wirtschaftsunternehmen und Einzelpersonen, um ihre optische Wirkung zu verbessern. Ihre ganzheitliche Arbeitsweise verbindet Persönlichkeit und Kleidung zu einem großen Ganzen. Autorin.
www.motsch.at

Karla Paul

war Redaktionsleiterin und Social-Media-Managerin für das größte deutschsprachige Literaturnetzwerk LovelyBooks.de, dann Verlagsleiterin von Edel eBooks. Die Literaturexpertin wurde 2013 vom Magazin *Neon* zur neuen Marcel Reich-Ranicki gewählt.
www.buchkolumne.de/karlapaul

Petra Polk

Speakerin, Netzwerkexpertin, Unternehmensberaterin, Bloggerin, Autorin, Gründerin und Franchisegeberin der Marke W.I.N Women in Network®, Herausgeberin von „die geWINnerin".
www.petrapolk.com

Eveline Pupeter

CEO und Eigentümerin von Emporia Telecom, spezialisiert auf Handys für Senioren, die optimal technisches Know-how mit den Bedürfnissen der Verbraucher verbinden.
www.emporia.at

Gabriele Schallegger

Finance Director in einem weltweit tätigen Papierkonzern

Gertrude Schatzdorfer-Wölfel

Alleineigentümerin und geschäftsführende Gesellschafterin der Gerätebaufirma Schatzdorfer, Kindergartenpädagogin, Managerin des Jahres, zweifache Mutter.
www.schatzdorfer.at

Julia Sobainsky

Die studierte Schauspielerin gilt als Deutschlands bekannteste Charisma-Expertin. Seit 1996 steht ihr Unternehmen Pro Charisma® für Wirkung und Wirksamkeit, Sichtbarkeit, Personal Branding sowie die Markenumsetzung von Führungskräften und Einzelunternehmern.
www.procharisma.com

Susanne Schwanzer

Coaching & Consulting, Geschäftsführerin von „weichenstellen" – Personal- & Organisationsentwicklung für zukunftsfähige Führungskräfte & Unternehmen.

Eva Völler alias Charlotte Thomas

Ehemalige Richterin und frühere Rechtsanwältin, Romanautorin seit 25 Jahren, mehrere Bestseller, fünffache Mutter und inzwischen auch vierfache Oma.
www.evavoeller.de

AUSSERDEM KOMMEN KURZ ZU WORT, OHNE ES ZU AHNEN

Alphonse **Allais**, französischer Schriftsteller und Humorist

Wiebke **Ankersen**, Geschäftsführerin der AllBright-Stiftung

Giorgio **Armani**, italienischer Modeschöpfer

Dr. Alexander **Van der Bellen**, Österreichs Bundespräsident

Bertolt **Brecht**, deutscher Dramatiker, Librettist und Lyriker

Warren **Buffett**, US-amerikanischer Großinvestor, Unternehmer, Mäzen

George **Clemenceau**, französischer Journalist und Politiker

Dr. Elisabeth **Denison**, Partnerin und Strategiechefin von Deloitte Deutschland

Marlene **Dietrich**, deutsch-amerikanische Schauspielerin und Sängerin, Legende

Marie **von Ebner-Eschenbach**, mährisch-österreichische Schriftstellerin

Erich **Fromm**, deutsch-US-amerikanischer Psychoanalytiker, Philosoph, Sozialpsychologe

Cornelia **Funke**, deutsche Kinder- und Jugendbuchautorin

Lady **Gaga**, Musikerin, Oscarpreisträgerin

Monika **Gruber**, bayerische Kabarettistin

Dr. Christine **Haiden**, Chefredakteurin von *Welt der Frauen*

Franziska **von Hardenberg**, Unternehmensgründerin Bloomy Days

Herbert **Hufnagel**, österreichischer Journalist, Kolumnist, Erfinder des Hättiwari

Steve **Jobs**, Mitgründer und langjähriger CEO von Apple

Udo **Jürgens**, Komponist, Pianist, Sänger

Niki **Lauda**, dreifacher Formel-1-Weltmeister und Luftfahrtunternehmer

Doris **Lessing**, britische Schriftstellerin, erhielt 2007 den Nobelpreis für Literatur

Astrid **Lindgren**, eine der bekanntesten Kinder- und Jugendbuch-
autorinnen der Welt

Groucho **Marx**, US-amerikanischer Schauspieler und Entertainer

Helen **Mirren**, britische Schauspielerin

Kasia **Mol-Wolf**, Gründerin und Chefredakteurin der Zeitschrift
Emotion

Michele **Obama**, ehemalige First Lady, Bestsellerautorin

Quintilian, römischer Sprech- und Stimmlehrer

Rosely **Schweizer**, ehemalige Beiratsvorsitzende der Oetker-Gruppe

John **Steinbeck**, US-amerikanischer Schriftsteller

Franz Josef **Strauß**, Bayerischer Ministerpräsident

Charlize **Theron**, im Interview mit der Zeitschrift *ELLE UK*

Marianne **Williamson**, US-amerikanische Autorin, Aktivistin:
„A return to love"

Prof. Dr. Manfred **Winterheller**, internationaler Vortragender,
Unternehmer, Coach, Autor

LITERATURLISTE

Hier findest du alle Publikationen, auf die in diesem Buch Bezug genommen wird, sowie wichtige Werke meiner Gäste:

Ingrid Amon, Die Macht der Stimme: Mehr Persönlichkeit durch Klang, Volumen und Dynamik, Redline Verlag

Sabine Asgodom, Eigenlob stimmt: Erfolg durch Selbst-PR, Econ Verlag

Sabine Asgodom, Deine Sehnsucht wird dich führen: Wie Menschen erreichen, wovon sie träumen, Kösel Verlag

Sabine Asgodom, So coache ich: 25 überraschende Impulse, mit denen Sie erfolgreicher werden, Kösel Verlag

Sophie Berg, Vom Internet ins Ehebett, Edel Elements

Dr. Alexandra Borchardt, Mensch 4.0: Frei bleiben in einer digitalen Welt, Gütersloher Verlagshaus

Vanessa Conin-Ohnsorge, Martina Lackner, Angelika Weinländer-Mölders, Männer an der Seite erfolgreicher Frauen: Side by Side an die Spitze, Haufe Verlag

Roger Fischer, William Ury, Bruce Patton, Das Harvard Konzept: Die unschlagbare Methode für beste Verhandlungsergebnisse, Deutsche Verlags-Anstalt

Dr. Bettina Hennig, Ich bin dann mal vegan: Glücklich und fit und nebenbei die Welt retten, Fischer Paperback

Barbara Messer, Das pure Leben spüren: Warum wir nicht viel brauchen, um glücklich zu sein, Gabal Verlag

Robert K. Merton, The self-fulfilling prophecy, in: The Antioch Review, Band 8, 1948

Elisabeth Motsch, Jon Christoph Berndt, Profil mit Stil, Persönlichkeit als Marke – Kleidung als Statement, Goldegg Verlag

Elisabeth Motsch, Doris Schulz, Karriere mit Stil, Top-Umgangsformen im Business, Trauner Verlag

Iny Lorentz, Die Wanderhure, Knaur Verlag

Petra Polk, Erfolg mit Networking: Online und offline Kontakte (ver)knüpfen, Haufe Verlag

Petra Polk, Power für Frauen: Nehmen Sie ihren Erfolg selbst in die Hand, Wiley Verlag

Ingeborg Rauchberger, Schlagfertig war gestern! Gespräche und Verhandlungen erfolgreich führen – von roten Fäden und verbalen Fettnäpfchen, Books4Success

Friedemann Schulz von Thun, Miteinander reden 1 – Störungen und Klärungen, Rowohlt Verlag

Paul Watzlawick, Wie wirklich ist die Wirklichkeit?: Wahn, Täuschung, Verstehen, Piper Verlag

Martin Wehrle, Geheime Tricks für mehr Gehalt: Ein Chef verrät, wie Sie Ihren Chef überzeugen, Goldmann Verlag

Auf Wiedersehen auf Facebook!

Die Facebook-Gruppe „Frau Rauchberger schreit Kikeriki" freut sich auf deinen Beitritt und auf einen spannenden Gedankenaustausch.

Wenn du mit mir in Kontakt bleiben willst, schicke mir doch einfach eine Freundschaftsanfrage. Schreib bitte dazu, dass du Leserin meines Buches bist, dann schaufle ich, auch wenn ich schon 5.000 Friends habe, gern einen Platz für dich frei.

Mehr zu mir:
www.rauchberger.at
www.verhandlungserfolg.at
www.sophias-romane.at

288 Seiten
gebunden mit SU
9,99 [D] / 10,30 [A]
ISBN: 978-3-86470-057-6

Ingeborg Rauchberger
Schlagfertig war gestern!

Jeder möchte schlagfertig sein – aber warum eigentlich? Ob in
Verhandlungen oder im Ehekrach – zu viel Schlagfertigkeit kann
ganz schnell zum Bumerang werden, nämlich wenn sich der andere
persönlich angegriffen fühlt. Wie Sie auch ganz anders sehr erfolgreich argumentieren können, das beschreibt Verhandlungsexpertin
Ingeborg Rauchberger in diesem Buch.

192 Seiten
broschiert
14,99 [D] / 15,50 [A]
ISBN: 978-3-86470-636-3

Jessica Schwarzer
Damit sie sich keinen Millionär ...

Die bekannte Finanzjournalistin Jessica Schwarzer möchte Frauen aufzeigen, wie sie ihre finanziellen Angelegenheiten – Geldanlage, Vermögensaufbau und Altersvorsorge – in die eigenen Hände nehmen können. Mit vielen Checklisten, Fragebögen, hilfreichen Adressen und Ratschlägen vermittelt sie allen Frauen das nötige Finanzwissen, um für jede Lebenslage gerüstet zu sein.

208 Seiten
gebunden mit SU
24,99 [D] / 25,70 [A]
ISBN: 978-3-86470-647-9

Scott Galloway
Algebra of Happiness

Wie führen Sie ein glückliches und erfolgreiches Leben? Diese Frage
beantwortet Marketing-Guru Scott Galloway Ihnen auf seine ganz
eigene Art und Weise – mit viel Humor, Herz und Verstand sowie einer
großen Portion Lebenserfahrung. Seine Ratschläge kleidet er dabei in
Formeln, die elementare Lebenszusammenhänge verdeutlichen. Dabei
wird schnell klar, dass es eigentlich nicht viel braucht, um ein gutes
Leben zu führen. Halten Sie sich an ein paar einfache Grundsätze und
Ihr Leben wird reicher, sinnvoller und erfolgreicher sein!

448 Seiten
gebunden mit SU
39,99 [D] / 41,20 [A]
ISBN: 978-3-86470-569-4

Michael Ehlers
Rhetorik

Die Rhetorik ist unverzichtbar für jeden, der professionell auftreten, an seiner Wirkung arbeiten und nachhaltig beeindrucken möchte. Im digitalen Zeitalter hat sich Kommunikation jedoch gravierend verändert. Sie wurde schneller und manipulativer. Praxisnah und effizient transferiert Top-Trainer Ehlers die Redekunst ins 21. Jahrhundert und beweist, dass Rhetorik eine Fähigkeit ist, die es zu verstehen und zu beherrschen lohnt.

BOOKS 4 SUCCESS

256 Seiten
broschiert
19,99 [D] / 20,60 [A]
ISBN: 978-3-86470-443-7

Mary Jane Ryan
Besser-Ich

Jeder von uns macht sich und seiner Umwelt mit festgefahrenen Verhaltensweisen das Leben schwer. Erfolgscoach Ryan hat 81 Mantras entwickelt, die dabei helfen, sich neue Verhaltensweisen anzutrainieren. Bereits nach kurzer Zeit merken wir die Folgen: ein Verhalten, das uns zufriedener, entspannter und letztlich auch erfolgreicher werden lässt.

BOOKS④SUCCESS